全国高等教育自学考试指定教材
消防工程专业（独立本科段）

防排烟工程

（2013 年版）

（含:防排烟工程自学考试大纲）

全国高等教育自学考试指导委员会　组编
主　　编　杜　红
副主编　刘建民　徐　晖

机械工业出版社

本教材是全国高等教育自学考试消防工程专业指定教材，防排烟工程课程是全国高等教育自学考试消防工程专业的核心课程。

本教材系统地叙述了防排烟工程的理论基础和国内外的先进技术，目的是培养学生掌握火灾烟气扩散流动规律、烟气控制技术、防排烟设施的设置和应用。本书主要内容包括：火灾烟气的组成与危害，火灾烟气的流动特性，火灾烟气的控制，防排烟系统概述，建筑中的自然排烟、机械排烟、机械防烟三种常见的防排烟方式，防排烟系统设备及附件，防排烟系统的安装、运行与维护以及地铁车站、中庭建筑和隧道烟气控制技术。

本教材适合于参加全国高等教育自学考试消防工程专业学习的学生和指导教师，也可供高等院校相关专业师生参考，还可供消防安全相关人员阅读。

图书在版编目(CIP)数据

防排烟工程/杜红主编. —北京：机械工业出版社，2013.10（2025.1重印）
全国高等教育自学考试指定教材. 消防工程专业（独立本科段）
ISBN 978-7-111-44112-0

Ⅰ.①防… Ⅱ.①杜… Ⅲ.①防排烟-防护工程-高等教育-自学考试-教材 Ⅳ.①TU761.1

中国版本图书馆CIP数据核字(2013)第222244号

机械工业出版社(北京市百万庄大街22号 邮政编码100037)
策划编辑：何文军 责任编辑：郑 佩
责任校对：丁丽丽
北京虎彩文化传播有限公司印刷
2025年1月第1版第8次印刷
184mm×260mm · 12.5印张 · 303千字
标准书号：ISBN 978-7-111-44112-0
定价：39.00元

电话服务
客服电话：010-88361066
010-88379833
010-68326294

网络服务
机 工 官 网：www.cmpbook.com
机 工 官 博：weibo.com/cmp1952
金 书 网：www.golden-book.com
机工教育服务网：www.cmpedu.com

封底无防伪标均为盗版

组 编 前 言

21 世纪是一个变幻难测的世纪，是一个催人奋进的时代，科学技术飞速发展，知识更替日新月异。希望、困惑、机遇、挑战随时随地都有可能出现在每一个社会成员的生活之中。抓住机遇，寻求发展，迎接挑战，适应变化的制胜法宝就是学习——依靠自己学习，终生学习。

作为我国高等教育组成部分的自学考试，其职责就是在高等教育这个水平上倡导自学、鼓励自学、帮助自学、推动自学，为每一个自学者铺就成才之路。组织编写供读者学习的教材就是履行这个职责的重要环节。毫无疑问，这种教材应当适合自学，应当有利于学习者掌握和了解新知识、新信息，有利于学习者增强创新意识、培养实践能力、形成自学能力，也有利于学习者学以致用，解决实际工作中所遇到的问题。具有如此特点的书，我们虽然沿用了“教材”这个概念，但它与那种仅供教师讲、学生听，教师不讲、学生不懂，以“教”为中心的教科书相比，已经在内容安排、编写体例、行文风格等方面都大不相同了。希望读者对此有所了解，以便从一开始就树立起依靠自己学习的坚定信念，不断探索适合自己的学习方法，充分利用已有的知识基础和实际工作经验，最大限度地发挥自己的潜能，以达到学习的目标。

欢迎读者提出意见和建议。

祝每一位读者自学成功！

全国高等教育自学考试指导委员会

2013 年 3 月

目　录

防排烟工程自学考试大纲

防排烟工程

全国高等教育自学考试

消防工程专业(独立本科段)

防排烟工程自学考试大纲

（含考核目标）

全国高等教育自学考试指导委员会　制定

出版前言

为了适应社会主义现代化建设事业的需要，鼓励自学成才，我国在20世纪80年代初建立了高等教育自学考试制度。高等教育自学考试是个人自学、社会助学和国家考试相结合的一种高等教育形式。应考者通过规定的专业课程考试并经思想品德鉴定达到毕业要求的，可获得毕业证书；国家承认学历并按照规定享有与普通高等学校毕业生同等的有关待遇。经过30多年的发展，高等教育自学考试为国家培养造就了大批专门人才。

课程自学考试大纲是国家规范自学者学习范围、要求和考试标准的文件。它是按照专业考试计划的要求，具体指导个人自学、社会助学、国家考试、编写教材及自学辅导书的依据。

为更新教育观念，深化教学内容方式、考试制度、质量评价制度改革，更好地提高自学考试人才培养的质量，全国高等教育自学考试指导委员会各专业委员会按照专业考试计划的要求，组织编写了课程自学考试大纲。

新编写的大纲，在层次上，专科参照一般普通高校专科或高职院校的水平，本科参照一般普通高校本科水平；在内容上，力图反映学科的发展变化以及自然科学和社会科学近年来研究的成果。

全国高等教育自学考试指导委员会电子电工与信息类专业委员会参照普通高等学校防排烟工程课程的教学基本要求，结合自学考试消防工程专业（独立本科段）的实际情况，组织编写的《防排烟工程自学考试大纲》，经教育部批准，现颁发施行。各地教育部门、考试机构应认真贯彻执行。

全国高等教育自学考试指导委员会

2013年6月

Ⅰ 课程性质与课程目标

一、课程性质和特点

“防排烟工程”是全国高等教育自学考试消防工程专业的必修课，是一门应用性较强的课程，主要为防火和灭火工作提供理论指导和实践应用指导，是培养和检验自学考生的基本理论和应用能力而开设的一门专业课。

“防排烟工程”是一门讲授火灾烟气产生、扩散规律和控制技术的课程，通过本课程的学习可掌握火灾烟气扩散流动规律、烟气控制技术、防排烟设施的设置范围、设置要求等基本的防排烟工程知识，为消防相关专业提供技术支持；掌握各种防排烟设施在建筑中的具体应用，培养学员应用防排烟设施的能力，特别是培养学员利用建筑自身特点设置或选择相应的防排烟设施对火灾现场烟气进行控制的应用能力，为制订科学有效的防烟、排烟方案，为尽快疏散人员、减少火灾烟气对受灾人员的危害以及减少财产损失提供理论依据和实践技术支撑。

二、课程目标

课程设置的目标是使得考生能够：

1. 了解防排烟工程的现状与动态。
2. 理解火灾烟气的流动特性与规律。
3. 掌握建筑防火规范有关防排烟规定的内容。
4. 掌握各种防排烟方式的工作原理、设置范围和设置要求。
5. 掌握各种防排烟方式在建筑中的应用。
6. 掌握各种防排烟系统设备及附件的设置与选型。
7. 掌握各种防排烟设施的安装、运行与维护。
8. 掌握地铁车站、中庭建筑与隧道的烟气控制技术。
9. 为进一步学习消防专业课程打下基础。

三、与相关课程的联系与区别

“防排烟工程”是一门专业性较强的课程。本课程与“燃烧学”、“流体力学”等课程有较为密切的关系。本课程主要是围绕烟气控制为中心展开，“燃烧学”为本课程开展火灾烟气规律的研究提供理论基础，“流体力学”为本课程讲述防排烟设施——风机的性能提供理论支持。相比于“燃烧学”，本课程更加着重对火灾烟气的性质和发展规律及控制进行分析和研究。在对风机的阐释中，“防排烟工程”比“流体力学”更加注重风机在防排烟系统中的应用。另外，本课程的重点内容离不开我国消防规范的相关内容，本课程对规范中涉及的建筑防烟和排烟的相关条文进行较为深入的解释和分析，可使从事消防专业的人员更容易更深刻地理解和掌握。本课程具有具体的研究对象、方法和理论体系，着重于讲解火灾烟气的发展规律及控制、防烟分区的划分、自然排烟、机械排烟和机械防烟等内容。学习本课程不仅可以使学员掌握防烟与排烟的规定，指导防排烟设计、审核、验收和监督检查工作，而且还可以使学员理解火灾烟气的产生、蔓延过程的基本特点和发展规律，为制订科学有效的防烟、排烟方案，尽快疏散人员和减少财产损失提供理论依据。所以，学习本课程应先研修“燃烧学”、“流体力学”等课程。

四、课程的重点和难点

本课程的重点是：火灾烟气的危害性；火灾烟气的流动过程；火灾烟气控制的方式；防烟分区的划分原则及划分方法；防烟分区的划分构件；自然排烟的基本原理；自然排烟口的设置要求；机械排烟的基本原理；机械排烟口的设置要求；机械防烟的基本原理；机械送风口的设置要求；风机的性能指标。本课程的次重点是：火灾烟气的浓度；防排烟系统的运行与维护；地铁车站防排烟系统的设计原则与运作模式；中庭的排烟方式；隧道火灾烟气控制方式。本课程的一般内容包括：火灾烟气的组成；火灾烟气的特性参数；火灾烟气控制的发展概况；防排烟设施的安装与维护；防排烟系统的安装。本课程的难点是：火灾烟气在建筑中的流动过程；火灾烟气控制的方式；防烟分区的划分原则；自然排烟的设置；机械排烟量的确定方法；机械送风量的确定方法。

Ⅱ　考 核 目 标

本大纲在考核目标中，按照识记、领会、简单应用和综合应用四个层次规定其应达到的能力层次要求。资格能力层次是递进关系，四个能力层次的含义是：

识记：要求考生能够识别和记忆大纲各章中知识点，如火灾烟气的浓度、自然排烟等名词，对防烟分区的定义、中性面、热压作用、风压作用等概念的记忆和理解，对有关防烟设施和排烟设施的适用范围和设置要求有清晰、准确的认识，并能作出正确的判断。

领会：要求考生能够领悟和理解防排烟工程中各种防烟、排烟方式的重要概念、工作原理、特点、规定等，例如火灾烟气的特点及危害性、防烟分区的划分原则和划分方法、自然排烟和机械排烟的特点等，要对书中这些定义和特点深刻理解，分清楚相关概念的联系和区别，如自然排烟方式与机械排烟方式、防烟分区和防火分区等，进而把这些内容灵活运用到解决建筑防排烟的实际问题中去。

简单应用：要求考生能够运用所学的火灾烟气相关理论知识解释火灾烟气带来的各种危害，以避免灾害的发生。能够运用防烟和排烟的基本理论解释规范中需要设置防烟、排烟设施的原因，能够根据建筑的用途和面积进行防烟分区的划分，选择合理的防排烟方式，并计算送风量或排烟量，选择合理的防烟、排烟设备。

综合应用：要求考生能够面对具体、实际的工程实例发现问题，并能探究解决问题的方法，建立合理的防排烟方案，根据具体问题列出防排烟基本原理和设置要求之间的关系，进行阐释、分析和解决比较复杂的问题。例如，运用热压作用和风压作用相关原理，解释对中性面的影响等问题。

Ⅲ 课程内容与考核要求

第一章 火灾烟气的组成与危害

一、学习目的与要求

通过本章的学习研究火灾烟气产生的原因，分析了解火灾烟气浓度的概念和火灾烟气的危害性，介绍了有关燃烧工况和火场能见距离的有关概念、火灾烟气的浓度和材料的发烟特性。在对本章的学习中，应重点掌握火灾烟气的组成、概念和火灾烟气造成减光的原因及火灾烟气的危害性。

二、课程内容

第一节 火灾烟气的生成

一、火灾烟气的定义

二、火灾烟气的组成

（一）热解和燃烧所生成的气（汽）体

（二）热解和燃烧所生成的悬浮微粒

（三）剩余空气

第二节 火灾烟气的浓度

一、有毒气体的浓度

二、烟粒子的浓度

（一）质量浓度

（二）颗粒浓度

（三）光学浓度

三、疏散极限视距

（一）材料的发烟特性

（二）能见距离

第三节 火灾烟气的危害性

一、缺氧

二、中毒

三、减光

四、尘害

五、高温

三、考核知识点与考核要求

（一）火灾烟气的生成

识记：火灾烟气的定义；剩余空气的含义。

领会：火灾烟气的组成成分。

（二）火灾烟气的浓度

识记：火灾烟气的浓度；火灾烟气光学浓度中减光系数的含义和测定方法。

领会：火灾烟气有毒气体浓度和烟气粒子浓度的表示方法。

（三）疏散极限视距

识记：材料的发烟特性；能见距离、疏散极限视距和极限减光系数的含义，极限视距和极限减光系数值。

领会：能见距离和减光系数之间的关系，极限视距与极限减光系数之间的关系。

（四）火灾烟气的危害性

识记：有毒气体的危害性表现。

领会：火灾烟气毒害性五种表现形式。

简单应用：火场减光的原因。

四、本章重点、难点

重点：火灾烟气的定义；火灾烟气浓度的表示方法；能见距离的概念；疏散极限视距。

难点：减光系数的概念。

第二章　火灾烟气的流动特性

一、学习目的与要求

本章的学习目的是使学习者能够了解火灾烟气在建筑中的主要流动路线和在建筑中各部位的扩散规律以及火灾烟气的基本特性，要求能够简单描述火灾烟气在着火房间内、走廊内和竖井内的流动过程和流动特点。另外，还需要重点掌握建筑火灾中烟气流动的六种主要驱动力以及火灾烟气温度和密度的计算方法。

二、课程内容

第一节　火灾烟气的扩散驱动力

一、烟囱效应

二、高温烟气的浮力

三、烟气的膨胀力

四、外界风的影响

五、通风空调系统的影响

六、电梯的活塞效应

第二节　火灾烟气的流动过程

一、着火房间内的烟气流动过程

二、走廊内的烟气流动过程

三、竖井内的烟气流动过程

第三节　火灾烟气的特性参数

一、压力

二、温度

三、密度

三、考核知识点与考核要求

（一）火灾烟气的扩散驱动力

识记：烟囱效应；烟气的浮力；烟气的膨胀力；外界风压；通风空调系统；活塞效应。

领会：六种驱动力对烟气流动的影响。

简单应用：着火房间烟气体积膨胀率的计算。

（二）火灾烟气的流动过程

识记：着火房间内烟气流动过程、走廊内烟气的流动过程、竖井内烟气的流动过程。

领会：顶棚射流；墙壁射流；竖井内烟囱效应的影响因素。

（三）火灾烟气的特性参数

识记：火灾烟气压力、烟气温度和烟气密度参数的计算方法。

领会：火灾烟气的压力、温度和密度状态参数的意义。

综合应用：能够根据不同火场条件计算烟气的温度和密度值。

四、本章重点、难点

重点：

1. 火灾烟气的扩散驱动力：烟囱效应、高温烟气的浮力、高温烟气的膨胀力、外界风的影响、通风空调系统的影响、电梯的活塞效应。

2. 着火房间烟气体积膨胀率的计算。

难点：

1. 火灾烟气在着火房间、走廊、竖井内流动的过程和主要特点。

2. 烟气温度的计算。

3. 烟气密度的计算。

第三章　火灾烟气的控制

一、学习目的与要求

本章学习的目的是了解火灾烟气控制的地位、作用，烟气控制的主要方法以及烟气控制的发展概况。需要重点掌握建筑火灾烟气控制的主要作用，烟气在建筑中的流动路线，防排烟系统设计的根本任务，防烟方式和排烟方式的主要分类。

二、课程内容

第一节　火灾烟气控制的地位与作用

一、火灾烟气控制的地位

二、火灾烟气控制的作用

第二节　火灾烟气控制的根本任务

一、防排烟系统设计的根本任务

二、疏散通道的安全分区

第三节　火灾烟气控制的方式

一、防烟方式的分类

（一）非燃化防烟

（二）密闭防烟

（三）阻碍防烟

（四）机械防烟

二、排烟方式的分类

（一）自然排烟

（二）机械排烟

第四节　火灾烟气控制的发展概况

一、火灾烟气控制的历史

二、火灾烟气控制技术的发展

三、考核知识点与考核要求

（一）火灾烟气控制的地位与作用

识记：建筑中进行烟气控制的主要作用。

领会：建筑防火设计涉及的主要内容；火灾烟气控制在建筑防火设计中所处的地位。

简单应用：建筑火灾烟气控制的重要性。

（二）火灾烟气控制的根本任务

识记：建筑火灾烟气流动的主要路线；疏散通道安全区的划分；防排烟工程设计的根本任务。

领会：建筑结构的分类。

综合应用：建筑各安全分区的烟气控制目标。

（三）火灾烟气控制的方式

识记：防烟方式的分类；排烟方式的分类。

领会：防烟、排烟方式的控烟原理；防烟、排烟方式各自的优缺点。

（四）火灾烟气控制的发展概况

识记：火灾烟气控制技术的发展现状。

领会：火灾烟气控制的历史。

四、本章重点、难点

重点：烟气控制的主要作用；建筑火灾烟气主要流动路线；防排烟系统设计的根本任务；疏散通道安全区划分；防烟方式的分类；排烟方式的分类。

难点：防烟方式的控烟原理；排烟方式的控烟原理。

第四章　防排烟系统概述

一、学习目的与要求

通过本章防排烟系统内容、防烟分区相关概念的学习，使学员明确防排烟系统包含的基本内容，掌握防烟分区的划分原则、方法和隔烟部位，熟悉各种防烟分区构件及防火阀的设置部位及其设置要求，为各种防排烟方式的具体应用打下基础。

二、课程内容

第一节　防排烟系统的基本内容

一、防排烟部位的确定

二、防烟分区的划分

三、防排烟方式的选择

四、防排烟系统的设计内容

第二节　防烟分区的划分原则

一、防烟分区不应跨越防火分区

二、每个防烟分区的建筑面积不宜超过规范要求

三、通常按楼层划分防烟分区

四、特殊用途的场所应单独划分防烟分区

第三节　防烟分区的划分方法及设定位置

一、防烟分区的划分方法

二、防烟分区的设定位置

三、防烟分区的划分示例

第四节　防烟分区的划分构件

一、挡烟垂壁

二、挡烟隔墙

三、挡烟梁

四、防火阀

三、考核知识点与考核要求

（一）防排烟系统的基本内容

识记：一个完整防排烟系统的基本内容。

领会：防排烟部位的确定；防排烟方式的选择。

综合应用：针对一个具体的建筑工程论述防排烟系统应包括的具体内容。

（二）防烟分区的划分原则

识记：防烟分区的定义。

领会：防烟分区的具体划分原则。

简单应用：划分防烟分区。

（三）防烟分区的划分方法及设定位置

识记：防烟分区的设定位置。

领会：灵活运用防烟分区的划分方法。

（四）防烟分区的划分构件

识记：挡烟垂壁的设置要求；挡烟隔墙的设置要求；挡烟梁的设置要求。

领会：防火阀的性能及设置要求。

四、本章重点、难点

重点：防排烟系统的基本内容；防烟分区的划分原则；防烟分区的划分构件。

难点：灵活运用防烟分区的划分原则确定防烟分区的设定位置。

第五章　建筑中的自然排烟方式

一、学习目的与要求

学习本章的目的与要求，就是理解热压作用下、风压作用下、热压和风压共同作用下自然排烟的基本原理，掌握自然排烟口的设置部位、排烟口的设置以及自然排烟口有效面积的确定。

二、课程内容

第一节　自然排烟的基本原理

一、热压作用下的自然排烟

二、风压作用下的自然排烟

三、热压和风压共同作用下的自然排烟

第二节　自然排烟的影响因素分析

一、自然排烟的影响因素

二、自然排烟的优缺点

第三节　自然排烟口的设置要求

一、自然排烟口的设置部位

二、自然排烟口的设置

三、自然排烟口有效面积的确定

四、自然排烟口的选型

三、考核知识点与考核要求

（一）自然排烟的基本原理

识记：自然排烟的概念。

领会：风压作用下的自然排烟。

简单应用：热压作用下的自然排烟。

综合应用：热压和风压共同作用下的自然排烟。

（二）自然排烟的影响因素分析

识记：自然排烟的优缺点。

领会：自然排烟的影响因素。

（三）自然排烟口的设置要求

识记：自然排烟口的选型。

领会：自然排烟口的设置。

简单应用：自然排烟口有效面积的确定。

综合应用：自然排烟设施的设置部位。

四、本章重点、难点

重点：自然排烟的设置；自然排烟的影响因素分析。

难点：自然排烟的基本原理。

第六章　建筑中的机械排烟方式

一、学习目的与要求

通过本章的学习，使学员理解机械排烟的基本原理，掌握机械排烟的适用范围，熟练运用机械排烟量的确定方法解决实际工程中的问题，全面把握机械排烟口的设置要求。

二、课程内容

第一节　机械排烟的基本原理

一、机械排烟系统的工作方式

二、机械排烟的优点

三、机械排烟的缺点

第二节　机械排烟的适用范围

一、高层民用建筑设计防火规范

二、人民防空工程设计防火规范

三、汽车库、修车库、停车场设计防火规范

四、建筑设计防火规范

第三节　机械排烟量的确定方法

一、确定机械排烟量的国家标准

二、单位排烟量法

三、换气次数法

四、分析预测法

五、工程实例

第四节　机械排烟口的设置要求

一、机械排烟口的流动特性

二、机械排烟口的有效面积

三、机械排烟口的形式

四、机械排烟口的布置

五、机械排烟口的形状

三、考核知识点与考核要求

（一）机械排烟的基本原理

识记：机械排烟系统的工作方式。

领会：机械排烟的优点；机械排烟的缺点。

简单应用：机械排烟系统工作方式的应用场合。

（二）机械排烟的适用范围

识记：厂房或仓库的具体适用范围；民用建筑的具体适用范围。

领会：地下建筑（室）机械排烟的必要性；地下汽车库机械排烟的必要性。

简单应用：总建筑面积大于200m^2或一个房间建筑面积大于50m^2，且经常有人停留或可燃物较多的地下或半地下建筑（室），在不具备自然排烟的条件下应设置机械排烟设施；面积超过2000m^2的地下车库应设置机械排烟系统。

综合应用：在厂房或仓库中，判断自然排烟条件是否满足要求需要审查的内容；在民用建筑中，判断自然排烟条件是否满足要求需要审查的内容。

（三）机械排烟量的确定方法

识记：指标计算法的具体指标。

领会：分析预测法的适用条件。

简单应用：单一建筑不同场合的排烟量值确定。

综合应用：通过工程实例确定不同类型建筑和建筑不同场合的排烟量值。

（四）机械排烟口的设置要求

识记：机械排烟口的限制速度；机械排烟口的形式。

领会：机械排烟口的形状对机械排烟的影响。

简单应用：计算机械排烟口的有效面积。

综合应用：布置机械排烟口。

四、本章重点、难点

重点：机械排烟系统的工作方式；机械排烟的适用范围。

难点：机械排烟量的确定方法；机械排烟口的设置。

第七章　建筑中的机械防烟方式

一、学习目的与要求

通过本章的学习，使学员了解机械防烟的优缺点；理解送风设备以及附件；掌握机械防烟设施的设置部位、机械加压送风量的确定方法。

二、课程内容

第一节　机械防烟的基本原理

一、机械防烟系统气流通路的基本形式

二、机械防烟的优点

三、机械防烟的缺点

第二节　机械防烟的适用范围

一、不具备自然排烟条件的封闭式楼梯间

二、不具备自然排烟条件的防烟楼梯间及其可采用可开启外窗自然排烟的封闭前室

三、不具备自然排烟条件的防烟楼梯间及其前室

四、设置自然排烟设施的防烟楼梯间及其不具备自然排烟条件的前室或合用前室

五、特殊部位

第三节 机械送风量的确定方法

一、压差法

二、风速法

三、机械送风量的确定

四、工程实例

第四节 机械送风口的设置要求

一、机械送风气流的流动特性

二、机械送风口的有效面积

三、机械送风口的形式

四、机械送风口的布置

五、机械防烟系统的余压调节

三、考核知识点与考核要求

（一）机械防烟的基本原理

识记：机械防烟系统气流通路的基本形式。

领会：机械防烟的优点；机械防烟的缺点。

简单应用：并列式气流通路流通面积的计算；串列式气流通路流通面积的计算。

综合应用：混合式气流通路流通面积的计算。

（二）机械防烟的适用范围

识记：不具备自然排烟条件的防烟楼梯间及其前室的具体适用范围；特殊部位的具体适用范围。

领会：不具备自然排烟条件的封闭式楼梯间；不具备自然排烟条件的防烟楼梯间及其可采用可开启外窗自然排烟的封闭前室；设置自然排烟设施的防烟楼梯间及其不具备自然排烟条件的前室或合用前室。

简单应用：不具备自然排烟条件的封闭式楼梯间设置机械防烟系统；不具备自然排烟条件的防烟楼梯间及其可采用可开启外窗自然排烟的封闭前室设置机械防烟系统；设置自然排烟设施的防烟楼梯间，其不具备自然排烟条件的前室或合用前室设置机械防烟系统。

综合应用：在不具备自然排烟条件的防烟楼梯间及其前室的机械防烟系统使用中，比较仅对楼梯间送风或对楼梯间及其前室都送风两种方案；在特殊部位机械防烟系统使用中，判断带裙房的高层建筑防烟楼梯间及其前室，消防电梯间前室或合用前室送风方案的选取。

（三）机械送风量的确定方法

识记：压差法的具体指标。

领会：风速法的使用条件。

简单应用：不具备自然排烟条件的封闭式楼梯间机械送风量的确定；不具备自然排烟条件的防烟楼梯间及其可采用可开启外窗自然排烟的封闭前室机械送风量的确定；设置自然排烟设施的防烟楼梯间及其不具备自然排烟条件的前室或合用前室机械送风量的确定。

综合应用：不具备自然排烟条件的防烟楼梯间及其前室均加压送风时机械送风量的确定；封闭式避难层（间）机械送风量的确定；通过工程实例确定不同类型防烟部位的机械送风量的确定。

（四）机械送风口的设置要求

识记：机械送风口的限制速度；机械送风口的形式。

领会：机械送风口的有效面积对机械防烟的影响。

简单应用：计算机械送风口的有效面积。

综合应用：布置机械送风口。

四、本章重点、难点

重点：机械防烟的适用范围。

难点：机械送风量的确定方法；机械送风口的设置。

第八章　防排烟系统设备及附件

一、学习目的与要求

本章内容主要介绍了各种防排烟设备及其相关附件，如风机、管道、排烟阀门等，对各种防排烟设备的设置要求进行了详细的说明和解释，尤其是风机的性能指标，作出了重点分析。通过对本章的学习，要了解各类防排烟设备的设置要求，重点是灵活应用。

二、课程内容

第一节　风机的设置与选型

一、风机的设置

二、风机的选型

第二节　管路的设置及选型

一、管道的设置

二、管道的选型

三、管道设置的具体要求

第三节　机械排烟系统阀门的设置与选型

一、机械排烟系统阀门的设置

二、机械排烟系统阀门的选型

三、考核知识点与考核要求

（一）风机的设置与选型

识记：风机的设置要求。

领会：风机的性能指标。

简单应用：离心式风机与轴流式风机的比较。

（二）管路的设置及选型

识记：管道的布置与材料选择。

领会：管道的设置要求。

简单应用：管道尺寸的确定。

（三）机械排烟系统阀门的设置与选型

识记：机械排烟系统阀门的选型。

领会：机械排烟系统阀门的设置要求。

四、本章重点、难点

重点：风机的设置要求；管道尺寸的确定；机械排烟系统阀门的设置。

难点：风机的选型；管道的压力分布。

第九章　防排烟系统的安装、运行与维护

一、学习目的与要求

学习本章的目的与要求，就是了解防排烟管道的支、托、吊架，管道，阀门，排烟口、送风口以及挡烟垂壁、排烟窗等防排烟设施的安装要求，以及防烟、排烟系统设备的联动方式；掌握实际工程中阀门、排烟口、送风口等的安装要求和防烟、排烟系统的控制程序，以及防排烟设施的检测。

二、课程内容

第一节　防排烟设施的安装

一、防排烟设施安装的施工条件

二、防排烟管道支、托、吊架的安装

三、防排烟管道的安装

四、防排烟阀门的安装

五、排烟口的安装

六、送风口的安装

七、防排烟风机的安装

八、其他设施的安装

（一）挡烟垂壁的安装

（二）排烟窗的安装

第二节　防烟系统的运行与控制

一、防烟系统的组成

二、防烟系统的联动方式

三、防烟系统的控制程序

四、防烟系统运行调节方式的确定

五、防烟系统运行与控制注意事项

第三节　排烟系统的运行与控制

一、排烟系统的组成

二、排烟系统的联动方式

三、排烟系统的控制程序

四、排烟系统运行与控制注意事项

第四节　防排烟设施的维护与管理

一、日常维护管理的一般要求

二、日常巡查的一般要求

三、检测的一般要求

三、考核知识点与考核要求

（一）防排烟设施的安装

识记：防排烟设施安装的施工条件；防排烟管道支、托、吊架的安装。

领会：管道的安装；风机的安装

简单应用：其他设施的安装。

综合应用：阀门的安装；排烟口的安装；送风口的安装

（二）防烟系统的运行与控制

识记：防烟系统的组成。

领会：防烟系统的联动方式；防烟系统运行调节方式的确定。

综合应用：防烟系统的控制程序。

（三）排烟系统的运行与控制

识记：排烟系统的组成。

领会：排烟系统的联动方式。

综合应用：排烟系统的控制程序。

（四）防排烟设施的维护与管理

识记：日常维护管理的一般要求。

领会：日常巡查的一般要求。

综合应用：检测的一般要求。

四、本章重点、难点

重点：防烟系统的控制程序；排烟系统的控制程序；检测的一般要求。

难点：风机的安装；防烟系统的联动方式；排烟系统的联动方式。

第十章　地铁车站烟气控制技术

一、学习目的与要求

通过本章的学习，学员能理解地铁车站火灾的危险性，明确地铁车站防排烟系统的设计原则，掌握地铁防排烟系统的运行模式。

二、课程内容

第一节　地铁车站火灾危险性

一、地铁火灾的类型

二、地铁火灾的特点

第二节　地铁车站防排烟系统的设计原则

一、地铁车站防烟分区的设计
二、地铁车站防排烟系统的选择
三、地铁车站防排烟系统应用
第三节　地铁防排烟系统的运作模式
一、站厅层公共区火灾工况运作模式
二、站台层公共区火灾工况运作模式
三、区间隧道火灾工况运作模式
四、设备管理用房火灾工况运作模式

三、考核知识点与考核要求

（一）地铁车站火灾危险性

识记：地铁火灾的类型。
领会：地铁火灾的特点。
简单应用：描述地铁火灾不同类型的情形。

（二）地铁车站防排烟系统的设计原则

识记：《地铁设计规范》（GB 50157—2003）中地下车站站厅、站台的防烟分区面积。
领会：地铁车站防排烟系统的选择。
综合应用：地铁车站防排烟系统典型应用。

（三）地铁防排烟系统的运作模式

识记：站厅层公共区火灾工况运作模式；站台层公共区火灾工况运作模式。
领会：区间隧道火灾时的防排烟运作模式；设备管理用房火灾工况运作模式。
简单应用：站厅层公共区火灾工况运作模式；站台层公共区火灾工况运作模式；区间隧道火灾时的防排烟运作模式；车站隧道通风排烟典型应用。
综合应用：地铁车站防排烟系统的典型应用。

四、本章重点、难点

重点：地铁车站防排烟系统的设计原则。
难点：地铁防排烟系统的运行模式。

第十一章　中庭建筑烟气控制技术

一、学习目的与要求

通过本章的学习，使学员理解中庭的火灾烟气控制技术。

二、课程内容

第一节　中庭的分类
一、长廊式中庭
二、封闭式中庭
三、回廊式中庭
四、互通式中庭

第二节　中庭的火灾危险性

一、燃料控制性燃烧

二、烟气扩散迅速

三、早期探测和初期灭火较难实现

四、安全疏散困难

第三节　中庭排烟的设计计算

一、中庭建筑排烟系统设计目标

二、自然排烟

三、机械排烟

第四节　中庭的排烟方式

一、从着火层排烟

二、从回廊排烟

三、从中庭排烟

三、考核知识点与考核要求

（一）中庭的分类

识记：封闭式中庭；回廊式中庭。

领会：长廊式中庭；互通式中庭。

简单应用：分清多样性的中庭组合形式。

（二）中庭的火灾危险性

识记：中庭的烟气扩散规律；安全疏散遇到的困难。

领会：燃料控制性燃烧；早期探测和初期灭火遇到的困难。

综合应用：中庭建筑的火灾案例分析。

（三）中庭排烟的设计计算

识记：自然排烟窗的净面积；机械排烟量的确定方法。

领会：中庭建筑排烟系统设计目标。

简单应用：自然排烟窗净面积的计算；机械排烟量的计算。

综合应用：机械排烟量的确定。

（四）中庭的排烟方式

识记：从中庭排烟的各种形式。

领会：从着火层排烟；从回廊排烟。

简单应用：从着火层排烟；从回廊排烟；从中庭排烟。

综合应用：从中庭排烟的各种形式的比较。

四、本章重点、难点

重点：中庭排烟的设计计算。

难点：中庭的排烟方式。

第十二章　隧道烟气控制技术

一、学习目的与要求

本章的学习目的是了解隧道火灾烟气流动的特点以及隧道内烟气控制采用的主要方法。需要大家掌握隧道火灾烟气的特点及烟气在隧道内的流动特性；重点掌握临界风速的概念，隧道纵向通风排烟方式、全横向通风排烟方式和半横向通风排烟方式的控烟原理、主要特点及适用范围。

二、课程内容

第一节　隧道火灾特点及烟气流动特性

一、隧道火灾特点

二、隧道火灾烟气流动特性

（一）火灾烟气的浮力效应

（二）火灾烟气流动的热阻效应

第二节　隧道火灾烟气控制方式

一、自然通风

二、机械通风

（一）纵向通风方式

（二）全横向通风方式

（三）半横向通风方式

（四）组合通风方式

三、隧道通风排烟设置规范相关要求

（一）《公路隧道通风照明设计规范》（JTJ 026. 1—1999）的规定

（二）《道路隧道设计规范》（DG/TJ 08-2033—2008）的规定

（三）《建筑设计防火规范》（GB 50016—2006）的规定

三、考核知识点与考核要求

（一）隧道火灾特点及烟气流动特性

识记：隧道火灾烟气的浮力效应；隧道火灾烟气的热阻效应。

领会：隧道火灾的特点；隧道火灾烟气控制的重要性。

简单应用：隧道火灾烟气控制的原理。

（二）隧道火灾烟气控制方式

识记：隧道自然通风方式；纵向通风方式；全横向通风方式；半横向通风方式；临界风速的概念；临界风速的确定方法。

领会：隧道三类通风排烟方式的优缺点；隧道三类通风排烟方式的适用范围；临界风速值对隧道烟气控制的影响。

综合应用：各类规范对隧道通风排烟设置的相关要求。

四、本章重点、难点

重点：隧道火灾烟气浮力效应；隧道火灾烟气热阻效应；纵向通风排烟方式；全横向通风排烟方式；半横向通风排烟方式；临界风速。

难点：纵向通风排烟方式、全横向通风排烟方式、半横向通风排烟方式的控烟原理及适用范围；临界风速的概念和影响因素。

Ⅳ 关于大纲的说明与考核实施要求

一、自学考试大纲的目的和作用

防排烟工程自学考试大纲是根据专业自学考试计划的要求，结合自学考试的特点而确定的。其目的是对个人自学、社会助学和课程考试命题进行指导和规定。

防排烟工程自学考试大纲明确了课程学习的内容以及深广度，规定了课程自学考试的范围和标准。因此，它是编写自学考试教材和辅导书的依据，是社会助学组织进行自学辅导的依据，是自学者学习教材、掌握课程内容知识范围和程度的依据，也是进行自学考试命题的依据。

二、课程自学考试大纲与教材的关系

防排烟工程自学考试大纲是进行学习和考核的依据，教材是学习掌握课程知识的基本内容与范围，教材的内容是大纲所规定的课程知识和内容的扩展与发挥。

大纲与教材所体现的课程内容基本一致；大纲里面的课程内容和考核知识点，教材里一般都要有。反过来在教材中课程内容可以体现一定的深度或难度，大纲里就不一定体现。

三、关于自学教材

《防排烟工程》，全国高等教育自学考试指导委员会组编，杜红主编，机械工业出版社出版，2013 年版。

四、关于自学要求和自学方法的指导

本大纲的课程基本要求是依据专业考试计划和专业培养目标而确定的。课程基本要求还明确了课程的基本内容，以及对基本内容掌握的程度。基本要求中的知识点构成了课程内容的主体部分。因此，课程基本内容掌握程度、课程考核知识点是高等教育自学考试考核的主要内容。

为有效地指导个人自学和社会助学，本大纲已指明了课程的重点和难点，在章节的基本要求中一般也指明了章节内容的重点和难点。

本课程共 4 学分。

五、应考指导

本门课程学习时，需要提前进行很好的计划和组织，才能获得好的学习效果，这是学习成功的法宝。首先对每个章节的内容都要有整体的认识和把握，然后对章节内的重点和难点问题要着重学习，这样才能在考试中得到满意的结果。阅读教材时可以做读书笔记，如需重点注意的内容，可用彩笔标注。考试时书写工整，段落与间距合理，保持卷面整洁，有助于教师的评分。考试紧张时可做深呼吸放松，有助于使头脑清醒，缓解紧张情绪。考前合理膳食，保持旺盛精力，保持冷静。

六、对考核内容的说明

本课程要求考生学习和掌握的知识点内容都作为考核内容。课程中各章的内容均由若干知识点组成，在自学考试中成为考核知识点。因此，防排烟工程自学考试大纲中所规定的考试内容是以分解为考核知识点的方式给出的。由于各知识点在课程中的地位、作用以及知识点本身的特点不同，自学考试对各知识点分别按三个或四个认知层次确定其考核要求。

七、关于考试命题的若干规定

1. 本课程的考试方式为闭卷，考试时间 150min。本课程考试需要携带碳素笔（黑色）、橡皮、不带存储功能的计算器。

2. 本大纲各章所规定的基本要求、知识点及知识点下的知识细目，都属于考核的内容。命题着重考核自学者对基本概念、基本知识和基本理论是否了解或掌握，对基本方法是否会用或熟练。

3. 试卷中对不同能力层次要求的分数比例大致为：识记占 40%，领会占 20%，简单应用占 25%，综合应用占 15%。

4. 要合理安排试题的难易程度，试题的难度可分为易、较易、较难和难四个等级。每份试卷中不同难度试题的分数比例一般为 2:3:3:2。

必须注意试题的难易程度与能力层次有一定的联系，但二者不是等同的概念，在各个能力层次都有不同难度的试题。

5. 课程考试命题的主要题型包括选择题、填空题、简答题、计算题、论述题、综合题等。

V　题型举例

一、单项选择题（在每空格列出的四个备选项中只有一个是符合题目要求的，请将其代码填写在题后的括号内。错选、多选或未选均无分）

1. 机械加压送风口的最大风速为（　　）。

A. 10m/s　B. 7m/s　C. 15m/s　D. 20m/s

2. 设置机械加压送风的防烟楼梯间宜每隔几层设一个加压送风口（　　）。

A. 一层　B. 二至三层　C. 四层　D. 二至五层

3. 机械排烟口的设置要求包括（　　）。

A. 排烟口应设在疏散出口正上方的顶棚处或墙面上

B. 排烟口距防烟分区最远点的水平距离不应超过 20m

C. 排烟口应设在顶棚上或靠近顶棚的墙面上

D. 排烟口与附近安全出口沿走廊方向相邻边缘之间的最小水平距离不应小于 1.00m

二、填空题（请将正确答案填写在题目空白处，不填、错填均无分）

1. 某高层公共建筑高度为 60m，其楼梯间靠外墙且外窗满足自然排烟的条件，因此楼梯间可采用__________排烟方式。

2. 机械加压送风系统的进风口宜布置在室外排烟口的下方，且高差不宜小于__________m。

三、简答题

1. 简述机械加压送风防烟系统的工作安全性指标。

2. 简述机械排烟口的设置要求。

四、计算题

某房间初始温度为25℃，请计算着火房间轰燃发生10min后，该房间火灾烟气的温度。

五、综合题

某一类高层建筑，共25层，层高3m。如图所示为建筑物第20层标准平面图（注：会议室设有固定窗，且房间的门为防火门）。

1. 写出该建筑中需要设置机械防烟的部位有哪些？

2. 写出该建筑中需要设置机械排烟的部位有哪些？

3. 该建筑标准层的防烟分区如何划分？写出划分依据并在图上标出。

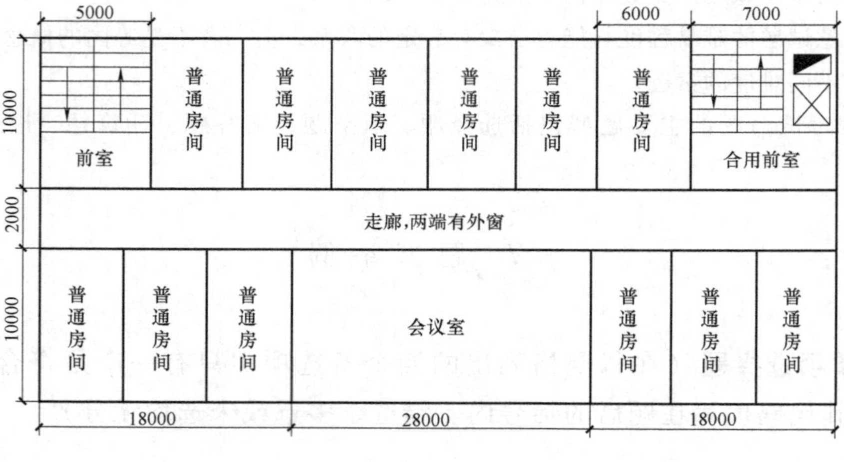

4. 计算会议室的排烟量。

六、论述题

1. 试论述防火阀、排烟防火阀的区别以及各自的具体设置部位。

2. 一座高层建筑，共150m，28层，论述防排烟工程的基本内容。

后　记

本大纲是根据全国高等教育自学考试指导委员会电子电工与信息类专业委员会制定的《高等教育自学考试消防工程专业（独立本科段）考试计划》和全国高等教育自学考试指导委员会《关于修订高等教育自学考试课程自学考试大纲的几点意见》的精神制定的。

本大纲提出初稿后，曾聘请专家通审，并由电子电工与信息类专业委员会在廊坊组织召开审稿会进行审稿，根据审稿会意见由编者作了修改。最后由电子电工与信息类专业委员会定稿。

本大纲由杜红教授负责编写。参加审稿并提出修改意见的有马宏伟高级工程师（陕西省公安消防总队，主审），魏东高级工程师（陕西省公安消防总队），夏之彬高级工程师（江苏省南京市公安消防局防火处）。

对参与本大纲编写和审稿的各位专家表示感谢。

全国高等教育自学考试指导委员会
电子电工与信息类专业委员会
2013 年 6 月

全国高等教育自学考试指定教材
消防工程专业（独立本科段）

防排烟工程

全国高等教育自学考试指导委员会　组编

编者的话

随着现代建筑高层化、大型化、多功能化，以及建筑和室内装饰装修材料更多地采用高分子合成材料，火灾时会释放出更多、毒性更大的有毒烟气。大量的火灾案例表明，烟气是火灾中造成人员伤亡的主要原因，火灾死亡人员中近80%的受害人是被火灾烟气熏死的，其他伤亡人员大部分也是先被烟气熏倒后被火烧死的。因此，科学合理地设置防排烟设施，对于减缓火灾及火灾烟气的蔓延、争取到安全疏散的时间有着十分重要的意义。近年来，烟气控制已成为国际消防界以及建筑设计领域重点关注的问题。

本书是全国高等教育自学考试消防工程专业（独立本科段）的核心课程之一，具有较强的理论性和实用性，系统地叙述了防排烟工程的理论基础和国内外的先进技术，目的是培养学生掌握火灾烟气扩散流动规律、烟气控制技术及防排烟设施的设置和应用。本书主要内容包括：火灾烟气的组成与危害，火灾烟气的流动特性，火灾烟气的控制，防排烟系统概述，建筑中的自然排烟、机械排烟、机械防烟三种常见的防排烟方式，防排烟系统设备及附件，防排烟系统的安装、运行与维护以及地铁车站、中庭建筑和隧道烟气控制技术。编者本着理论联系实际的原则，在做到涵盖面广、内容丰富的同时，力求增强教材的可读性、实用性和可操作性。

本书在编写过程中，编者力求以阐明基本规律和基本理论为主要目的，尽量做到理论联系实际，反映本学科的现代先进水平和最新成果，其目的是使学生在紧密联系"消防燃烧学""流体力学"等课程内容的基础上，掌握防排烟工程的基本原理，从而能进行防排烟工程设施的使用、维护和管理，并能运用防排烟基础理论自救、互救和控烟。在制订本教材大纲的过程中，参考了各种防排烟工程资料的内容和章节编排，以便更好地满足学生的认识规律和教学要求。

本书由中国人民武装警察部队学院消防指挥系灭火技术教研室主任杜红担任主编。其中杜红编写第四章、第六章、第七章、第八章；刘建民副教授编写第五章、第九章；徐晖博士编写第三章、第十二章；李思成副教授编写第二章；梁强讲师编写第十章、第十一章；杨志增讲师编写第一章。全书由杜红统稿。全国高等教育自学考试指导委员会电子电工与信息类专业委员会组织了本教材的审稿工作。陕西省公安消防总队防火部马宏伟高级工程师担任主审，陕西省公安消防总队防火部魏东高级工程师、江苏省南京市公安消防局夏之彬高级工程师参加审稿，并提出修改意见，谨向他们表示诚挚的谢意。

由于水平有限，书中难免有不足之处，敬请广大读者多提宝贵意见。

编　者

2013年6月

第一章　火灾烟气的组成与危害

学习目标

1. 应了解、知道的内容：

• 燃烧工况的有关概念。

• 火灾烟气的浓度。

• 材料的发烟特性。

2. 应理解、清楚的内容：

• 剩余空气率的概念。

• 有毒气体对人体的危害性表现。

3. 应掌握、会用的内容：

• 火场的能见距离。

• 火灾烟气的组成。

• 火灾烟气造成减光的原因。

• 火灾烟气光学浓度。

• 极限减光系数。

• 火场中疏散极限视距。

4. 应熟练掌握的内容：

• 火灾烟气的概念。

• 火灾烟气的危害性。

自学时数　6 学时。

老师导学

本章通过介绍火灾烟气的浓度特性，掌握和火灾烟气危害性密切相关的烟气中有毒气体浓度及烟粒子浓度（即悬浮微粒的浓度）的表示方法，从而引出火场中对人员疏散和火灾扑救非常重要的能见度和疏散极限视距的概念。进而研究火灾烟气产生的原因，分析了解火灾烟气的危害性，介绍了有关燃烧工况和火场能见距离的有关概念、火灾烟气的浓度和材料的发烟特性。在对本章的学习中，应重点掌握火灾烟气的定义、火灾烟气的组成和火灾烟气造成减光的原因及火灾烟气的危害性。

第一节　火灾烟气的生成

火灾烟气的生成与燃烧工况有密切的关系。对于正常的燃烧工况，环境的供热条件、空间时间条件和供氧条件得到良好的保证，燃烧进行得比较完全，所生成的产物都不能再燃烧，这种燃烧称为完全燃烧，其燃烧产物称为完全燃烧产物。在完全燃烧的状态下，燃烧产物主要以气态形式存在，其成分主要取决于可燃物的组成和燃烧条件。对于非正常的燃烧工况，没有良好的燃烧条件，燃烧进行得不完全，称为不完全燃烧，相应的燃烧产物称为不完全燃烧产物。在不完全燃烧的状态下，燃烧产物含有醇、醚等有机化合物。这些燃烧产物多为有毒气体，对人体的呼吸系统、循环系统、神经系统会造成不同程度的伤害，影响人的正常呼吸和安全疏散。由于建筑物发生火灾的场合属于受限火灾，并且有喷淋系统或外在介质参与灭火，故其燃烧属于不完全燃烧。

一、火灾烟气的定义

燃烧反应通常伴有产生火焰、发光和发烟的现象。在物质燃烧过程中往往还伴随着热分解反应。热分解是物质由于温度升高而发生的无氧化作用的不可逆化学分解。在一定的温度之下，燃烧反应的速度并不快，但热分解的速度却很快。这种热分解反应没有火焰和发光现象，但却有发烟现象。热分解的产物往往和燃烧产物掺混在一起，很难区分。

由燃烧或热分解作用所产生的悬浮在气相中的可见的固体和液体微粒称为烟或烟粒子，含有烟粒子的气体称为烟气。火灾过程所产生的烟气称为火灾烟气。所以，火灾烟气是火灾时所生成的气体和悬浮在其中的烟粒子的总称。由此可知，烟气是燃烧和热分解产物的混合物。

在火灾扑救过程中，由于采取不同的措施和灭火剂，会相应产生一些不同的气体。一般情况下采用水扑救时，只产生大量的水蒸气。但如果燃烧物质本身与灭火剂能起化学反应时，则会产生一些其他有害物质，严重时会造成扑救人员中毒甚至伤亡事故。例如五硫化二磷发生燃烧，如果用水进行扑救，就产生剧毒的硫化氢气体，即：$P_2S_5 + 5H_2O \rightarrow 5H_2S + P_2O_5$。

二、火灾烟气的组成

火灾烟气的成分和性质首先取决于发生热分解和燃烧的物质本身的化学组成，其次还与燃烧条件有关。由于火灾时参与燃烧的物质比较复杂，尤其是发生火灾的环境条件千差万别，所以火灾烟气的组成相当复杂。不过就总体而言，火灾烟气由热分解和燃烧所生成的气（汽）体、悬浮微粒及剩余空气三部分组成。

（一）热分解和燃烧所生成的气（汽）体

大部分可燃物质都属于有机化合物，其主要成分是碳（C）、氢（H）、氧（O）、硫（S）、磷（P）、氮（N）等元素。在一般温度条件下，氮在燃烧过程中不参与化学反应而呈游离状态析出，而氧作为氧化剂在燃烧过程中消耗掉了。碳、氢、硫、磷等元素则与氧化合生成相应的氧化物，即二氧化碳（CO_2）、水蒸气（H_2O）、二氧化硫（SO_2）和五氧化二磷（P_2O_5）等。此外，还有少量氢气和碳氢化合物产生。

材料的化学组成是决定烟气产生量的主要因素，可燃物分子中碳氢比值不同，生成烟气的能力也不一样。碳氢比值越大，产生烟气的能力越大。如乙炔碳氢比为1:1，乙烯碳氢比为1:2，乙烷碳氢比为1:3，所以在扩散燃烧中乙炔产生烟气的能力最大，乙烷最小，乙烯介于中间。

旧式建筑结构中，木材是主要的可燃物质。在现代建筑内，装修复杂，各种室内用品及家具越来越多。除了一些室内家具和门窗采用木质材料外，其余大量的装修、家具和用品，大量采用高分子合成材料，如建筑塑料，高分子涂料，聚苯乙烯泡沫塑料保温材料，复合地板，环氧树脂绝缘层，化纤制的家具和床上用品等。这些高分子合成材料的燃烧和热分解产物比单一的木质材料要复杂得多。

（二）热分解和燃烧所生成的悬浮微粒

热分解和燃烧所生成的悬浮微粒通常有游离碳（炭黑）、焦油类粒子和高沸点物质的凝缩液滴等。这些固态或液态的微粒，悬浮在气相中，随其漂流。

火灾初期阶段常常处于燃料物质的不完全燃烧阶段。不完全燃烧所产生的烟气成分中，除了上述生成物外，还可以产生一氧化碳、有机磷、烃类、多环芳香烃、焦油，以及碳屑等固体颗粒。颗粒的性质因可燃物的性质不同存在很大的差异。多环芳香烃碳氧化合物和聚乙烯可认为是火焰中碳烟颗粒的前身，并使得火焰发出黄光。火灾烟气中这些悬浮微粒的直径一般为 0.01 ~ 10μm，有的可达几十微米。由于烟粒子的性质不同，所以在火灾发展的不同阶段，烟气的颜色也不同。在起火之前的阴燃阶段，由于干馏热分解，主要产生的是一些高沸点物质的凝缩液滴粒子，烟色常呈白色或青白色；而在起火阶段，主要产生的是炭黑粒子，烟色呈黑色，形成滚滚黑烟。火灾初期阶段有焰燃烧产生的烟气颗粒几乎全部由固体颗粒组成。其中一部分颗粒是在高热通量作用下脱离固体的灰分，大部分颗粒则是在氧浓度较低的情况下，由于不完全燃烧和高温分解而在气相中形成的碳颗粒。这两种类型的烟气颗粒都是可燃的，一旦被点燃，在通风不畅的受限空间内甚至可能引起爆炸。

（三）剩余空气

可燃物燃烧所需的氧气是由空气供给的，所需空气量的多少取决于可燃物的组分及其含量。在燃烧过程中，剩余空气是指没有参与燃烧反应的、仍然保持大气中的空气组成的空气。而单位质量物质完全燃烧时所必需的空气量称为理论空气量 V_0。理论上把燃烧时所供给的实际空气量 V 与理论空气量 V_0 之比，称为剩余空气率或过量空气系数 α，即

$$\alpha = \frac{V}{V_0} \tag{1-1}$$

显然，当 $\alpha > 1$ 时，空气过剩，而 $\alpha < 1$ 时，空气不足。

封闭的着火房间中的燃烧过程往往是在氧气不足的情况下进行的。如果由于某种因素改善其供氧条件，火势就会扩大。所以，在火灾扑救活动中，控制供氧甚至隔绝氧气是经常采用的措施。这就是说，着火房间内产生的烟气在一般情况下并没有剩余空气。但是，一旦门窗玻璃破碎或房门打开，大量空气涌进着火房间时，就会存在剩余空气。

应当指出，当着火房间内烟气窜出房门流到走廊或其他没有发生火灾的房间时，将很快与周围的空气混合，成为烟气与空气的混合气体，这部分空气不应看作火灾烟气生成过程中的剩余空气。

第二节　火灾烟气的浓度

火灾烟气浓度是火灾防治中最为关键的烟气特性之一。由于火灾烟气的组成比较复杂，所以要全面表示各组成成分十分困难，也没有必要。事实上，防排烟工程所关心的问题是如何降低火灾烟气的危害性，因而掌握和危害性密切相关的烟气中有毒气体的浓度，以及烟粒子的浓度（即悬浮微粒的浓度）是十分必要的。其中，有毒气体浓度与烟气的毒害性相关，悬浮微粒浓度与烟气的减光性相关。

一、有毒气体的浓度

火灾烟气中有毒气体的浓度通常用容积成分表示。即任何一种有毒气体的分容积占烟气总容积的比例，称为该有毒气体在烟气中的容积浓度。根据有毒气体含量的多少，容积浓度表示法有百分浓度（%）和百万分浓度（ppm）两种，即

$$r_i = \frac{V_i}{V_y} \times 100[\%] \tag{1-2}$$

$$r_i = \frac{V_i}{V_y} \times 10^6[\text{ppm}] \tag{1-3}$$

式中 V_i——火灾烟气中有毒气体的分容积（m^3）；

V_y——火灾烟气的总容积（m^3）。

当生成气体容积浓度值较大时多用百分浓度来表示，当生成气体容积浓度值较小时一般用百万分浓度来表示。常见可燃物热分解产物对人体的危害及浓度见表 1-1。

表 1-1 常见可燃物热分解产物对人体的危害及浓度（ppm）

气体名称	氰化氢 HCN	氯化氢 HCl	氟化氢 HF	氨气 NH_3	硫化氢 H_2S	二氧化硫 SO_2	光气 $COCl_2$
生理现象	细胞呼吸停止，头晕，虚脱，意识不清	刺激眼睛和上呼吸道黏膜，因上呼吸道损坏而窒息	刺激眼睛和上呼吸道，有腐蚀作用	刺激眼睛和上呼吸道黏膜，导致肺水肿	浓度高时神经中枢麻痹，浓度低时刺激眼睛及上呼吸道	刺激眼睛和气管黏膜，肺及声门水肿，因气管堵塞而窒息	刺激气管和肺泡，因肺水肿使呼吸困难而窒息
1 天 8h 允许浓度	10	5	3	50	10	5	0.1
可嗅到		35		53		3～5	5.6
刺激咽喉		35		408		8～12	3.1
刺激眼睛				698		20	4.0
咳嗽				1620		20	4.8
1h 内安全浓度	45～54	50～100	10	300～500	170～300		
0.5～1h 内有危险浓度	110～130	1000～2000	50～250	2500～4500	400～700	50～100	25
短时致死浓度	270	1300～2000		5000～10000	1000～2000	400～500	50

二、烟粒子的浓度

火灾烟气中的烟粒子浓度（即悬浮微粒浓度）通常有质量浓度、颗粒浓度和光学浓度三种表示方法。

（一）质量浓度

单位容积的烟气中所含烟粒子的质量，称为烟粒子的质量浓度 μ_s，即

$$\mu_s = \frac{m_s}{V_y} \tag{1-4}$$

式中　m_s——烟气中所含烟粒子的质量（mg）；

V_y——火灾烟气的容积（m^3）。

（二）颗粒浓度

单位容积的烟气中所含烟粒子的颗粒数，称为烟粒子的颗粒浓度 n_s，即

$$n_s = \frac{N_s}{V_y} \tag{1-5}$$

式中　N_s——烟气中所含的烟粒子颗粒数。

（三）光学浓度

烟粒子的浓度可以用烟气的光学浓度来反映。当可见光通过烟层时烟粒子使光线的强度减弱，光线减弱的程度与烟的浓度之间存在函数关系。烟粒子的光学浓度用减光系数 C_s 表示，减光系数采用光学法测定，光学法测量系统示意图如图 1-1 所示。

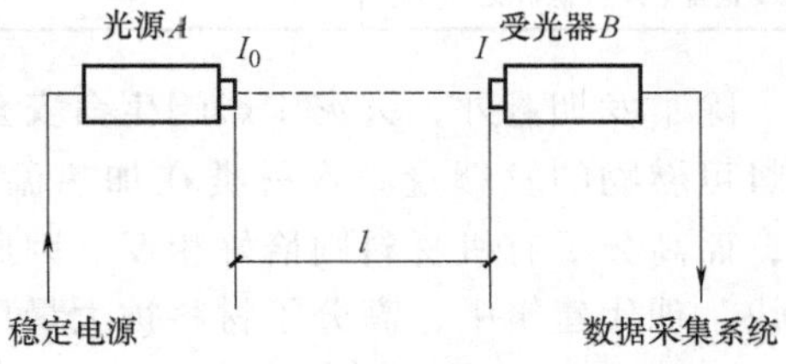

图 1-1　光学法测量系统示意图

如图所示，光源 A 发出的光强度为 I_0，光透过烟气层到达距光源 l 处的受光器 B 时的强度为 I，根据朗伯-比耳（Lamber-Beer）定律，I_0 与 I 之间存在下列函数关系

$$I = I_0 e^{-C_s l} \tag{1-6}$$

式子两边取对数，整理后得到减光系数 C_s 公式

$$C_s = \frac{1}{l}\ln\frac{I_0}{I} \tag{1-7}$$

式中　C_s——烟气层的减光系数（m^{-1}）；

l——光源与受光器之间的距离（m）；

I_0——光源处的光强度（cd）；

I——受光体处的光强度（cd）。

由式（1-6）可见，在相同的距离 l 和一定的光源强度 I_C 下，减光系数 C_s 增大，受光器处的光强度 I 下降，说明了烟气层的烟粒子浓度是增大的；反之，C_s 减小，相应的 I 增大，说明烟气层的烟粒子浓度减小。所以，减光系数 C_s 的大小，代表了烟粒子浓度的大小。C_s 越大，即烟的浓度越大，光强度 I 越小；l 越大，即距离越远，光强度 I 越小，这一点与人们的火场体验是一致的。

三、疏散极限视距

（一）材料的发烟特性

可燃材料的发烟特性主要是发烟量和发烟速度。各种可燃材料在不同温度下，其单位质量所产生的烟量是不同的。木材类在温度升高时，发烟量有所减少，这主要是因为分解出的碳质微粒在高温下又重新燃烧，且温度升高后减少了碳质微粒的分解。但高分子有机材料随着加热温度的增加能产生大量的烟气。某些材料的发烟量见表 1-2。

表 1-2 某些材料的发烟量 （单位：m^3/g）

材料名称	加热温度/℃		
	300	400	500
杉木	3.6	2.1	0.4
普通胶合板	4.0	1.0	0.4
难燃胶合板	3.4	2.0	0.6
硬质胶合板	1.4	2.1	0.6
锯木屑板	2.8	2.0	0.4
玻璃纤维增强塑料	—	6.2	4.1
聚氯乙烯	—	4.0	10.4
聚苯乙烯	—	12.6	10.0
聚氨酯（人造橡胶之一）	—	14.0	4.0

除了发烟量外，火灾中影响生命安全的另一重要因素就是发烟速度，即单位时间内单位质量可燃物的发烟量。木材类在加热温度超过 350℃时，发烟速度一般随温度的升高而降低，而高分子有机材料则恰好相反。因此，高分子材料的发烟速度比木材要大得多且燃烧速度快。现代建筑中，高分子材料被大量用于家具用品、建筑装修、管道及其保温、电缆绝缘等方面，一旦发生火灾，高分子材料不仅燃烧迅速，加快火势扩展蔓延，还会产生大量有毒的浓烟，其危害远远超过一般可燃材料。某些材料的发烟速度见表 1-3。

表 1-3 某些材料的发烟速度 （单位：$m^3/g \cdot s$）

材料名称	加热温度/℃					
	300	350	400	450	500	550
杉木	0.61	0.72	0.71	0.53	0.13	0.13
普通胶合板	0.93	1.08	1.10	1.07	0.31	0.24
难燃胶合板	0.56	0.61	0.58	0.59	0.22	0.20
硬质胶合板	0.76	1.22	1.19	0.19	0.26	0.27
微片板	0.63	0.76	0.85	0.19	0.15	0.12
苯乙烯泡沫板 A	—	1.58	2.68	5.92	6.90	8.96
苯乙烯泡沫板 B	—	1.24	2.36	3.56	5.34	4.46
氨基甲醇乙酯	—	—	5.0	11.5	15.0	16.5
玻璃纤维强化塑料	—	—	0.50	1.00	3.00	0.50
聚氯乙烯	—	—	1.0	4.50	7.50	9.70
苯乙烯	—	—	1.0	4.95	—	2.97

（二）能见距离

火灾的烟气导致人们辨认目标的能力显著降低，即便设置了事故照明和疏散指示标志，也会使其功效减弱。因此，人们在疏散时往往看不清周围的环境，甚至达到辨不清疏散方向、找不到安全出口、影响人员安全的程度。普通人的视力所能达到的范围称为能见距离 D（或能见度）。在火灾时，建筑物内充满烟气和其他燃烧产物，影响火场的能见距离，从而影响人员的疏散，阻碍消防人员救人和灭火。当能见距离降到3m以下时，逃离火场就十分困难。火场中由于烟粒子的存在，烟气具有遮光作用，会严重影响火场的能见距离。另外，能见距离还与许多因素有关，包括烟气的散射、室内的亮度、所辨认物体是发光体还是反光体，以及光线的波长等，并且还与逃生者的视力及对光强的适应状态有关。尽管如此，通过大量的实验测试和研究，人们还是建立了火场能见距离与减光系数之间的经验关系式。

$$C_sD = K \tag{1-8}$$

式中 C_s——烟气层的减光系数（m^{-1}）；

D——能见距离（m）；

K——经验系数，其值随光源或标志形式而异，对发光型指示灯和门窗，$K=5\sim10$；对反光型指示灯和门窗，$K=2\sim4$。

式（1-8）表明能见距离 D 与烟气层的减光系数 C_s 大致成反比关系，且在烟气浓度相同的情况下，自发光物体的能见距离是反光物体的 2 ~4 倍。由此可知，安全疏散标志最好采用自发光形式。

发生火灾时，疏散通道上的能见距离在整个疏散过程中都应给予保障，这个保证安全疏散的最小能见距离称为疏散极限视距［D］。［D］值取决于人们对建筑物的熟悉程度。

熟悉者

$$[D] = 5\text{m}$$

不熟悉者

$$[D] = 30\text{m}$$

对应于保证安全疏散的极限视距［D］，必然存在一个极限减光系数［C_s］，即

$$[C_s] = \frac{K}{[D]} \tag{1-9}$$

由式（1-9）可以确定不同情况下保证安全疏散的极限减光系数［C_s］，见表1-4。由表中内容可见，在任何情况下都能保证安全疏散的烟气光学浓度［C_s］$=0.1\text{m}^{-1}$左右。

表 1-4 保证安全疏散的极限减光系数［C_s］值 （单位：m^{-1}）

光源标志形式	对建筑物熟悉者	对建筑物不熟悉者
发光型指示灯或窗	1 ~2	0.17 ~0.33
反光型指示灯或门	0.4 ~0.8	0.07 ~0.13

由于烟气的减光性，在发生火灾时的疏散通道或火场上，实际能达到的能见距离远远小于疏散极限视距。表1-5所列为在各种不同的烟气光学浓度时人的能见距离。

表 1-5 不同 C_0 烟气中人的能见距离 D （单位：m）

烟气光学浓度 C_0/m^{-1}	地上建筑	
	反光型指示灯及门窗	发光型指示灯及门窗
2	1 ~2	2.5 ~5
5	0.4 ~0.8	1 ~2
10	0.2 ~0.4	0.5 ~1
15	0.13 ~0.27	0.33 ~0.67
20	0.1 ~0.2	0.25 ~0.5
25	0.08 ~0.16	0.2 ~0.4
30	0.07 ~0.13	0.17 ~0.33

火灾时所产生的烟气光学浓度据实测为25～$30m^{-1}$，由表1-5可知，人们在该浓度范围的火灾烟气中能见距离只有几厘米到几十厘米，这就使人们在火灾烟气中的行进速度显著降低。而要达到保证安全疏散的极限减光系数 $[C_s]=0.1m^{-1}$，即烟气的浓度要稀释300倍左右，这就要求设置排烟设施，对着火区域进行积极排烟。

第三节　火灾烟气的危害性

大量火灾统计资料表明，火灾中的烟气已成为火灾中的第一杀手。据不完全统计，火灾中因烟气致死的人数约占火灾死亡总数的80%以上，尤其在人员密集场所，易造成群死群伤的恶性事故。如1993年2月14日唐山林西百货大楼火灾，经法医鉴定，死亡的79人中除一人属高空坠落死亡外，其余全部死于有毒烟气；辽宁阜新艺苑歌舞厅"11.27"大火，因易燃的棉丙交织化纤布燃烧时分解产生大量有毒气体，造成200余人中毒窒息死亡；1994年12月8日新疆克拉玛依友谊馆大火，死亡325人，其中95%以上死于烟气中毒。对火灾中的死者进行生理解剖，研究发现一氧化碳（CO）和氰化氢（HCN）为主要有毒气体，现有的火灾数据无法提供其他有毒气体对人员死亡的可能影响。根据化学分析可知，火灾燃烧的副产物可能对人存在极大的危害，火灾烟气的危害性可概括为缺氧、中毒、减光、尘害和高温。

一、缺氧

氧是人体进行新陈代谢的关键物质，是人体生命活动的第一需要。当空气中含氧量降低到15%时，人的肌肉活动能力下降；降到10%～14%时，人就四肢无力，智力混乱，辨不清方向；降到6%～10%时，人就会晕倒。所以，对于处在着火房间内的人们来说，氧气的短时致死浓度为6%。这就是说，当着火房间内空气中的含氧浓度低于6%时，在短时间内人们将因缺氧而窒息死亡。即使含氧量在6%～14%，虽然不会短时死亡，但也会因失去活动能力和智力下降而不能逃离火场最终被火烧死。由于燃烧消耗了大量的氧气，使得火灾烟气中的含氧量往往低于生理上所需的正常数值。日本在1962年和1975年先后两次进行的实体火灾实验所得到的着火房间内气体成分变化曲线如图1-2所示。由图可知，在爆燃之前，O_2 的浓度一直保持在20%～21%。在爆燃最盛期，O_2 的浓度只有3%左右。在实际的着火房间中，烟气的含氧量往往低于人们生理正常所需要的数值，氧气的最低浓度只有3%左右。可见，在发生火灾时，建筑内人员如不及时逃离火场是很危险的。

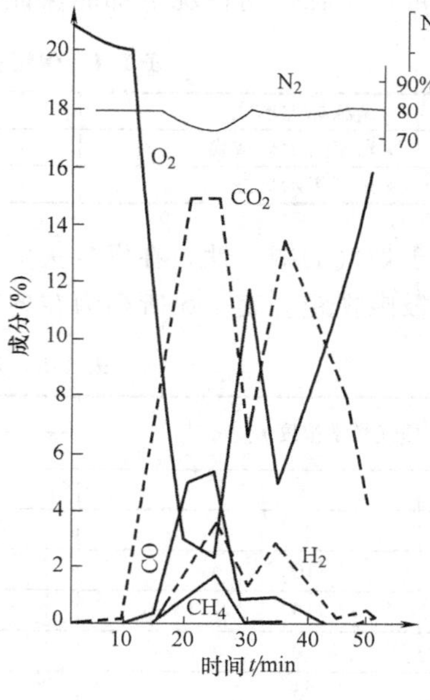

图1-2　着火房间内气体成分变化曲线

二、中毒

建筑火灾中可燃物的种类繁多，既包括各种

木质材料、纸张、羊毛、丝绸等天然材料，又包括各种塑料、橡胶等高分子合成材料，加上燃烧状况千变万化，因而可以生成多种有毒气体。这些气体的含量如超过人们生理正常所允许的最低浓度，会造成人们中毒死亡。目前，已知的火灾中有毒气体的种类或有毒气体的成分有数十种，包括无机类有毒有害气体（CO、CO_2、NO_x、HCl、HBr、H_2S、NH_3、HCN、P_2O_5、HF、SO_2 等）和有机类有毒有害气体（光气、醛类气体、氰化氢等）。火灾时各种可燃物质燃烧生成的主要有毒气体见表 1-6。

表 1-6 火灾时各种可燃物质燃烧生成的主要有毒气体

物质名称	燃烧时生成的主要有毒气体
木材、纸张	二氧化碳、一氧化碳
棉花、人造纤维	二氧化碳、一氧化碳
羊毛	二氧化碳、一氧化碳、硫化氢、氨、氰化氢
聚四氟乙烯	二氧化碳、一氧化碳
聚苯乙烯	苯、甲苯、二氧化碳、一氧化碳、乙醛
聚氯乙烯	二氧化碳、一氧化碳、氯化氢、光气、氯气
尼龙	二氧化碳、一氧化碳、氨、氰化物、乙醛
酚树脂	一氧化碳、氨、氰化物
三聚氢胺-醛树脂	一氧化碳、氨、氰化物
环氧树脂	二氧化碳、一氧化碳、丙醛

各种有毒气体（如一氧化碳、氰化氢、丙烯醛、氯化氢、二氧化氮等）对人体的危害如下。

（一）一氧化碳（CO）对人的影响

CO 是火灾烟气中体积分数最高的一种有毒气体，是造成火灾中人员死亡的主要因素之一。在火灾事故中，死于 CO 毒性作用的人数占死亡总人数的 40% 以上。CO 的主要毒害作用在于其与血红蛋白结合生成碳氧血红蛋白，而极大削弱了血红蛋白对氧气的结合力，而使血液中氧气的含量降低致使供氧不足，从而阻碍血液把氧送到人体各部分，人体暴露在 CO 中产生的生理症状见表 1-7。

表 1-7 人体暴露在 CO 中产生的生理症状

暴露 $\varphi(CO)/(\mu l/L)$	暴露时间/min	症　状
50	360 ~ 480	不会出现副作用(临界值)
200	120 ~ 180	可能出现轻微头疼
400	60 ~ 120	头疼、恶心
600	45	头疼、头昏、恶心
	120	瘫痪或可能失去知觉
1000	60	失去知觉
1600	20	头疼、头昏、恶心
3200	5 ~ 10	头疼、头昏
	30	失去知觉
6400	1 ~ 2	头疼、头昏
	10 ~ 15	失去知觉、有死亡危险
12800	1 ~ 3	即刻出现生理反应,失去直觉,有死亡危险

（二）氰化氢（HCN）对人体的影响

氰化氢为无色、略带杏仁气味的剧毒性气体，其毒性约为 CO 的 20 倍。氰化氢是由含氮材料燃烧生成的，这类材料包括天然材料和合成材料，如羊毛、丝绸、尼龙、聚氨酯二聚物及尿素树脂等。氰化氢是一种毒性作用极快的物质，它基本上不与血红蛋白结合，但却可以抑制人体中酶的生成，阻止正常的细胞代谢。单一浓度 φ（HCN）及中毒症状见表 1-8。

随着大量塑料被当做装饰材料使用，火灾中氰化氢气体对人体的毒害作用越来越引起人们的重视。通过研究火灾中死难者的血液，人们发现，有 30% 以上的人员死亡是 HCN 中毒所致。

表 1-8　φ（HCN）与中毒症状

暴露 φ(HCN)/(μl/L)	暴露时间/min	症　状
18～36	>120	轻度症状
45～54	30～60	损害不大
110～125	30～60	有生命危险或致死
135	30	致死
181	10	致死
270	<5	立即死亡

（三）其他毒性气体对人的影响

木材制品燃烧产生的醛类、聚氯乙烯燃烧产生的氢氯化合物都是刺激性很强的气体，甚至是致命的。例如，烟气中含有 5.5μl/L 的丙烯醛时，会对上呼吸道产生刺激症状；如果浓度在 10μl/L 以上时，就能引起肺部的变化，数分钟内即可死亡，它的允许浓度为 0.1μl/L。木材燃烧的烟气中丙烯醛含量高达 50μl/L 左右，加之烟气中还有甲醛、乙醛、氢氧化物、氰化氢等毒气，对人体都是极为有害的。

近年来，随着高分子合成材料在建筑、装修及家具制造中的广泛应用，火灾所产生的烟气毒性更加严重。

三、减光

火灾烟气中烟粒子的粒径一般为几微米到几十微米，而可见光波长范围只有 0.38～0.76μm，烟气中烟粒子的粒径大于两倍的可见光波长，这些烟粒子对可见光是不透明的，即对可见光具有遮蔽作用。由于烟粒子的存在，当烟气在火场上弥漫时，可见光因受到烟粒子的遮蔽而大大减弱，会严重影响火场的能见度，从而影响人员的安全疏散，阻碍消防队员接近着火点救人和灭火。同时，加上烟气中的有些气体对人眼有极大的刺激性，如 HCl、NH_3、HF、SO_2、Cl_2 等，从而使人们在疏散过程中的行进速度显著降低，这就是烟气的减光性。

四、尘害

烟气中悬浮微粒是有害的。危害最大的是颗粒直径小于 10μm 的飘尘，它们肉眼看不见，能长期漂浮在大气中，少则数小时，长则数年。颗粒直径小于 5μm 的飘尘由于气体扩散作用，能进入人体肺部，粘附并聚集在肺泡壁上，引起呼吸道疾病和增大心脏病死亡率，对人造成直接危害。

五、高温

火灾烟气的高温对人、对物都可产生不良影响。对人的影响可分为直接接触影响和热辐射影响。火灾烟气具有较高的温度，在着火房间内，烟气温度可高达数百度；在地下建筑中，火灾烟气温度可高达1000℃以上。这样的高温对人们的危害是绝对致命的。人们对高温烟气的忍耐是有限的。在65℃时，可短时忍受；在120℃时，15min内就将产生不可恢复的损伤；烟气温度进一步提高，产生损伤的时间更短，140℃时约为5min，170℃时约为1min；而在几百度的高温烟气中是一分钟也无法忍受的。衣服的透气性和绝热性可限制温度的影响。不过多数人无法在温度高于65℃的空气中呼吸。当吸入高温的有毒烟气，会严重灼伤呼吸道，重创呼吸系统，轻者刺激呼吸道黏膜，导致慢性支气管炎，重者即便被救出了火场，也难以脱离生命危险。

若烟气层在人的头部高度之上，人员主要受到热辐射的影响。这时高温烟气所造成的危害比直接接触高温烟气的危害要低些。热辐射强度影响是随距离的增加而衰减的。一般认为，在层高不超过5m的普通建筑中，烟气层的温度达到180℃以上时才会对人构成威胁。

烟气温度过高还会严重影响材料的性质。例如，大部分木质材料在温度超过105℃时便开始热分解，250℃左右时可以被点燃；许多高分子材料的变形和热分解温度比木材更低。钢筋混凝土材料的机械性能也会严重变差，尤其对于采用钢筋混凝土的建筑，更需要注意高温烟气的影响，并采取适当的防护措施。在建造大空间建筑中经常采取大跨度的钢架屋顶，而钢材的力学性能会随着温度的升高而显著下降，超过一定限度还会发生坍塌。在建筑火灾中已多次发生过这种情况。例如2003年4月，青岛市正大食品厂大跨度钢结构厂房发生特大火灾，火灾高温造成厂房大面积倒塌，21名工人葬身火海。因此，控制火灾烟气温度是减少火灾损失的重要方面。

除此之外，发生火灾时，特别是发生轰燃时，火焰和烟气冲出门窗孔洞，浓烟滚滚会使人们产生恐怖感，有的人失去活动能力，有的甚至失去理智，惊慌失措。常会造成疏散过程的混乱。所以，恐怖性的危害也是很大的。

自学指导

本章学习重点：火灾烟气的定义；火灾烟气的组成；火灾烟气浓度的表示方法；能见距离和疏散极限视距的概念和极限值；火灾烟气造成减光的原因；火灾烟气的危害性。

1. 火灾烟气的概念：火灾烟气是火灾时所生成的气体和悬浮在其中的烟粒子的总称。

2. 火灾烟气的浓度：烟气中有毒气体成分浓度的两种表示方法；烟气中烟粒子浓度的表示方法；减光系数概念和极限减光系数值；减光系数与烟气光学浓度之间的关系。

3. 能见距离和疏散极限视距：能见距离的概念；疏散极限视距值。

4. 火灾烟气的危害性：缺氧、中毒、减光、尘害和高温。

本章学习难点：火场的能见距离

火场的能见距离与减光系数之积是一个常数。在火灾时，建筑物内充满火灾烟气，影响火场的能见距离，从而影响人员的疏散，阻碍消防人员救人和灭火。减光系数 C_s 越大，即烟的浓度越大，能见距离越小；相反，能见距离越大，即距离越远，那么减光系数越小，火场的可见度越高，这点与人们的火场体验是一致的。

复习思考题

一、选择题

1. 随着减光系数的增大，烟气的光学浓度（　　）。

A. 增大　B. 减小　C. 先增大再减小　D. 不变

2. 在任何情况下都能保证安全疏散的烟气极限光学浓度为（　　）。

A. $0.1m^{-1}$　B. $0.2m^{-1}$　C. $0.3m^{-1}$　D. $0.5m^{-1}$

3. 在高层宾馆中，保证安全疏散的最小能见距离是（　　）。

A. 3m　B. 5m　C. 10m　D. 30m

4. 教学楼内，保证学生安全疏散的最小能见距离是（　　）。

A. 3m　B. 5m　C. 10m　D. 30m

5. 下列气体中具有窒息性毒害作用的是（　　）。

A. HCN　B. HCl　C. CO_2　D. H_2S

6. 火灾烟气的毒害性表现有（　　）。

A. 缺氧　B. 减光　C. 尘害　D. 高温

7. 下列选项中不是火灾烟气中有毒气体浓度主要表示方法的是（　　）。

A. 质量浓度　B. 颗粒浓度　C. 百万分浓度　D. 光学浓度

8. 下列选项中不是火灾烟气中烟粒子浓度主要表示方法是（　　）。

A. 质量浓度　B. 颗粒浓度　C. 体积浓度　D. 光学浓度

二、简答题

1. 火灾烟气的定义是什么？
2. 完全燃烧的定义是什么？
3. 烟粒子的表示方法有哪些？

三、论述题

1. 造成火场减光的原因是什么？
2. 火灾烟气的毒害性表现在哪几个方面？

第二章　火灾烟气的流动特性

学习目标

1. 应了解、知道的内容：
- 火羽流、烟气羽流的概念。
- 烟囱效应、电梯活塞效应的概念。
- 顶棚射流、墙壁射流的概念。
- 知道火灾烟气与理想气体成分的区别。

2. 应理解、清楚的内容：
- 着火房间内火灾烟气压力、温度、密度三种基本状态参数的变化情况。

3. 应掌握、会用的内容：
- 火灾烟气在着火房间的流动过程。
- 火灾烟气在走廊内的流动过程。
- 火灾烟气在竖井内的流动过程。

4. 应熟练掌握的内容：
- 建筑火灾烟气流动的主要驱动力。
- 着火房间内烟气温度和密度的计算。

自学时数　6 学时。

老师导学

本章主要介绍建筑火灾烟气流动的主要驱动力、烟气在建筑中各部位的流动扩散规律，以及火灾烟气的压力、温度和密度三种基本状态参数在着火房间中的变化情况，使学生能够掌握建筑中火灾烟气运动的主要动力，并能简单描述烟气在建筑中各部分的流动过程及各自的流动特点。对本章的学习，应注重概念的理解及烟气温度和密度特性参数的计算，重点掌握火灾烟气的几种驱动力，以及各驱动力对烟气流动的影响。

第一节　火灾烟气的扩散驱动力

建筑中引起烟气蔓延扩散的主要因素有烟囱效应、高温烟气的浮力、烟气的膨胀力、外界风、供暖、通风和空调系统，以及电梯活塞效应等。一般而论，在建筑火灾中这些因素共同作用导致了烟气蔓延，但是为了便于讨论，下面逐一分析各种因素单独作用的情况。

一、烟囱效应

由于建筑内外存在温差，于是产生了驱使气体流动的浮力。在建筑物中往往有各种竖向通道，如楼梯间、电梯间、竖直机械管道及电力电信竖井等。在这些竖向通道内，由于热浮力的作用，气体的上升运动十分显著，产生烟囱效应。烟囱效应是指在建筑物的竖直通道中，由于温度差的存在使得自然对流循环加强，促使烟气上升流动的效应。烟囱效应主要是由室内外温差引起的，室内外温差越大，烟囱效应越大。另外，建筑高度对烟囱效应也有影响，建筑高度越高，烟囱效应也越明显。已知研究结果表明，烟囱效应是高层建筑发生火灾时竖向通道烟气蔓延的主要因素。

当建筑物内部温度较高，室外温度较低时，各种竖向通道中往往存在着一股上升气流，这种现象称为正向烟囱效应；而当建筑物内部温度较低，室外温度较高时，在建筑物的各种竖向通道中，则往往存在着一股下降气流，这种现象称为反向烟囱效应。图 2-1 所示为正向、反向烟囱效应作用下高层建筑中各部分的气流状况，可见正向、反向烟囱效应作用所形成的气流方向是完全相反的。

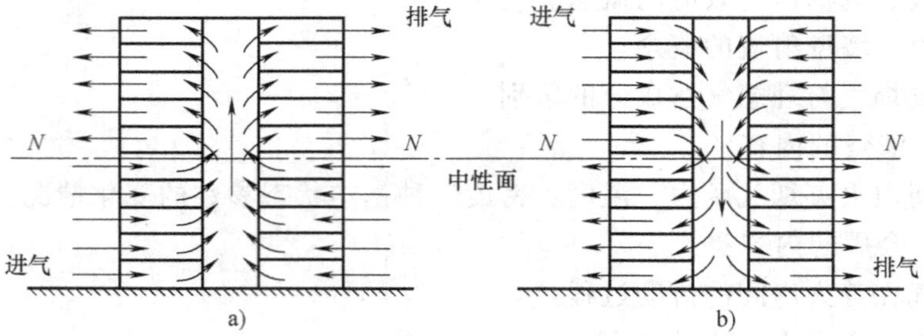

图 2-1　正向、反向烟囱效应作用下的气流状况

a）正向烟囱效应　b）反向烟囱效应

建筑中室内外压力差为零的平面称为中性面，中性面的位置会影响到气体在该建筑中的流动形式。正向烟囱效应作用下，如果火灾发生在中性面之下，烟气将随建筑物中的空气流入竖井；烟气进入竖井后使井内气温升高，产生的浮力作用增大，竖井内上升气流加强；当烟气在竖井内上升到达中性面以上时，烟气会流出竖井进入建筑物上部各楼层。如果不考虑楼层上下之间渗漏状况，那么在中性面以下各楼层中，除着火房间外，将不存在烟气。而如果火灾发生在中性面之上，着火房间的烟气将随着建筑物的气流通过外墙开口排至室外。当楼层上下之间无渗漏状况时，除着火楼层之外，其余楼层将不存在烟气；但当楼层上下之间存在渗漏状况时，着火层产生的烟气将渗漏到其上部楼层中去，然后随气流通过各楼层的外墙开口排至室外，如图 2-2 所示。

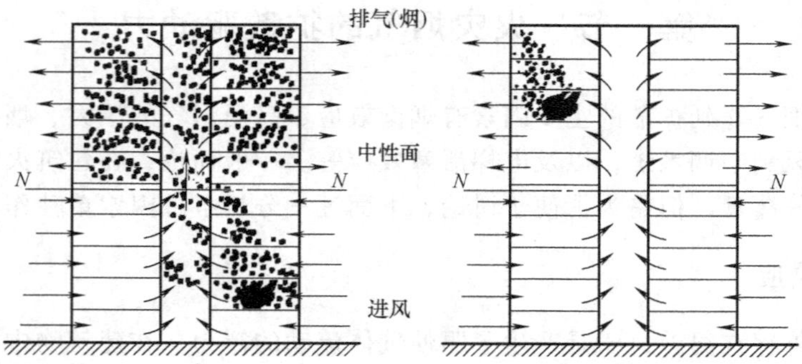

图 2-2　正向烟囱效应对火灾烟气流动的影响

a）火灾发生在中性面之下　b）火灾发生在中性面之上

反之，在反向烟囱效应作用下，且烟气温度较低时，烟气的流动方向与正向烟囱效应作用正好相反，如果火灾发生在中性面之上，烟气进入竖井后向下运动，烟气被带到中性面以下，然后随气流流入各楼层中。但是，如果火灾产生的烟气温度较高，烟气进入竖井后导致井内气温高于室外气温，这时，一般条件下的反向烟囱效应转变为火灾条件下的正向烟囱效应，烟气在竖井内反向向上流动。

二、高温烟气的浮力

火灾烟气是由高温气体带动灰烬颗粒而形成的，所以烟气本身温度就很高，与周围空气比较，烟气的密度相对较低，因此有浮力产生。烟气的浮力实质上是着火房间与走廊、邻室或室外形成热压差，导致着火房间内的烟气与走廊、邻室或室外的空气相互流动，如图2-3所示。在热压差作用下，中性面上部的烟气向走廊、邻室或室外流动，而走廊、邻室或室外的空气从中性面以下进入着火房间。高温烟气的浮力是烟气在室内水平方向流动的动力之一。

由于烟气的浮力作用，着火房间与环境之间的热压差可用下式计算。

$$\Delta p_f = K_s\left(\frac{1}{T_0}-\frac{1}{T_s}\right)h \tag{2-1}$$

式中　Δp_f——着火房间地板面与中性面的压差（Pa）；

h——地板面距中性面的距离（m），中性面的计算详见第五章；

T_0——环境温度（K）；

T_s——着火房间温度（K）；

K_s——修正系数，一般取3460Pa·K/m。

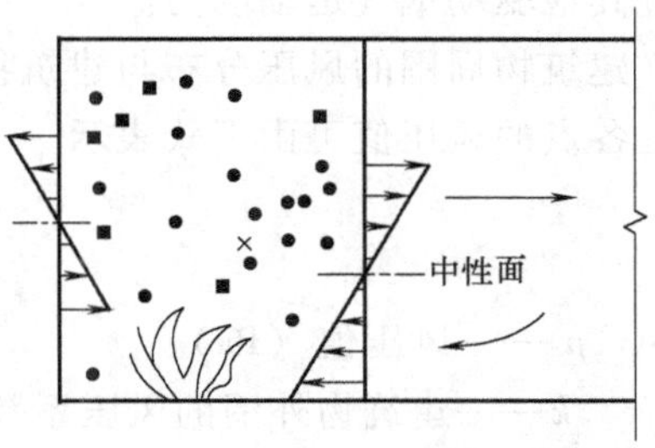

图2-3　浮力作用下的烟气流动状况

若着火房间顶棚上有开口，则浮力作用产生的压力会使烟气由此开口向上面的楼层蔓延。同时，浮力作用产生的压力还会使烟气从墙壁上的开口及缝隙或门缝泄漏。当烟气离开着火区域后，由于热损失及与冷空气掺混，其温度会有所降低。因而，浮力的作用及其影响会随着与着火区域之间距离的增大而逐渐减小。

三、烟气的膨胀力

除浮力作用外，着火区域可燃物燃烧释放的能量还可以通过气体热膨胀作用而使烟气运动。着火房间高温烟气流出，温度低的外部空气流入，空气的体积因受热而急剧膨胀。由于燃料燃烧所增加的质量和参与燃烧的空气量相比很小，可忽略不计，因此燃烧导致的体积膨胀可只计算参与燃烧的空气，即

$$\frac{\dot{V}_{out}}{\dot{V}_{in}}=\frac{T_{out}}{T_{in}} \tag{2-2}$$

式中　$\dot{V}_{out}$、$\dot{V}_{in}$——燃烧膨胀后的烟气量和流入着火房间的空气量（m^3/s）；

T_{out}、T_{in}——燃烧后的烟气温度和流入着火房间的空气温度（K）。

【例 2-1】 着火房间的温度为 500℃，环境温度为 20℃，问着火房间烟气膨胀了多少倍？

【解】 $\frac{\dot{V}_{\text{out}}}{\dot{V}_{\text{in}}}=\frac{T_{\text{out}}}{T_{\text{in}}}=\frac{500+273}{20+273}=2.64$

由计算结果可知，该着火房间烟气的体积相对于原来膨胀了将近三倍。

火灾过程中，从体积流量来说，因膨胀会产生大量烟气。对于有多个门或窗敞开的着火房间，体积膨胀的压力可以忽略不计；而对于门窗关闭的房间或具有较小开口或缝隙的房间，烟气膨胀可产生很大的压力，使烟气向非着火区域流动。

四、外界风的影响

由于外界风的影响，建筑物的周围存在压力分布，迎风侧产生正风压，背风侧产生负风压，而这种压力分布能够影响建筑物内的烟气流动。某些情况下，风的影响往往很大，可以超过其他驱动烟气运动的力。

建筑物周围的风压分布与建筑物的几何形状和朝向有关。当风向一定时，建筑物外围结构上各点的风压值可由下式表示

$$p_{\text{f}}=k\frac{\rho_{\text{w}}W^2}{2} \tag{2-3}$$

式中 p_{f}——风压值（Pa）；

k——建筑物外围的风压系数，由试验确定；

ρ_{w}——室外空气的密度（kg/m^3）；

W——室外空气的流速（m/s）。

当 k 值为正，说明建筑物该点风压为正值；当 k 为负，说明建筑物该点风压为负值。

建筑物发生火灾时，经常出现着火房间窗户玻璃破碎的情况。如果破碎的窗户处于建筑物的背风侧，则外部风产生的负风压会将烟气从着火房间中抽出，这可以大大缓解烟气在建筑内部的蔓延。相反，如果破碎的窗户处于建筑物的迎风侧，则外部风所产生的正风压可以轻易地驱动整个建筑内的气体流动，使烟气在着火楼层内迅速蔓延，甚至蔓延到其他楼层。

五、通风空调系统的影响

许多现代建筑中都安装了通风空调系统，用于取暖、通风和空气调节。在这种情况下，即使 HVAC 系统不工作，HVAC 系统的管道也能起到通风网的作用。在前面所说的几种力（尤其是烟囱效应）的作用下，烟气将会沿管道流动，从而促进烟气在整个楼内蔓延。若此时 HVAC 系统处于工作状态，通风网的影响还会加强。当发生火灾时，工作状态的通风空调系统有时会加剧烟气的蔓延扩散。例如 1980 年 11 月 21 日，美国拉斯维加斯米高梅旅馆一楼餐厅发生火灾，大量易燃装饰物、胶合板、泡沫塑料坐垫等材料在燃烧中放出大量有毒烟气。着火后，旅馆内空调系统没有关闭，烟气通过空调管道到处扩散。清理火场时发现，遇难者大部分是因烟气中毒而窒息死亡，84 名死者中有 64 人死于烟气中毒。

图 2-4 所示为装有 HVAC 系统的某剧场内，在有火灾与无火灾情况下的气体流动状况。可见，在有火灾的情况下，烟气羽流的形状发生明显变化，部分烟气开始向 HVAC 系统的

回风口流动。当建筑物的局部区域发生火灾后，烟气会通过 HVAC 系统到达建筑的其他部位，从而使得尚未发生火灾的空间也受到烟气的影响。对于这种情况，一般认为，发生火灾时应先关闭 HVAC 系统以避免烟气扩散并中断向着火区供风。

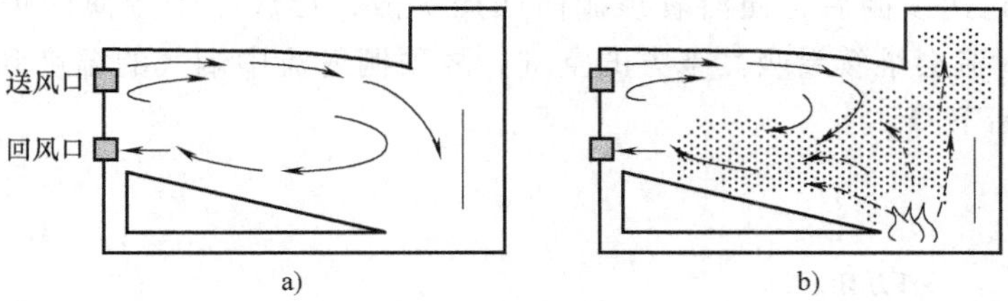

图 2-4　装有 HVAC 系统建筑中的气体流动状况
a）无火灾情况下　b）火灾发生情况下

六、电梯的活塞效应

在某些特殊建筑结构中存在着物体的往返运动，例如电梯在电梯井中的运动、地铁列车在隧道内的运动等，它可导致这些结构空间内出现瞬时压力变化，称为运动物体的活塞效应。当电梯在电梯井中运动时，能够使电梯井内出现瞬时压力变化，称为电梯的活塞效应（Elevator Piston Effect）。当电梯向下运动时将会使其下部的空气向外排气，其上部的空间向内吸气，而电梯向上运动时气流运动则正好相反，如图 2-5 所示。当电梯井道面积较小或电梯高速运动时，电梯产生的活塞效应比较明显。发生火灾时，电梯的活塞效应能够在较短的时间内影响电梯附近空间和房间的烟气流动方向和速度。

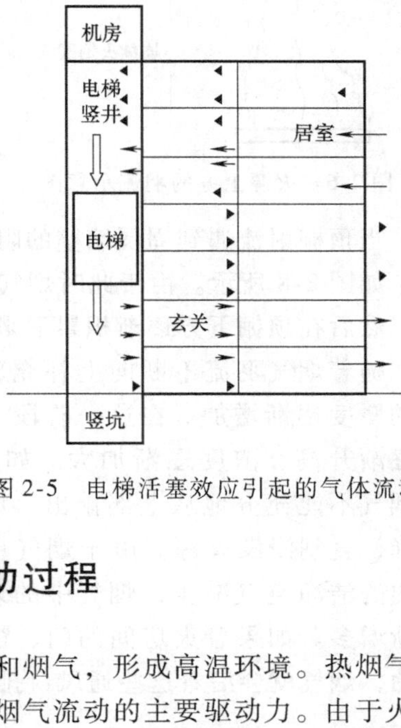

图 2-5　电梯活塞效应引起的气体流动

第二节　火灾烟气的流动过程

建筑物发生火灾后，室内可燃物燃烧放出大量的热量和烟气，形成高温环境。热烟气与周围环境空气之间存在较大的温差，温差所形成的浮力是烟气流动的主要驱动力。由于火灾发生在建筑内，属于受限火灾，烟气流动会受到建筑结构、开口和通风等的限制。这几类因素的作用使建筑着火区域内的烟气流动呈现出一些典型特征，如浮力羽流、顶棚射流、开口通风流动等。建筑内火灾烟气的典型流动现象是火灾探测和扑救的主要着眼点和立足点，了解建筑火灾中烟气蔓延流动的过程和规律对于建筑防排烟设计和火场逃生人员的疏导都是十分重要的。

一、着火房间内的烟气流动过程

单室房间起火后，由于可燃物燃烧产生大量的热量，火灾烟气的温度较高，密度较小，因而在浮力作用下烟气将向上流动。在火灾燃烧中，火源上方的火焰及燃烧生成烟气的流动通常称为火羽流，如图 2-6 所示。在燃烧表面上方附近为火焰区，火焰区的上方为燃烧产物（烟气）的羽流区，其流动完全由浮力效应控制，称为浮力羽流，或者称为烟气羽流。烟气羽流不断地卷吸其周围的空气，其质量流率也因此不断增加，温度则逐渐降低。

当烟气羽流到达顶棚后，便沿着顶棚向四周扩散，形成一个较薄的顶棚射流层，如图 2-7 所示。这种射流会继续卷吸其下方的空气，故顶棚射流中烟气的温度和浓度随着射流半径 r 的增大将不断下降。

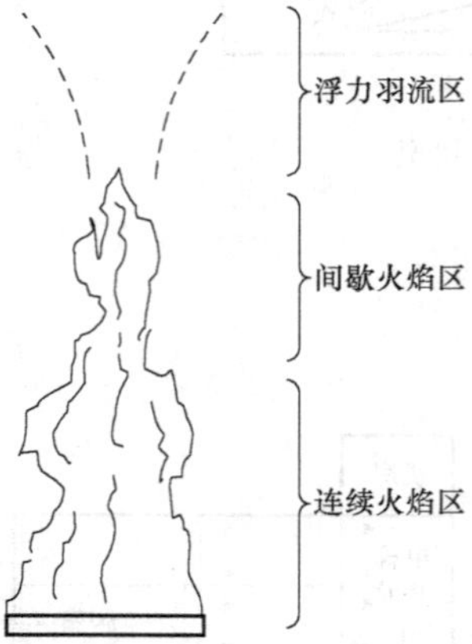

图 2-6　火源上方的羽流示意图

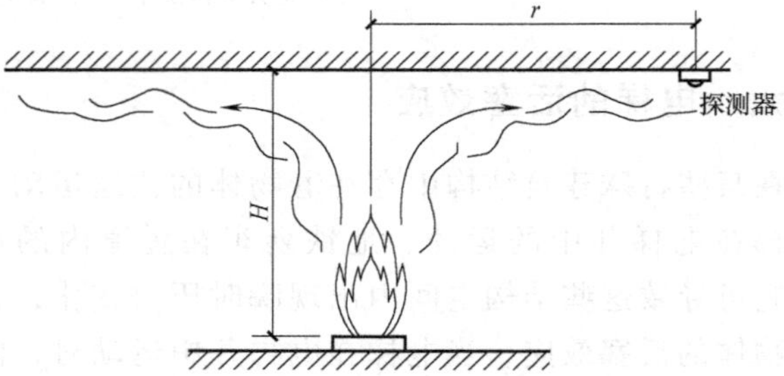

图 2-7　顶棚射流示意图

当顶棚射流遇到周围墙壁的阻挡后，将会沿着墙壁面向下发展，形成一种反浮力壁面射流，如图 2-8 所示。由于此时烟气的温度仍然较高，这种壁面射流下降一段距离后便又会上浮，然后在顶棚下方逐渐积累下来，从而形成较稳定的烟气层。

随着烟气羽流不断向上补充新的烟气，烟气层的厚度逐渐增加。在这一阶段，上部烟气的温度逐渐升高、浓度逐渐加大。如果可燃物充足，且烟气不能充分地从上部排出，烟气层将会一直下降，直到浸没火源。由于烟气层的下降，使得室内的洁净空气减少，烟气中的未燃、可燃成分逐渐增多。如果着火房间的门、窗等通风口是敞开的，烟气就会沿着这些通风口排出去。

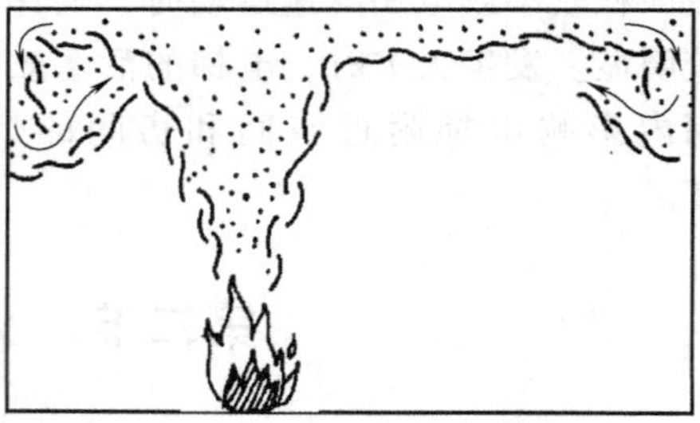

图 2-8　反浮力壁面射流示意图

二、走廊内的烟气流动过程

随着火灾的发展，着火房间上部烟气层逐渐增厚。如果着火房间设有外窗或专门的排烟口时，烟气将从这些开口排至室外。若烟气的生成量很大，致使外窗或专设的排烟口来不及排除烟气，烟气层厚度会继续增大，当烟层厚度增大到超过挡烟设施的下端或房门的上缘时，烟气就会沿着水平方向蔓延扩散到走廊中去。火灾实验和实践都证实：着火房间内的烟气向走廊的扩散流动是火灾烟气流动的主要路线。

火灾实验表明，烟气在走廊中的流动在一定范围内是呈层流流动状态的，这个流动过程有两个特点：

1）烟气在上层流动，空气在下层流动，如果没有外部气流干扰的话，分层流动状态能保持40~50m的流程，上下两个流体层之间的掺混很微弱；但若流动过程中遇到外部气流干扰时，如室外空气送进或排气设备排气时，则层流状态将变成紊流状态流动。

2）烟气层的厚度在一定的流程内能维持不变，从着火房间排向走廊的烟气出口起算，通常可达20~30m。当烟气流过比较长的路程时，由于受到走廊顶棚面及两侧墙壁面的冷却，两侧的烟气会沿墙壁面开始下降，最后只在走廊断面的中部保留一个接近圆形的空气流股，如图2-9所示。

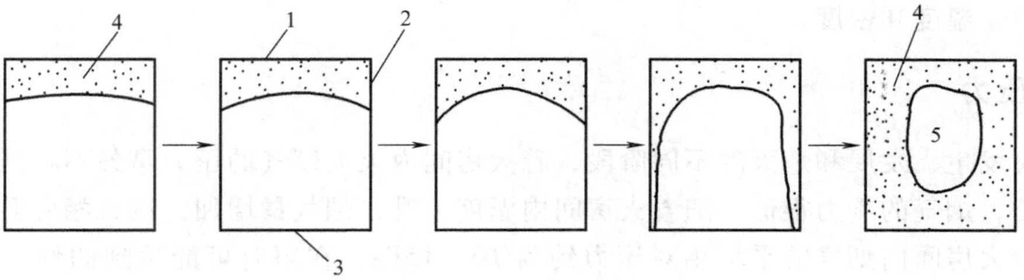

图2-9 烟气在走廊流动过程中的下降状况

1—顶棚 2—墙壁 3—地板 4—烟气 5—空气

三、竖井内的烟气流动过程

一般来说，竖井指的是高度与截面边长之比远大于1的垂直通道，如高层建筑中的楼梯间、电梯井、管道井等。竖井按其结构分为开放竖井和封闭竖井两类，与周围环境有开口相通的为开放竖井；相反，没有开口相通的为封闭竖井。

如果竖井内部较热而周围环境较冷，气流将通过建筑物中性面以下的各层开口进入，由于室内外空气温度的不同而产生浮力。中性面是指建筑物室内外压力差为零的平面。中性面以上各部分压力大于室外压力，竖井内热空气通过建筑物上部的开口流向室外；中性面以下部分的压力小于室外压力，室外冷空气通过下部的开口流向竖井，从而引起竖井内气流运动速度加快，这种现象就是竖井内的烟囱效应。一般典型高层建筑内楼梯间、电梯井等竖井都能产生烟囱效应。烟囱效应对火灾时建筑物内空气的流动起着重要的作用，尤其在开放竖井中更为明显，此时火灾的蔓延更加迅速，火灾烟气垂直向上的速度可达到3~4m/s。

在标准状态下，竖井中性面以上高度为h处的内外压差可由下式计算。

$$\Delta p=\rho_0 T_0(1/T_0-1/T_s)gh \tag{2-4}$$

式中 Δp——竖井内外压力差（Pa）；

T_0——室外空气温度（K）；

T_s——竖井内气体温度（K）；

h——中性面以上高度（m）；

ρ_0——室外空气密度（kg/m^3）。

由式（2-4）可见，竖井内温度越高，则内外压差越大，烟囱效应越剧烈。在考虑烟囱效应时，如果建筑物与外界空气之间空气交换的通道沿高度分布较为均匀，则中性面一般位于建筑物高度的一半附近；否则，中性面的位置将有较大偏离。

第三节　火灾烟气的特性参数

气态物质在某瞬时所呈现的宏观物理状况称为状态，描述状态的物理量称为状态参数。常用的气体状态参数有压力、温度、密度、内能、焓、熵等，其中压力、温度、密度为三种基本气体状态参数。火灾烟气成分比较复杂，主要成分为可燃物热分解和燃烧生成的气体、液态和固态悬浮微粒及剩余空气。火灾烟气虽为混合物，但其中悬浮微粒的含量比较少，主要组成成分仍为气体，因此可以近似地把火灾烟气当做理想混合气体对待，其基本状态参数也包括压力、温度和密度。

一、压力

在火灾发生、发展和熄灭的不同阶段，着火房间内火灾烟气的压力是各不相同的。在火灾发生初期，烟气的压力很低，随着火房间内温度上升，烟气量增加，压力相应升高。据测定，一般着火房间内烟气的平均相对压力约为10～15Pa，在短时可能达到的峰值约为35～40Pa。而当烟气和火焰一旦冲出门窗孔洞之后，室内烟气的压力很快会降下来，接近当时当地的大气压力。烟气的绝对压力 p_y 的值为

$$p_y = p_0 + p_{y0} \tag{2-5}$$

由于 p_{y0} 相对于 p_0 很小，可忽略不计，故

$$p_y \approx p_0 \tag{2-6}$$

式中　p_y——着火房间烟气绝对压力（Pa）；

p_0——当地大气压力（Pa）；

p_{y0}——着火房间烟气平均相对压力（Pa）。

由此可见，着火房间火灾烟气的绝对压力可以看成近似等于当时当地的大气压力。

二、温度

火灾烟气的温度是重要的状态参数，它可直接影响探测器和自喷系统喷头的启动时间，对建筑内人员的安全疏散和消防队员扑救火灾有较大影响。发生火灾时，着火房间内火灾烟气的温度会随着火灾的发展而不断升高。当房间发生爆燃时，燃烧达到高峰，室内烟气温度急剧上升，能很快达到最高水平。

发生火灾时，影响着火房间烟气温度的因素很多，要准确地确定各种建筑物着火房间内的温度是很复杂的。室内可燃物种类的不同、门洞窗口尺寸不同，着火房间内最高温度也不同，低则达到500～600℃，高则达到800～1000℃。为了方便起见，在确定民用住宅和公共建筑的着火房间内的温度时，通常可认为发生火灾时，所燃烧的可燃物为同一种材料，单位面积的燃烧荷载是均匀分布的，热交换和通风换气等条件也是相类似的。那么，在火灾全面发展阶段（即门、窗玻璃破裂之后），着火房间的平均温度可近似按照对建筑结构

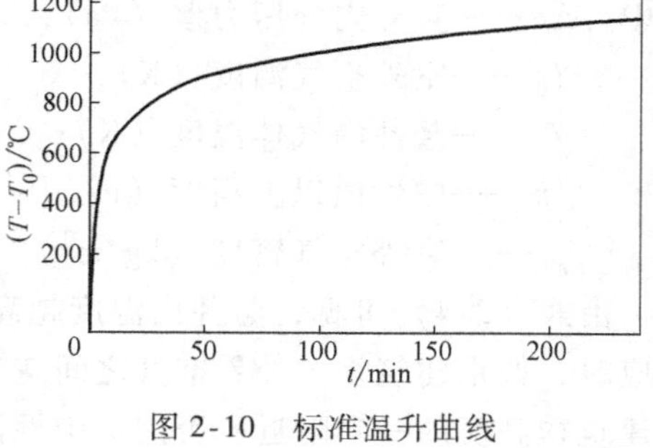

图 2-10　标准温升曲线

进行耐火试验时所用的火灾标准温度上升曲线方程（图 2-10）进行计算，即

$$t_{v\tau}=345\lg(8\tau+1)+t_0 \tag{2-7}$$

式中 $t_{v\tau}$——着火房间 τ 时刻平均温度（℃）；

τ——从着火房间门、窗玻璃破碎时起算的时间（min）；

t_0——着火房间初始温度（℃）。

【例 2-2】 某房间发生火灾，初始温度为 25℃，当门、窗玻璃破裂 15min 之后，计算该着火房间烟气的平均温度。

【解】 $t_{v\tau}=345\lg(8\tau+1)+t_0=[345\times\lg(8\times15+1)+25]℃=744℃$

三、密度

由于火灾烟气为多种气体和悬浮微粒的混合物，它的组成与空气不同，所以在相同温度和相同压力下，烟气密度与空气是不相同的，烟气密度比空气稍大。另一方面，火灾烟气的组成又因燃烧物质、燃烧条件的不同而异，所以严格地说，即使在相同温度和相同的压力下，不同火场条件所生成的火灾烟气的密度也各不相同。

火灾烟气的密度可利用理想气体状态方程式导出，即

$$\rho_y=\rho_y^0\frac{273p_y}{T_y p_b} \tag{2-8}$$

式中 ρ_y——火灾烟气的密度（kg/m^3）；

ρ_y^0——标准状态下的烟气密度（kg/m^3）；

p_b——标准大气压力，一般取 101325（Pa）；

p_y——火场的压力（Pa）；

T_y——火灾烟气的温度（K）。

对于火灾烟气来说，在海拔不高的沿海地带和平原地带，p_y 可近似认为等于标准大气压力，即 $p_y\approx p_b$，故火灾烟气的密度公式可简化为

$$\rho_y\approx\rho_y^0\frac{273}{T_y} \tag{2-9}$$

根据一些实验测定的数据可知，烟气的密度一般比空气密度稍大，因此在一般工程计算中，标准状态下的烟气密度可近似地取为相同温度的当地大气压力下空气密度的数值，即 $\rho_y^0\approx\rho_0$，则上式可进一步简化为

$$\rho_y\approx\rho_0\frac{273}{T_y} \tag{2-10}$$

式中 ρ_0——标准状态下空气密度，$\rho_0=1.293kg/m^3$。

式（2-10）即为火灾烟气密度的计算公式，可见烟气的密度与着火房间烟气的温度呈反比例关系，烟气温度越高，烟气的密度值越小。

【例 2-3】 当火场温度达到 800℃时，计算此时火灾烟气的密度为多少？（标准状态下空气密度 $\rho_0=1.293kg/m^3$）

【解】 $\rho_y\approx\rho_0\frac{273}{T_y}\approx1.293\times\frac{273}{800+273}kg/m^3\approx0.329kg/m^3$

自学指导

本章学习重点：火灾烟气的扩散驱动力；建筑火灾烟气的流动过程；火灾烟气特性参数的概念；烟气的压力、温度和密度特性参数。

1. 火灾烟气的扩散驱动力：烟囱效应、高温烟气的浮力、烟气的膨胀力、外界风的影响、通风空调系统的影响、电梯的活塞效应。

2. 火灾烟气的流动过程：着火房间烟气的流动过程，走廊内烟气的流动过程、竖井内烟气的流动过程。

3. 火灾烟气三种基本特性参数：烟气压力、烟气温度、烟气密度的概念，着火房间烟气平均温度的计算，烟气密度的计算。

本章学习难点：烟气温度和烟气密度的计算方法。

复习思考题

一、选择题

1. 发生火灾时，高层建筑竖向通道中导致烟气蔓延的最主要因素是（　　）。

A. 烟气膨胀力　B. 烟囱效应　C. 外界风　D. 通风空调系统

2. 着火房间内火灾烟气相对压力的最大值约为（　　）。

A. 40Pa　B. 60Pa　C. 100Pa　D. 150Pa

3. 着火房间内烟气温度为600℃时，烟气密度为（　　）。

A. $0.2kg/m^3$　B. $0.3kg/m^3$　C. $0.4kg/m^3$　D. $0.8kg/m^3$

二、简答题

1. 建筑中火灾烟气扩散流动的驱动力主要有哪些？

2. 什么是烟囱效应？烟囱效应对火灾烟气的流动有何影响？

3. 简单描述着火房间烟气流动的主要特点。

4. 简单描述走廊内火灾烟气流动的主要特点。

5. 简单描述竖井内烟气流动的主要特点。

三、计算题

1. 某房间发生火灾，初始温度为30℃，请问当着火房间的温度达到600℃时，该着火房间烟气能够膨胀多少倍？

2. 某着火房间的烟气温度为500℃，那么该房间烟气的密度为多少？

3. 某房间初始温度为25℃，请计算着火房间轰燃发生10min后，该房间火灾烟气的温度。

第三章　火灾烟气的控制

学习目标

1. 应了解、知道的内容：

- 建筑火灾烟气控制的地位。
- 建筑组成的分类。
- 火灾烟气控制的发展概况。

2. 应理解、清楚的内容：

- 防排烟设施的主要作用。
- 疏散通道安全区的划分。

3. 应掌握、会用的内容：

- 建筑火灾烟气扩散流动的主要路线。
- 建筑防排烟系统设计的根本任务。

4. 应熟练掌握的内容：

- 防烟方式的分类。
- 排烟方式的分类。

自学时数　5 学时。

老师导学

本章通过介绍火灾烟气控制技术在建筑火灾中所处的地位与作用，让学生认识到建筑中设置防排烟设施的重要性和主要作用。学习本章时，需要学生掌握建筑火灾烟气流动的主要路线以及建筑防排烟系统设计的根本任务，重点掌握防排烟方式的分类。

第一节　火灾烟气控制的地位与作用

一、火灾烟气控制的地位

随着现代化建设的飞速发展，我国城市建筑正在朝大型化、高层化、多功能化的方向发展。在这样的建筑中，火灾所带来的危害和后果的严重性是以往小型、低层、单一化的建筑根本无法相比的。为了减少火灾的发生，以及在火灾发生后最大限度地减少人员伤亡和财产损失，人们研究制定了多种防治对策，其中做好建筑防火设计是实现建筑物火灾安全目标、合理发挥自动消防系统作用的重要基础。建筑防火设计是结合建筑物的火灾防治要求，采用一定的方法，按照一定的步骤，确定建筑物防火措施的工程行为。

我国的建筑防火设计按工种概括起来主要包括以下四大方面：①建筑防火；②消防给水、灭火系统；③防排烟系统；④电气防火、火灾自动报警控制系统等。由此可见，建筑的防排烟系统设计是建筑防火设计的一个重要组成部分，是控制烟气在建筑物内蔓延的主要手段。防烟系统是指采用某些耐火性能好的物体及材料把烟气阻挡在某些限定区域内，或者采用机械加压送风或自然通风方式防止烟气进入疏散通道的系统；排烟系统是指采用机械排烟或自然通风方式，将烟气排至建筑物外的系统。设计防排烟系统时，要根据建筑物的性质、使用功能、规模等确定设置范围，合理采用防排烟方式，划分防烟分区，做好系统设计计算，合理选用设备类型。许多大型建筑物的内部结构比较复杂，为了有效控制烟气的蔓延，往往还需要多种防排烟方式配合运用。

建筑的防排烟系统设计能从工程上解决一系列问题，即如何使火灾时烟气少产生甚至不产生；如何将火灾烟气控制在火灾发源地而不蔓延出去；如何将火灾烟气迅速地、最大限度地排至安全的地方；如何在疏散通道上保证实现防烟分区等。

二、火灾烟气控制的作用

许多高层建筑、地下工程、交通隧道、公众聚集场所火灾事故造成大量人员伤亡的惨痛教训，使人们逐渐认识到防排烟设施的重要作用。防排烟设施和其他消防设施以及消防队灭火行动的联合作用，对火灾的发展以及人员疏散具有重要影响。防排烟设施在火灾情况下成功启动，可使建筑内人员快速疏散，灭火行动顺利进行。因此，防排烟设施是综合消防设施的重要组成部分，也是消防队制定灭火作战策略时要考虑的重要内容，其主要作用如下：

（一）为建筑内人员的安全疏散创造有利条件

地上建筑物发生火灾时，电源往往中断，虽然设有应急照明系统，但是滚滚浓烟仍然会对可见光产生遮蔽作用，造成整个建筑物中能见度大大降低；另一方面，高温火灾烟气沿竖向通道向上蔓延，人员向下层疏散，烟气的扩散流动路线与人员的疏散路线相反，增加了疏散难度。而地下建筑物发生火灾时，烟气上升，人员向上层逃离，高温烟气的流动方向与受灾人员的疏散方向相同，而烟气的流动速度往往比人员的疏散行进速度更快，不论火灾发生在地下建筑物的哪个部位，人员只要未逃出地下建筑物，其安全就没有保证。对于那些处在远离出入口部位的受灾人员，疏散路程长，疏散将更加困难。

建筑内设置防排烟设施的目的是保证疏散通道内不受火灾烟气的侵害，并且在有烟区积极排烟。实际火灾和实验都表明，凡设有完善防排烟设施的建筑物，可以降低火灾烟气的毒性，降低火灾烟气的温度，保证人员的视距，使受灾人员有足够的时间和基本的活动能力逃离火场。

（二）为消防队员的火灾扑救创造有利条件

火场实际情况表明，建筑物发生火灾时，由于浓烟和热气的影响，消防队员看清火场情况十分困难，无法直接观察建筑物中起火点的位置及燃烧情况，不能迅速、准确地找到起火点，因此消防队员进入火场灭火和搜救是十分困难的，大大影响了灭火战斗的进行。另外，消防队员在火场等危险环境中和受灾人员一样会加速呼吸，灭火行动和搜救工作也会使呼吸量增加，然而目前的空气呼吸器最长仅可支持60min，浓烟和高热环境会对消防队员的生命造成威胁。因此，对于地下建筑、高层建筑或面积比较大的场所，设置防排烟设施进行火灾烟气控制是非常必要的。消防队员在火场中作业，同样需要时间和基本活动能力，借助防排烟设施，可以将火场的形势看得比较清楚，可较迅速而准确地确定起火点，判断火势蔓延方向，保证灭火战斗顺利进行。

（三）可控制火灾的蔓延扩大

实验表明，设有完善排烟设施的建筑，发生火灾时既可排除大量烟气，又能排除火灾所产生的70% ~80%的热量，可起到控制火势蔓延扩大的作用。美国有两起火灾可充分说明设有排烟设施和不设排烟设施在发生火灾时对建筑物的影响。威尔斯恩·斯沃德有限公司办公楼在一个星期天夜里发生火灾，经过较长时间人们才发现起火，消防队接警也不及时，消防车到达起火现场时，火灾已发生了半个多小时，但由于该楼设有机械排烟设施和自动喷水灭火设施，及时排出产生的大量烟气和热量，使消防队员较快地控制和扑灭了火灾，该建筑烧损不甚严重，经短时间修复后，很快就恢复了使用。与此相反，姆西卡梅克公司办公楼在一天晚上发生火灾后，因只有局部设有自动喷水灭火设施，未设排烟设施，致使建筑内的大量烟气和热量无法排出，热量不仅使着火部位的喷头熔化开放，非着火部位的喷头也同时熔化开放，大量水喷流出来，从而使着火区水压降低，喷水量大减，着火区高温不能很快降下来，火势继续蔓延扩大。

总之，近年来建筑物的大型化、高层化和多功能化的倾向使防排烟问题更为突出。为了及时排除火灾烟气，保障建筑内人员安全疏散和有利于火灾扑救，合理设置防排烟设施是十分必要的。

第二节　火灾烟气控制的根本任务

一、防排烟系统设计的根本任务

现代民用建筑尽管形式多样，但根据建筑物中各部分的结构特点和用途，其组成可归纳为如下几类：

（1）房间：起居室、办公室、会客厅、会议室、教室、病房等面积较小的场所。

（2）大空间场所：礼堂、会堂、剧场、展览厅、体育馆、宴会厅等面积较大的场所。

（3）水平通道：过道、走廊、画廊等水平狭长的场所。

（4）前室（厅）：楼梯间前室、电梯间前室或楼梯间与电梯间的合用前室。

（5）竖向通道：楼梯间、电梯间、管道井等。

现代民用建筑物的房间起火引起火灾时，一般的疏散路线为着火房间—走廊—前室—楼梯间—下部各楼层—室外；而起火房间所产生的火灾烟气主要扩散流动路线一般有三条，第一条为着火房间—室外；第二条为着火房间—相邻上层房间—室外；第三条为着火房间—走廊—楼梯间—上部各楼层—室外，其中第三条路线是最主要的一条。一旦烟气侵入疏散通道中，就会给疏散带来困难，增加疏散的危险性，特别是当烟气侵入楼梯间时，将使着火楼层以上各楼层的人员无法疏散，从而造成重大伤亡。

建筑物进行防排烟系统设计的根本任务是：如何最大限度地减少火灾时的烟气生成量，如何时使火灾时产生的烟气迅速排除，从而有效地防止烟气从着火区蔓延扩散，特别是防止烟气侵入作为疏散通道的走廊、楼梯间及其前室，以确保有一条安全可靠、畅通无阻的疏散通道和安全疏散所需的时间。

二、疏散通道的安全分区

为了保障建筑物疏散通道的安全，建筑物各部分防排烟设计的要求是不同的。按照疏散通道的顺序，各部分之间需要进行必要的分隔，即在房间与走廊之间、走廊中、走廊与楼梯间前室之间、楼梯间前室与楼梯间之间等各处设置具有防火隔烟性能的设施，使着火房间和楼梯间之间由直接连通变为间接连通。这样一来，疏散通道的安全性将大为增加。为区别安全性的不同，人们对建筑物各部分进行了安全分区划分，如图 3-1 所示。各分区的安全性按一、二、三分区依次增大。

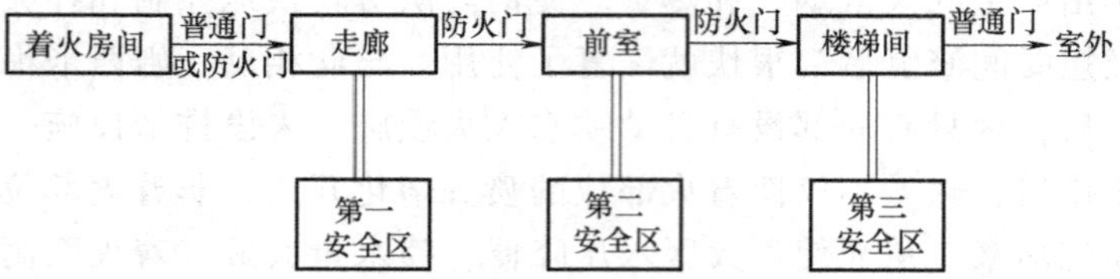

图 3-1 疏散通道的安全分区示意图

从疏散通道及其安全性来看，建筑物各部分在防排烟系统设计方面的地位和要求是各不相同的，因而对各部分的防排烟设计要求也应分别对待，力求简单有效，安全可靠，操作方便。

（一）房间和大空间场所

房间和大空间场所的防排烟系统设计，首先应尽可能减少发生火灾时烟气的生成量；其次应采用有效的防火隔烟措施，防止烟气向非着火区蔓延扩散；最后选择合理的排烟方式，以实现着火房间有效排烟，对非着火房间，应尽量防止烟气侵入。

（二）走廊

走廊作为疏散通道的第一安全区，一方面要及时有效地把从着火房间窜入该区的烟气加以排除，另一方面要严防烟气向前室和楼梯间继续扩散。

（三）前室

前室作为疏散通道的第二安全区，一方面要及时有效地把从走廊窜入该区的烟气加以排除，另一方面要严防烟气向楼梯间或消防电梯间继续扩散。

（四）楼梯间

楼梯间作为疏散通道的第三安全区，要保证不受烟气侵害，同时为保证空气洁净新鲜，应进行必要的通风换气。其中，不受烟气侵害的含义，首先是不使烟气侵入，即成为无烟区域；其次，一旦烟气侵入，应能在极短的时间内予以排除，即烟气的意外侵入不应造成任何危害。

第三节 火灾烟气控制的方式

建筑物内一旦发生火灾，火灾烟气会从着火区域向四处蔓延，迅速充满走道、楼梯间和电梯井，阻断疏散通道，危及人们的生命财产安全。通过大量的火灾案例，人们已经认识到火灾烟气是造成人员伤亡的主要因素。火灾烟气控制的主要目的是保证疏散通道的绝对安全，实质是控制烟气的流动，使其流向室外，不流向疏散通道和建筑内的其他非着火区。火灾烟气控制有防烟和排烟两种方式，防烟是防止烟气进入疏散通道，排烟是积极把烟气排出室外，两者互为补充。20 世纪 60 年代后期，人们开始采用机械加压的方法来阻止烟气进入楼梯间，之后又对起火楼层进行排烟，而对相邻楼层加压。目前许多高层建筑、地下建筑及多功能建筑都已经采用了相应的烟气控制系统。本节将着重讨论建筑火灾中烟气控制方式的分类。

建筑物某一区域一旦发生火灾，烟气将迅速充满该区域而使其成为有烟区，建筑物其他区域暂时为无烟区。如何使着火区域中产生的烟气量尽可能少，并防止烟气从有烟区向无烟区蔓延扩散；如何将有烟区中的烟气尽快地排到大气中去，这是建筑防排烟设计需要解决的问题。前者是防烟的问题，后者是排烟的问题。防烟和排烟两者的最终目的一致，都是为确保建筑内人员安全疏散和消防队员灭火提供条件，最大限度地减少火灾造成的损失。防烟和排烟常常紧密联系，不可分割，故称为防排烟。

一、防烟方式的分类

总结国内外的实践经验，防烟方式归纳起来有非燃化防烟、密闭防烟、阻碍防烟和机械防烟等。

（一）非燃化防烟

所谓非燃化是指建筑材料、室内家具材料、各种管道及其保温绝热材料由非燃烧材料或难燃材料制成。非燃烧材料的特点是不容易发烟，即不易燃烧且发烟量很少，所以非燃烧材料可使火灾时产生的烟气量大大减少，烟气光学浓度大大降低。

关于非燃化防烟问题，各国都制定了专门的法规或规范，对建筑中各种材料的非燃化进行了明确的规定，如我国的《建筑设计防火规范》（GB 50016—2006）对建筑构件的燃烧性能、《建筑内部装修设计防火规范》（GB 50222—1995）对装修材料的燃烧性能都做了明确规定，特别是对大型复杂建筑、多功能建筑、地下建筑等场所，要求非常严格。

不仅建筑材料及内部装修材料等要非燃化，而且还要考虑建筑物内储放的衣物、书籍等易燃物品收藏方式的非燃化，通常的做法是将其存放在专门设计的以非燃或难燃材料制作的壁橱、钢橱等橱柜中，这是室内物品收藏方式的非燃化。当采用非燃化材料和非燃化设计的建筑物发生火灾时，建筑物本身及室内家具、物品等燃烧所产生的烟气量可减少到最低程度。

（二）密闭防烟

密闭防烟的基本原理是采用密封性能好的墙壁等将房间封闭起来，并对进、出房间的气流加以控制。当房间起火时，可杜绝新鲜的空气流入，使着火房间内的燃烧因缺氧而自行熄灭，从而达到防烟灭火的目的。

这种方式一般适用于防火分区分得很细的住宅、公寓、旅馆等面积较小的房间，并优先应用于容易发生火灾的房间，如厨房等。密闭防烟的优点是不需要动力，而且效果很好；缺点是门、窗等需要经常处于关闭状态，使用不方便，而且发生火灾时，如果房间内有人需要疏散，房门打开时将引起漏烟。

（三）阻碍防烟

在烟气扩散流动的路线上设置各种阻碍，以防止烟气继续扩散的方式称为阻碍防烟。这种方式常常用在防烟分区的交界处，有时在同一防烟分区内也可采用。阻碍防烟的具体措施很多，防烟卷帘、防火门、防火阀、挡烟垂壁等都是阻碍防烟结构。

（四）机械防烟

在建筑物发生火灾时，对着火区以外的区域进行加压送风，使其保持一定的正压，以防止烟气侵入的防烟方式称为机械防烟或加压防烟。机械防烟方式的优点是能有效地防止烟气侵入所控制的区域，并且由于送入大量的新鲜空气，特别适用于疏散通道的楼梯间、电梯间及前室的防烟。机械防烟原理主要包括空气流和加压控制两种。

1. 空气流

从理论上讲，合理利用空气流能够有效地阻止烟气向任何空间蔓延。目前，采用空气流来控制烟气运动的方法最普遍地应用于两处，即门口和走廊，如图 3-2 所示。托马斯（Thomas）提出了阻止烟气侵入走廊所需临界气流速度的经验公式

$$V_k = k\left(\frac{gE}{w\rho cT}\right)^{1/3} \tag{3-1}$$

式中 V_k——阻止烟气逆流的临界空气速度（m/s）；

E——走廊中的能量进入速率（kW）；

w——走廊的宽度（m）；

ρ——烟气流入走廊一端空气密度（kg/m^3）；

c——烟气流出走廊一端气体的比热容（kJ/kg · K）；

T——烟气流出走廊一端气体的绝对温度（K）；

k——量级为 1 的常数；

g——重力加速度。

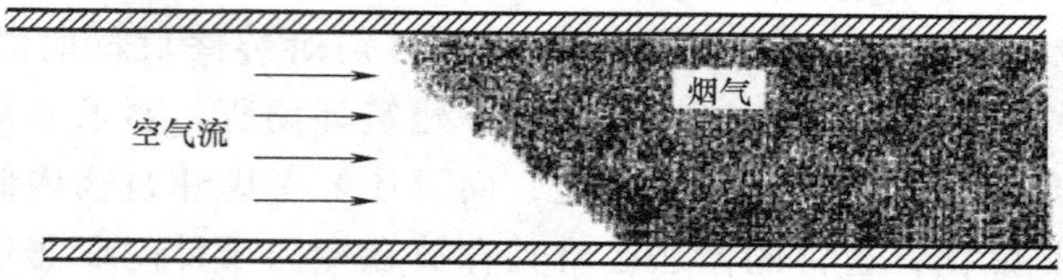

图 3-2 走廊内用空气流防止烟气逆流示意图

假设下游气体参数为离火源足够远的区域的参数，且其沿走廊断面均匀分布。若取 $\rho = 1.3kg/m^3$，$c = 1.005kJ/(kg \cdot K)$，$T = 30K$ 和 $k = 1$，则临界空气速度为

$$V_k = k_V\left(\frac{Q_c}{w}\right)^{1/3} \tag{3-2}$$

式中，系数 k_V 约为 0.292。此经验公式适用于火灾发生在走廊的情况，如果烟气通过敞开的门、透气窗或其他开口进入走廊，也可使用此公式计算。但是，此公式不适用于水喷淋冷却后的烟气，因为这时上游空气和下游烟气之间的温差很小。

2. 加压控制

加压控制可使防烟分隔物的两侧形成一定的压差，从而控制烟气穿过分隔物的缝隙进入防烟分区。如图 3-3 所示，某隔墙的左侧为建筑物的疏散通道或避难区，右侧为普通区域，在隔墙上安装了一扇门。假设发生火灾时该门处于关闭状态，火灾烟气能够通过门缝蔓延到普通区域。若利用送风风机对左侧区域送风，使其压力高于右侧区域，穿过门缝的空气流就能够有效阻止烟气侵入左侧区域。

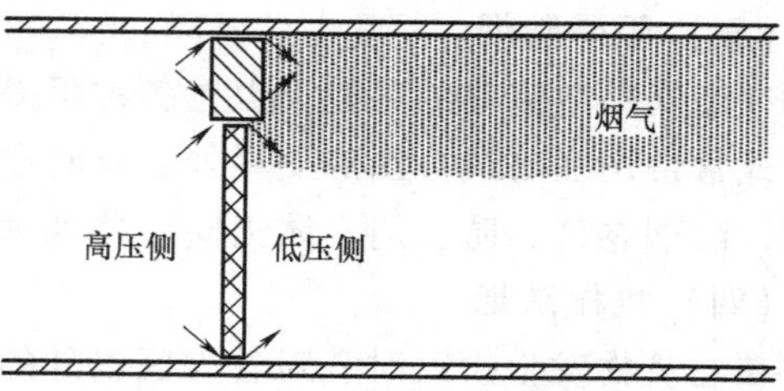

图 3-3 加压控制防止烟气逆流示意图

二、排烟方式的分类

排烟方式主要有两种：一是充分利用建筑物的结构进行自然排烟；二是利用机械排烟装置进行机械排烟。火灾时，排烟设施可排出大量的热量，降低火灾烟气的温度和有毒气体的浓度，对人员安全疏散和消防队员灭火有重要作用。

（一）自然排烟

自然排烟是利用火灾产生的高温烟气浮力和外部风力的作用，通过建筑物的对外开口把烟气排至室外的排烟方式，其实质是高温烟气和冷空气的对流运动。在自然排烟中，必须有冷空气的进入口和高温烟气的排出口。烟气的排出口可以是建筑物的外窗，也可以是专门设置在侧墙上部的排烟口，如图 3-4 所示。

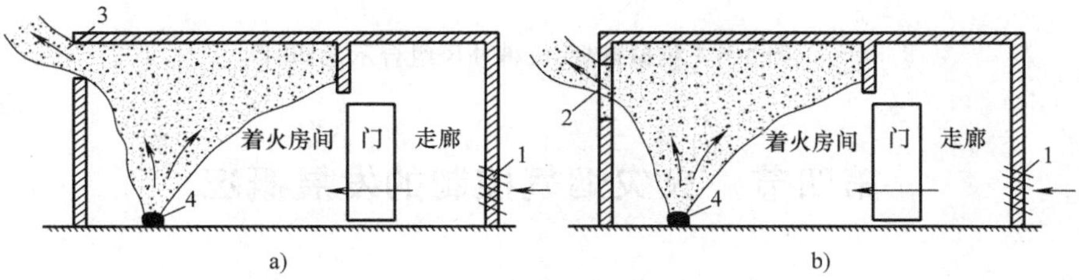

图 3-4　自然排烟方式

a）自然排烟口排烟　b）外窗排烟

1—进风口　2—外窗　3—排烟口　4—火源

（二）机械排烟

利用排烟风机把着火区域产生的烟气通过排烟口排到室外的排烟方式，称为机械排烟。在火灾发展初期，这种排烟方式能使着火房间压力下降，造成负压，使烟气不向其他区域扩散。根据补风方式的不同，机械排烟系统可分为机械排烟-自然补风和机械排烟-机械补风两种方式。

图 3-5 是机械排烟-自然补风组合示意图。在需要排烟的房间上部安装排烟风机，风机启动后会使排烟口处形成低压，从而使烟气排出室外。而房间的门、窗等开口便成为新鲜空气的补入口。使用这种方式需要在排烟口附近造成相当大的负压，否则难以将烟气抽吸过来，如果负压程度不够，室内远离排烟口区域的烟气往往无法排出。若烟气生成量较大，烟气仍然会沿着门窗上部蔓延出去。另外，由于排烟风机直接接触高温烟气，所以应能耐高温，同时还应当在排烟管道中安装排烟防火阀，以防止烟气温度过高而损坏排烟风机。这种排烟方式的设计和安装都比较方便，因此是目前采用最多的机械排烟方式。

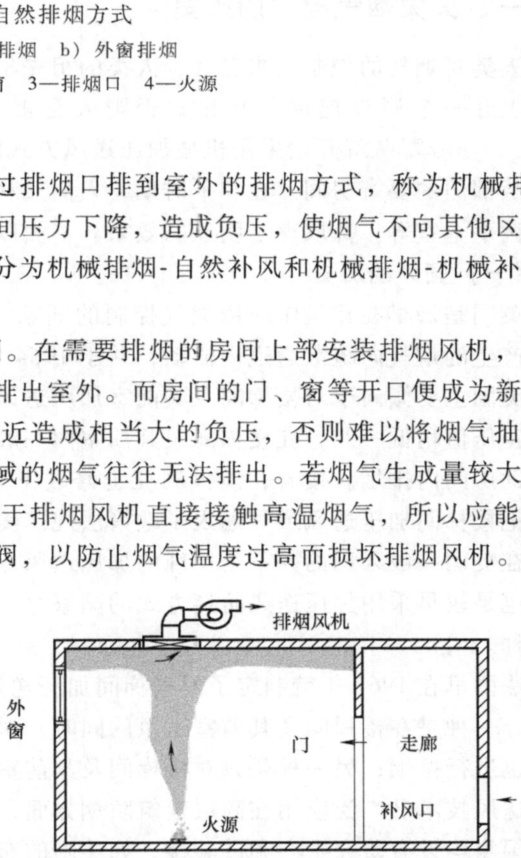

图 3-5　机械排烟-自然补风组合示意图

图 3-6 为机械排烟-机械补风组合示意图。使用这种排烟方式时，同样在需要排烟的房间上部安装排烟风机进行排烟，补风则利用送风风机进行机械送风，通常让送风量略小于排烟量，即让房间内保持一定的负压，从而防止烟气

的外溢或渗漏。这种机械排烟方式的排烟效果很好，运行稳定，且不受外界气候状况的影响；缺点是由于使用了两套风机，其造价偏高，且在风压的配合方面需要精心设计，否则难以达到预定的排烟效果。

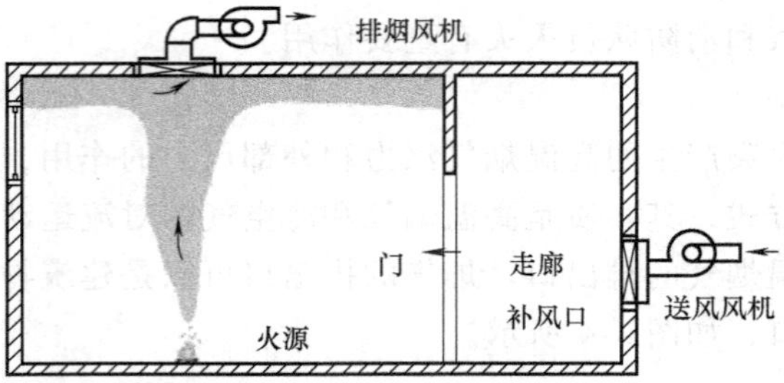

图 3-6　机械排烟-机械补风组合示意图

第四节　火灾烟气控制的发展概况

一、火灾烟气控制的历史

人类对烟气的控制由来已久，人类的祖先早就知道，如果要在小木屋里点火，就应该在屋顶上开一个洞口把烟气排出，否则人会被烟气熏到。第二次世界大战期间（1939—1945），作战军队就开始采用机械加压送风方式防止敌人投放的化学毒气和细菌侵入军事防御作战部门的要害房间。在和平时期，人们又利用它在工厂里制造洁净车间，或在医院里制造无菌手术室等，都取得了明显的效果。下面以机械防烟为例介绍火灾烟气控制的历史。

（一）国外的历史

英国是最早在建筑中应用烟气控制的国家。1961 年，霍尔建议用加压的方法来防止火灾时产生的烟气向疏散通道内流动，并于 1964 年开展了加压送风防烟的试验研究。长期以来，英国主要倾向于对楼梯间及其前室加压送风，并维持楼梯间与前室的正压值相同，或前室的正压值稍低一些，在楼梯间及其前室内一般不考虑排烟，而是在建筑物外围部分的房间或辅助房间内排烟。接着，澳大利亚也修改了高层建筑法规中有关疏散通道防烟的规定条文，把楼梯间加压送风最早编入了政策法规。美国也是较早采用加压送风防烟方式的国家之一，在美国一般采用的并不是单纯的加压送风方式，而是加压送风和排烟相结合的方式。加拿大也是较早采用加压送风防烟方式的国家之一，加压方式分为全部加压方式和部分加压方式两种。

法国早在 1967 年就制定了对楼梯间加压送风的法规，法国的加压送风防烟系统主要有两种，一种是在楼梯间及其前室送风的同时，对走廊也进行送风，而排烟是除了走廊外，在前室也进行排烟；另一种是只对楼梯间及其前室加压送风，而排烟则在走廊外。如今，机械加压送风技术已广泛应用在高层建筑防烟方面，并已被广大的工程技术人员所承认，世界上很多国家均设有研究中心和试验楼，如美国的布鲁克弗研究所的 12 层办公大厦、德国汉堡一座 7 层办公大楼等均为机械加压送风防烟方式的试验场地或研究中心。

（二）国内的历史

我国在机械防烟方面的研究起步较晚，前期大多停留在定性分析的水平上，缺乏系统全面的基础试验和基础理论研究，同时也缺乏有针对性的试验数据，火灾烟气运动和防排烟的数学模化也有待深入。针对规范的需要，“七五”末期，公安部四川消防科学研究所开展了高层建筑楼梯间防排烟的研究，接着又承担了国家“八五”科技攻关专题“高层建筑楼梯间正压送风机械排烟技术的研究”，系统地开展了高层建筑火灾烟气流动规律及防排烟实验室模拟试验研究、实体火灾试验研究和楼梯间防排烟技术参数等试验研究，得出了高层民用建筑楼梯间及前室或合用前室正压送风最佳安全压力的研究结论。经专题鉴定和验收，其研究成果被专家评定为属于国际领先水平，可提供给《高层民用建筑设计防火规范》使用。

机械加压送风防烟达到了疏散通道无烟的目的，从而保证了人员疏散和火灾扑救的需要。从建筑设备投资方面来说，机械防烟的投资低于机械排烟的投资。因此，这种方式是值得推广采用的。

二、火灾烟气控制技术的发展

（一）国外的发展

人们对火灾烟气控制的研究，最早开始于20世纪60年代的欧美发达国家。经过近二百年的工业革命，欧美社会经济飞速发展，大量的机械工厂如雨后春笋不断涌现，火灾的发生次数也随之不断攀升。在经过一些重大火灾（如1953年美国密歇根州的通用汽车厂房火灾，1957年英国考文垂的捷豹汽车厂火灾等）后，烟气控制作为有效的建筑火灾防御措施开始受到广泛关注。

1968年，英国几个购物中心发生了大火，人们发现，火灾烟气在购物中心的大厅内有很强的扩散能力，研究人员意识到此类公共建筑火灾会导致大量的人员伤亡，因此开启了大空间烟气控制技术的研究。这一研究持续了整个20世纪70年代，这期间得出了一些烟气生成量和烟气沉降规律的计算公式，以及使烟气层维持在空间中某个安全高度所需要的排烟口高度和风机大小等的数据。1979年，英国火灾研究中心（FRS）提出了一套合理的烟气控制设计理论，这套理论在随后的实验和研究中逐步得到扩展和更新，最后被正式纳入FRS的防火设计规范中。

20世纪80年代，加拿大国家研究院（National Research Council of Canada，NRCC）在渥太华建造了一座10层的火灾实验塔，用于开展烟气控制的全尺寸实验研究，并出版了《烟气控制系统设计》一书，其内容包括烟气控制的基本概念、计算机分析、楼梯间加压、区域烟气控制以及一些测试方法等。

1991年，美国消防协会（NFPA）制定了《商业街、中庭及大空间烟气控制系统设计指南》（NFPA92B）。1992年，美国供热、制冷和空调工程师协会ASHRAE的Klote和Milke编写了《烟气控制设计》，这本书记录了烟气控制的研究与发展。1993年，NFPA及ASHRAE把机械加压送风防止烟气扩散的方法增补到了NFPA92B中。1993～1996年间，国际职业建筑人员与法规管理人员联合会对其规范进行了修订，采纳了中庭烟气控制的性能化设计。NFPA92B分别在1997年和2000年进行了修订，使中庭烟气控制性能化设计逐步完善。

（二）国内的发展

在我国，防排烟设计虽然起步较晚，但实际工程设计逐渐增多，引起了有关设计、科研单位的重视和注意。20世纪70年代设计、建造的一些高层建筑，如北京的前三门高层住宅群和其他一些高层住宅等，其防烟楼梯间靠外墙设置，利用阳台等作为排烟前室进行自然排烟；北京饭店新楼、无锡湖滨饭店、南京工艺美术大楼等设有排烟竖井，但有许多不完善之处。近年来，随着《高层民用建筑设计防火规范》（GB 50045—1995）的贯彻执行，防排烟设计的实践经验逐渐丰富，高层饭店、宾馆和其他高层公共建筑的防排烟设施日趋完善。为了使这些工程更经济合理、安全可靠、方便使用，在设计中应进一步引起重视。

在借鉴国外相关规范的基础上，我国在1995年颁布实施《高层民用建筑设计防火规范》（GB 50045—1995），这之后，国内对于高层建筑烟气控制理论的研究和设计方法的探讨日益活跃。现在有天津消防研究所、四川消防研究所、上海消防研究所、上海建筑设计研究院等单位致力于民用建筑烟气控制的研究。2000年，上海颁布了工程建设规范《民用建筑防排烟技术规程》（DGJ 08-88—2000），并于2004年进行修编，后于2006年颁布《建筑防排烟技术规程》（DGJ 08-88—2006）。目前我国还没有统一的国家性防排烟技术标准，2009年3月，公安部消防局向各省消防总队、消防科研所及相关单位下发了“关于征求对国家标准《建筑防排烟系统技术规范》（征求意见稿）修改意见的通知”，标志着我国第一部防排烟国家技术标准即将出台。

自学指导

本章学习重点：烟气控制技术的地位与作用；防排烟系统设计的根本任务；烟气控制方式分类。

1. 烟气控制技术的地位与作用：烟气控制在建筑防火设计中的地位，建筑中设置烟气控制设施所起到的主要作用。

2. 防排烟系统设计的根本任务：建筑火灾烟气流动的主要路线，建筑火灾疏散通道安全分区概念，疏散通道安全区的划分，防排烟系统设计的根本任务。

3. 烟气控制方式分类：防烟方式的分类，排烟方式的分类。

本章学习难点：烟气控制设施的主要作用；建筑火灾烟气流动的主要路线；建筑疏散安全分区；防排烟系统设计的根本任务；防排烟方式的分类。

复习思考题

一、选择题

1. 按安全度的高低顺序排序，下列各部位中安全度最高的是（　　）。

A. 房间　B. 走廊　C. 前室　D. 楼梯间

2. 能够从根本上杜绝烟源的防烟方式是（　　）。

A. 非燃化防烟　B. 密闭防烟　C. 阻碍防烟　D. 机械防烟

3. 能够有效扼杀烟源的防烟方式是（　　）。

A. 非燃化防烟　B. 密闭防烟　C. 阻碍防烟　D. 机械防烟

二、简答题

1. 简述设置防排烟设施的主要作用。
2. 简述建筑进行防排烟系统设计的根本任务。
3. 简述建筑火灾发生后烟气流动的三条主要路线。

第四章 防排烟系统概述

学习目标

1. 应了解、知道的内容：
- 挡烟垂壁的阻烟机理。
- 挡烟梁的设置要求。

2. 应理解、清楚的内容：
- 防排烟系统的基本内容。
- 防烟分区的概念。
- 防烟分区的设定位置。
- 防火阀的设置要求。

3. 应掌握、会用的内容：
- 具体防排烟系统的基本内容。
- 防烟分区的划分构件。

4. 应熟练掌握的内容：
- 防烟分区的划分原则。

自学时数 6 学时。

老师导学

通过本章防排烟系统基本内容的学习，使学生明确一个完整的防排烟系统包含的具体内容以及防烟分区的概念，掌握防烟分区的划分原则、方法和隔烟部位，熟悉各种防烟分区划分构件、防火阀的设置部位及其设置要求，为各种防排烟方式的具体应用打下基础。

第一节 防排烟系统的基本内容

在建筑物中，房间是人们集中的、经常停留以开展工作、学习、娱乐及休息的场所，存放的可燃物较多，因此，建筑物发生火灾的实例中，房间起火的几率最高。防排烟系统设计的指导思想是当一幢建筑物内部某个房间或部位发生火灾时，应迅速采取必要的防排烟措施，对火灾区域实行排烟控制，使火灾产生的烟气和热量能迅速排除，以利人员的疏散和扑救；对非火灾区域及疏散通道等应迅速采用机械加压送风的防烟措施，使该区域的空气压力高于火灾区域的空气压力，阻止烟气的侵入，控制火势的蔓延。尤其是对于高层建筑和地下建筑，设置防排烟设施是十分重要的。建筑物的防排烟系统设计是一个比较复杂的过程，一个完整的防排烟系统的基本内容如图 4-1 所示。

一、防排烟部位的确定

为了确保国家和人民的财产与生命安全，防排烟系统设计已成为建筑设计中不可分割的有机组成部分，而建筑设计防火规范正是人们同火灾作斗争积累的经验的总结，是国家的技

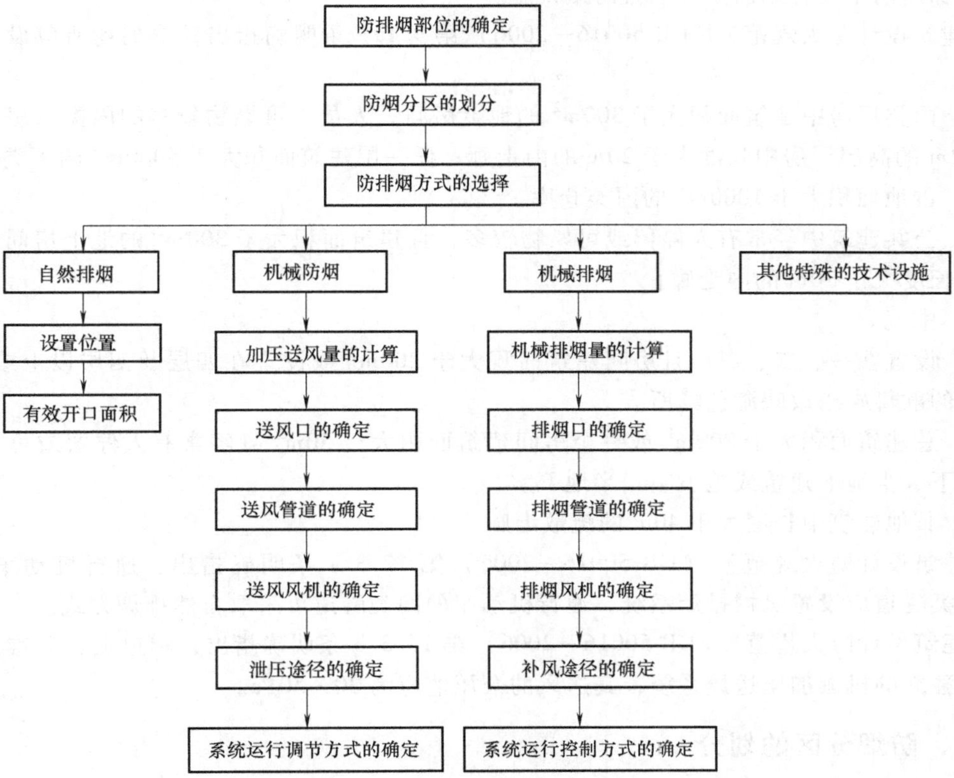

图 4-1　防排烟系统的基本内容

术法规，也是设计、施工单位和公安消防监督机构进行建筑消防设计审核、施工检查、竣工验收和管理的重要依据。也就是说，防排烟部位的确定必须严格执行国家的建筑设计防火规范，保障建筑设计防火规范的贯彻实施。根据建筑物进行防排烟系统设计的根本任务要求，人防工程和汽车库、修车库、停车场必须设置防排烟设施外，高层民用建筑和其他建筑确定防排烟设置部位的规定如下：

（一）高层民用建筑设计防火规范

《高层民用建筑设计防火规范》（GB 50045—1995）第 8.1.3 条明确指出，一类高层建筑和建筑高度超过 32m 的二类高层建筑的下列部位应设置排烟设施：

1）长度超过 20m 的内走廊。

2）面积超过 $100m^2$，且经常有人停留或可燃物较多的房间。

3）高层建筑的中庭和经常有人停留或可燃物较多的地下室。

《高层民用建筑设计防火规范》（GB 50045—1995）第 8.3.1 条明确指出，下列部位应设置独立的机械加压送风的防烟设施：

1）不具备自然排烟条件的防烟楼梯间、消防电梯间前室或合用前室。

2）采用自然排烟措施的防烟楼梯间，其不具备自然排烟条件的前室。

3）封闭避难层（间）。

（二）建筑设计防火规范

《建筑设计防火规范》（GB 50016—2006）第 9.1.2 条明确指出，防烟楼梯间及其前室、消防电梯间前室或合用前室应设置防烟设施。

《建筑设计防火规范》（GB 50016—2006）第 9.1.3 条明确指出，下列场所应设置排烟设施：

1）丙类厂房中建筑面积大于 300m^2 的地上房间；人员、可燃物较多的丙类厂房或高度大于 32m 的高层厂房中长度大于 20m 的内走廊；任一层建筑面积大于 5000m^2 的丁类厂房。

2）占地面积大于 1000m^2 的丙类仓库。

3）公共建筑中经常有人停留或可燃物较多，且建筑面积大于 300m^2 的地上房间；公共建筑中长度大于 20m 的内走廊。

4）中庭。

5）设置在一、二、三层且房间建筑面积大于 200m^2 或设置在四层及四层以上或地下、半地下的歌舞娱乐放映游艺场所。

6）总建筑面积大于 200m^2 或一个房间建筑面积大于 50m^2 且经常有人停留或可燃物较多的地下、半地下建筑或地下室、半地下室。

7）其他建筑中长度大于 40m 的疏散走廊。

《建筑设计防火规范》（GB 50016—2006）第 12.3.1 条明确指出，通行机动车的一、二、三类隧道应设置机械排烟系统，通行机动车的四类隧道可采取自然排烟方式。

《建筑设计防火规范》（GB 50016—2006）第 12.3.3 条明确指出，隧道火灾避难设施内应设置独立的机械加压送风系统，其送风的余压值应为 30～50Pa。

二、防烟分区的划分

大量资料表明，火灾现场人员伤亡的主要原因是火灾烟气，当发生火灾时，首要任务是把火场上产生的高温烟气控制在一定的区域范围之内，同时为分区排烟创造条件，迅速将烟气排出室外。为此，可以利用建筑自身的内部结构或者人为地将建筑划分为若干防烟分区，如图 4-2 所示。

图 4-2　防烟分区示意图

设置防烟分区主要是保证在一定时间内，使火场上产生的高温烟气不致随意扩散，并进而加以排除，及时、高效地控制烟气蔓延，从而达到有利于人员安全疏散、控制火势蔓延和减少火灾损失的目的。在一个防烟分区或区域内实施排烟，既是安全的需要，也是经济性的要求。我国防火设计规范规定：设置排烟设施的走廊、净高不超过 6.00m 的房间，应采用挡烟垂壁、隔墙或从顶棚下凸出不小于 0.50m 的梁划分防烟分区。应根据防烟分区的划分原则，按照防烟分区的划分方法和隔烟位置来确定防烟分区的具体布置。

三、防排烟方式的选择

防排烟方式的选择，首先要考虑是否能基本满足防排烟的要求，其次是力求节约。根据我国当前的经济技术水平和设备生产现状，我国现阶段对高层建筑防排烟方式选择的倾向性意见是：凡是能利用外窗等实现自然排烟的部位应尽可能地采用自然排烟方式，只有根据建筑物的走向和当地气象条件计算出的自然排烟极限高度低于建筑物的高度，自然排烟方式不能满足基本要求或有特殊需要的部位才采用适当的机械防排烟方式。

（一）楼梯间防排烟方式的选择

根据与防排烟相关的建筑设计防火规范的规定，敞开式楼梯间、封闭式楼梯间以及防烟式楼梯间，包括楼梯间及其前室、消防电梯前室或两者合用前室，以及避难层或避难间等场合可以选用的防排烟方式有机械防烟方式和自然排烟方式两种。

（二）走廊防排烟方式的选择

根据与防排烟相关的建筑设计防火规范的规定，走廊可以选用的防排烟方式有非燃化防烟、阻碍防烟、自然排烟和机械排烟四种方式。

（三）房间防排烟方式的选择

根据不同类型房间内火灾的发展过程和排烟方式的不同，以及与防排烟相关的建筑设计防火规范，各类建筑工程中的着火房间可以选用的防排烟方式有非燃化防烟、阻碍防烟、密闭防烟、自然排烟和机械排烟五种方式。

（四）大空间防排烟设施的设置

根据与防排烟相关的建筑设计防火规范的规定，中庭、剧场舞台、礼堂、体育馆、汽车库等大空间可以选用的防排烟方式有非燃化防烟、阻碍防烟、自然排烟和机械排烟四种方式。

总之，是否选择机械防排烟方式，要进行全面的技术经济比较，并结合工程的实际具体确定。

四、防排烟系统的设计内容

（一）自然排烟系统的设计

自然排烟系统的设计包括自然排烟口的设置位置和有效开口面积的确定两个部分。

（二）机械排烟系统的设计

机械排烟系统的设计包括机械排烟量的确定、排烟口的布置及尺寸的确定、排烟管道的布置及尺寸的确定、排烟风机的选型及布置、补风途径的确定和整体防排烟系统的构成和控制六个部分。

（三）机械防烟系统的设计

机械防烟系统的设计包括加压送风量的确定、送风口的布置及尺寸的确定、送风管道的布置及尺寸的确定、送风风机的选型及布置、泄压途径的确定和系统运行调节方式的确定。

（四）其他特殊的技术设施

对于一些重要的大型复杂高层建筑，尤其是超高层建筑，为了保证建筑物内的所有人员在发生火灾时能安全疏散脱险，往往设置专门的避难层或避难间。这种避难层或避难间不论面积多大，都应单独划分防烟分区，并应设有可靠的防排烟设施。

不同的建筑物及同一建筑物的不同部位，防排烟系统设计时并不一定都包含上述各项内容。但各种建筑物及其不同部位的防烟分区的划分、防排烟方式的选择和排烟口的布置等却是必须有的。

第二节　防烟分区的划分原则

划分防烟分区的目的是将火灾烟气控制在一定范围内，并通过排烟设施迅速排除，防烟分区的划分一般应遵循以下原则：

一、防烟分区不应跨越防火分区

（一）防火分区和防烟分区的作用不完全相同

防火分区的作用是有效地阻止火灾在建筑物内沿水平和垂直方向蔓延，把火灾限制在一定的空间范围内，以减少火灾损失。防烟分区的作用是在一定时间内把建筑火灾的高温烟气控制在一定的区域范围内，为排烟设施排除火灾初期的高温烟气创造有利条件，防止烟气蔓延。

（二）划分防火分区和防烟分区的划分构件不完全相同

由于针对的对象不同，因此划分防火分区和防烟分区的划分构件也不相同。防火分区的防火划分构件必须是不燃烧体，而且要满足规定的耐火极限。防火划分构件在构造上是连续的，从外墙到内墙，从地板到楼板，从一个防火划分构件到另一个防火划分构件，或是以上形式的组合。防烟分区的防烟划分构件虽然也是不燃烧体，但却没有耐火极限的要求。防烟构件在水平方向上要求连续设置，但在竖直方向上则不要求连续，如挡烟垂壁和挡烟梁。因此，防火分区的划分构件可以作为防烟分区的划分构件，但反之不可。

（三）防火分区与防烟分区划分面积不完全相同

防火分区的划分是以建筑面积为基础的，根据其房间的使用功能和建筑类别的不同，划分防火分区的建筑面积的要求是不同的。设有自动喷水灭火系统保护的区域，其防火分区面积可在规定的防火分区面积基础上增加 1 倍。防烟分区的划分虽然也以建筑面积为依据，但建筑设计防火规范要求防烟分区的建筑面积不宜超过 $500m^2$，而且不能因为设有自动喷水灭火系统而予以扩大。划分防烟分区的建筑面积不因房间的使用功能或建筑类别的不同而改变，但另有规定的除外。由于热烟在流动过程中被冷却，所以在流动一定距离后热烟会成为冷烟而离开顶棚沉降下来，这时挡烟垂壁等挡烟设施就不再起控制烟气的作用，所以防烟分区面积不应过大，它的面积确定只与一定热释放率的火灾所产生的高温烟气流动范围有关。防烟分区的面积通常小于防火分区，因此可以在一个防火分区内划分若干个防烟分区，而防火分区的划分构件可作为防烟分区的边界。

（四）防火分区与防烟分区的划分原则不完全相同

防火分区是利用防火划分构件，把建筑物内的空间划分为若干防火单元。建筑物内的空间无一例外都要被划分防火单元。防烟分区只在按规定需要设置防排烟设施的走廊和房间划分。当走廊和房间不需要设置防排烟设施时，这些部位可不划分防烟分区。对于净高超过 6m 的房间，一般来说是适用面积较大的房间，例如会议室、展览厅、体育馆等，由于火灾烟气累积时间较长，不会在短时间内威胁到人员生命健康，故可不划分防烟分区。防烟分区的划分是在防火单元内进行的，即在一个防火分区内再用防烟划分构件划分出若干防烟分区，而且防烟分区不应跨越防火分区。

为了控制建筑火灾烟气的流动，使其不肆意扩散，以便通过排烟装置和排烟设备将烟气迅速排除，需要用一些具有一定耐火强度的防烟划分构件划分防烟分区。挡烟垂壁是较为常用的防烟分区划分构件。

二、每个防烟分区的建筑面积不宜超过规范要求

设置防烟分区时，如果面积过大，会使烟气波及面积扩大，增加受灾面积，不利于安全疏散和火灾扑救；如果面积过小，热烟气冷却沉降后挡烟设施会失去作用，同时会提高工程造价，不利于工程设计。从实际排烟效果看，防烟分区面积划分小一些为宜，这样安全性就会提高。

（一）高层民用建筑设计防火规范

《高层民用建筑设计防火规范》（GB 50045—1995）第 5.1.6 条明确规定：设置排烟设施的走廊、净高不超过 6.00m 的房间，应采用挡烟垂壁、隔墙或从顶棚下凸出不小于 0.50m 的梁划分防烟分区。每个防烟分区的建筑面积不宜超过 $500m^2$，且防烟分区不应跨越防火分区。另外，考虑到大空间场所在一般情况下，发生火灾时不会在很短的时间内使整个空间充满烟气，故又规定净空高度超过 6.00m 的房间可不考虑划分防烟分区。

（二）人民防空工程设计防火规范

《人民防空工程设计防火规范》（GB 50098—2009）第 4.1.7 条明确规定：需设置排烟设施的部位，应划分防烟分区，并应符合下列规定：

1）每个防烟分区的建筑面积不宜大于 $500m^2$，但当从室内地面至顶棚或顶板的高度在 6m 以上时，可不受此限。

2）防烟分区不得跨越防火分区。

（三）汽车库、修车库、停车场设计防火规范

《汽车库、修车库、停车场设计防火规范》（GB 50067—1997）第 8.2.2 条明确规定：设有机械排烟系统的汽车库，其每个防烟分区的建筑面积不宜超过 $2000m^2$，且防烟分区不应跨越防火分区。防烟分区可采用挡烟垂壁、隔墙或从顶棚下凸出不小于 0.50m 的梁划分。

（四）建筑设计防火规范

《建筑设计防火规范》（GB 50016—2006）第 9.4.2 条明确规定：需设置机械排烟设施且室内净高小于等于 6.00m 的场所应划分防烟分区；每个防烟分区的建筑面积不宜超过 $500m^2$，防烟分区不应跨越防火分区。防烟分区宜采用隔墙、顶棚下凸出不小于 0.50m 的结构梁以及顶棚或吊顶下凸出不小于 0.50m 的不燃烧体等进行分隔。

（五）地方规范

上海市工程建设规范《建筑防排烟技术规程》（DGJ—08—88—2006）规定：自然排烟系统的防烟分区面积不宜大于 $2000m^2$，长边不宜大于 60m，且不应跨越防火分区。当室内高度超过 6.00m，且具有对流条件时，长边不应大于 75m。

三、通常按楼层划分防烟分区

通常把建筑物中的每个楼层作为防烟分区的分隔，一个楼层可以包括一个以上的防烟分

区。有些情况下，如多层建筑每层面积远小于500m^2 时，为节约投资，一个防烟分区可以跨越一个以上的楼层，但一般不宜超过3层，最多不应超过5层。

四、特殊用途的场所应单独划分防烟分区

（一）疏散通道

对于有特殊用途的场所，如疏散楼梯间及其前室、消防电梯间前室或两者的合用前室，作为疏散和扑救的主要通道，应单独划分防烟分区。

（二）避难层（间）

对于一些重要的、大型的、复杂的高层建筑，尤其是超高层建筑，为了保证建筑物内所有人员在发生火灾时能安全疏散脱险，往往设置了专门的避难间或避难层，不论面积多大，都应单独划分防烟分区，并有良好的防排烟设施。《高层民用建筑设计防火规范》（GB 50045—1995）第6.1.13.7条明确规定：封闭式避难层应设独立的防烟设施。

（三）自然形成的区域

建筑内某些需要设置机械排烟的特殊场所，例如高层民用建筑中面积超过100m^2 的需要设置机械排烟的地上房间，以及总面积超过200m^2 或单个房间面积超过50m^2，需要设置机械排烟的地下室等，都是自然形成的排烟区域，这些地方均应单独划分防烟分区。

第三节　防烟分区的划分方法及设定位置

一、防烟分区的划分方法

防烟分区一般根据建筑物的种类和要求不同，可按其用途、面积、楼层划分：

（一）按用途划分

对于建筑物的各个部分，按其不同的用途，如厨房、卫生间、起居室、客房及办公室等来划分防烟分区比较合适，也较方便。国外常把高层建筑的各部分划分为居住或办公用房、疏散通道、楼梯、电梯及其前室、停车库等防烟分区。但按此种方法划分防烟分区时，应注意对通风空调管道、电气配管、给水排水管道等穿墙和楼板处用不燃烧材料填塞密实。

（二）按面积划分

在建筑物内按面积将其划分为若干个基准防烟分区，这些防烟分区分布在各个楼层，一般形状相同、尺寸相同、用途相同。不同形状和用途的防烟分区，其面积也宜一致。每个楼层的防烟分区可采用同一套防排烟设施。所有防烟分区共用一套排烟设施时，排烟风机的容量应按最大防烟分区的面积计算。

（三）按方向划分

从防排烟的观点看，在进行建筑设计时应特别注意垂直防烟分区。尤其是对于建筑高度超过100m的超高层建筑，可以将其按15～20层分段，一般利用不连续的电梯井在分段处错开，楼梯间也设计成不连续的，这样处理能有效地防止烟气无限制地向上蔓延，对超高层建筑的安全是十分有益的。

在高层建筑中，底层部分和上层部分的用途往往不太相同，如高层旅馆建筑，底层布置餐厅、接待室、商店、会计室、多功能厅等，上层部分多为客房。火灾统计资料表明，底层

发生火灾的机会较多，火灾概率较大，上部主体发生火灾的机会较少。因此，应尽可能根据房间的不同用途沿垂直方向按楼层划分防烟分区。图 4-3a 为典型高层旅馆防烟分区的划分示意图，该设计把底层公共设施部分和高层客房部分严格分开。图 4-3b 为典型高层办公楼防烟分区的划分示意图。从图中可以看出，地下层商店是沿水平方向按面积划分防烟分区的，地上层则是沿垂直方向按用途划分防烟分区的。

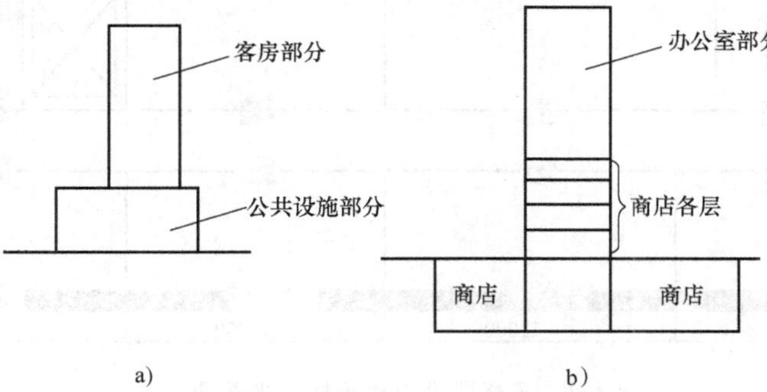

图 4-3　高层建筑按方向划分防烟分区示意图
a）高层旅馆　b）高层办公楼

二、防烟分区的设定位置与防排烟方式的选择

（一）设定在走廊和房间之间

如果对着火房间采用自然或机械排烟，可将火灾产生的烟气控制在着火房间之内，不使其扩散到走廊中去，这对火灾初期人员疏散是非常有成效的。可是，当烟气温度超过排烟风机的耐热性能而被迫停止排烟时，或者随着火势进一步扩大，当烟气的生成量超过排烟风机的排烟能力时，着火房间的烟气就会蔓延扩散到走廊，甚至侵入楼梯间前室。所以，为了保证疏散通道的安全，对走廊甚至楼梯间前室还要进一步考虑排烟问题。

（二）设定在走廊中

利用走廊中的隔墙或挡烟垂壁等来实现隔烟。着火房间内的烟气有可能会迅速地蔓延扩散到走廊中，为了及时地排除火灾烟气，必须在着火房间或走廊内采用自然或机械排烟。大量火灾实践证明，在走廊进行机械排烟比在房间进行机械排烟的效果好，而且在走廊上进行机械排烟对于在防烟分区内的任何一个着火房间都是适用和有效的，这将有利于实现集中式排烟。

（三）设定在走廊和楼梯间前室之间

当任何一个房间着火时，火灾所产生的烟气便会迅速地蔓延扩散到整个楼层的走廊中。这时应在走廊中采用机械排烟，效果比较好。这种方式适用于整个楼层作为一个防烟分区的情况。

（四）设定在楼梯间前室和楼梯间之间

当任何一个房间着火时，火灾产生的烟气便会迅速地蔓延扩散到走廊，并侵入楼梯间前室中。这时应在楼梯间前室中采用自然排烟的措施，并在楼梯间中采用自然排烟或机械防烟的措施。

三、防烟分区的划分示例

【例 4-1】 有一幢 20 层的高层民用建筑，每层为一个防火分区，标准平面图如图 4-4 所示，试分别按用途和面积对该建筑进行防烟分区的划分。

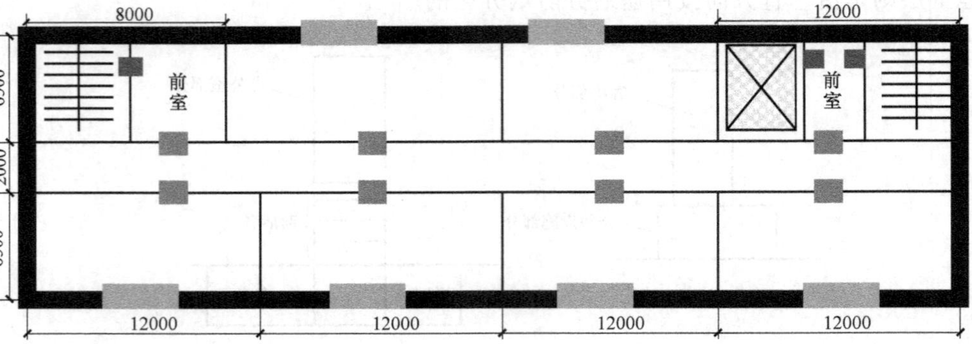

图 4-4 某高层民用建筑标准平面图

【解】 由于该建筑每层为一个防火分区，因此在标准平面划分防烟分区时，既不会跨越防火分区，也不会跨越楼层，只需考虑每个防烟分区的建筑面积不宜超过规范要求和特殊部位要单独划分即可。该建筑的特殊部位只有东西两侧的楼梯间，所以只要对西北角的楼梯间及其前室和东北角的楼梯间与消防电梯的合用前室单独划分防烟分区即可满足要求。下面将着重讨论如何按用途和面积划分出满足“每个防烟分区的建筑面积不宜超过 $500m^2$”规范要求的防烟分区。

(1) 按用途划分防烟分区 若走廊无可开启外窗，且由于走廊长度超过 20m，则走廊可单独划分防烟分区，如图 4-5 所示。

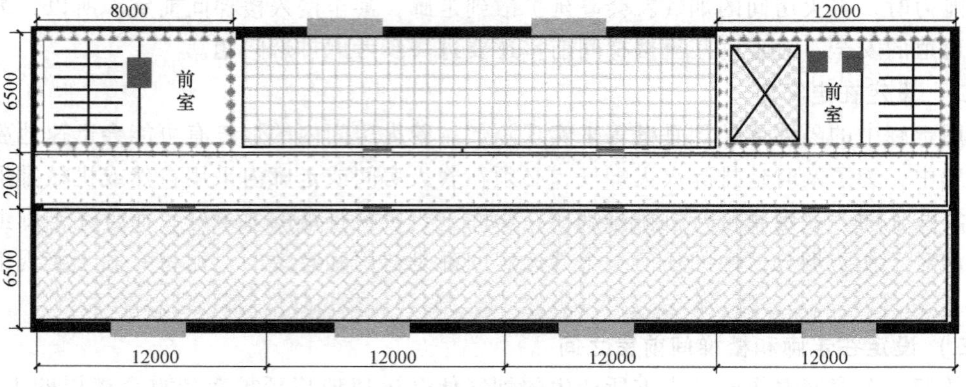

图 4-5 按用途划分防烟分区

(2) 按面积划分防烟分区 若走廊两端有可开启外窗，房间和走廊可划分在一个防烟分区内。

$$A = 48m \times 15m - 6.5m \times 8m - 6.5m \times 12m = 590m^2 > 500m^2$$

根据划分原则，房间和走廊必须划分为两个防烟分区，即可在走廊中部设置挡烟垂壁等防烟分隔构件来划分防烟分区，如图 4-6 所示。

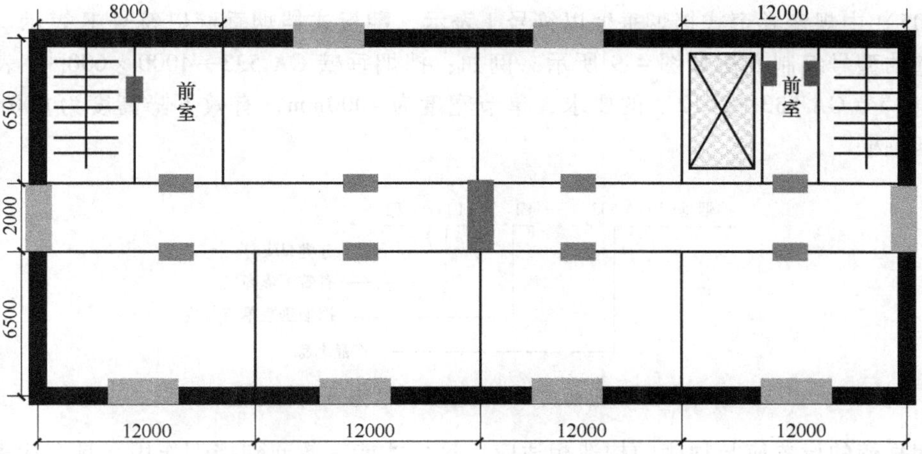

图 4-6　按面积划分防烟分区

第四节　防烟分区的划分构件

防烟分区的划分构件也称为挡烟设施，它们在阻挡烟气四处蔓延的同时可提高防烟分区排烟口的排烟效果。

一、挡烟垂壁

挡烟垂壁是为了阻止烟气沿水平方向流动而垂直向下吊装在顶棚上的挡烟构件，其有效高度不小于500mm。挡烟垂壁可采用固定式或活动式，当建筑物净空较高时可采用固定式，将挡烟垂壁长期固定在顶棚上，如图 4-7 所示；当建筑物净空较低时宜采用活动式，如图 4-8 所示。挡烟垂壁应用不燃烧材料制作，如钢板、夹丝玻璃、钢化玻璃等。活动式的挡烟垂壁应由烟感探测器控制，或与排烟口联动，或受消防控制室控制，但同时应能就地手动控制。活动挡烟垂壁落下时，其下端距地面的高度应大于 1.8m。

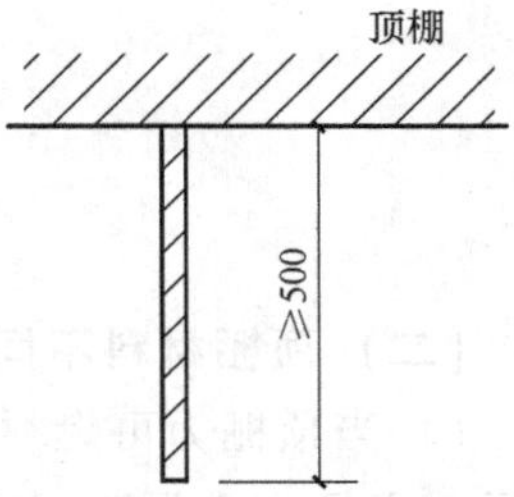

图 4-7　固定式挡烟垂壁示意图

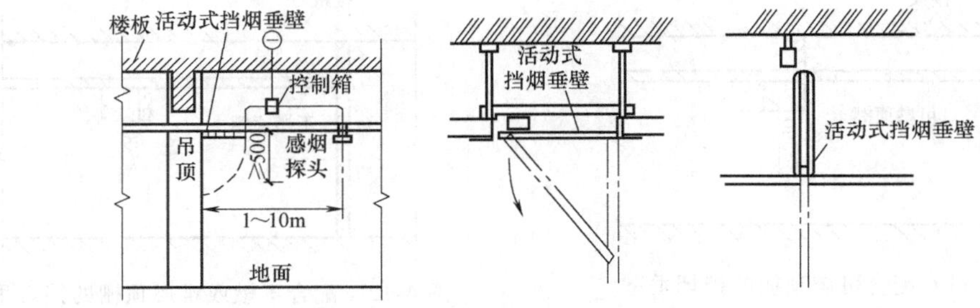

图 4-8　活动式挡烟垂壁示意图

关于挡烟垂壁的型号编制，市场上固定式挡烟垂壁常以符号 G 表示；《挡烟垂壁》（GA 533—2005）中规定卷帘式挡烟垂壁以符号 J 表示，翻板式挡烟垂壁以符号 F 表示。活动式挡烟垂壁的型号编制方法如图 4-9 所示。例如：挡烟垂壁 GA 533—4000 × 600—J 表示符合《挡烟垂壁》（GA 533—2012）的要求，单节宽度为 4000mm，有效下降高度为 600mm 的卷帘式挡烟垂壁。

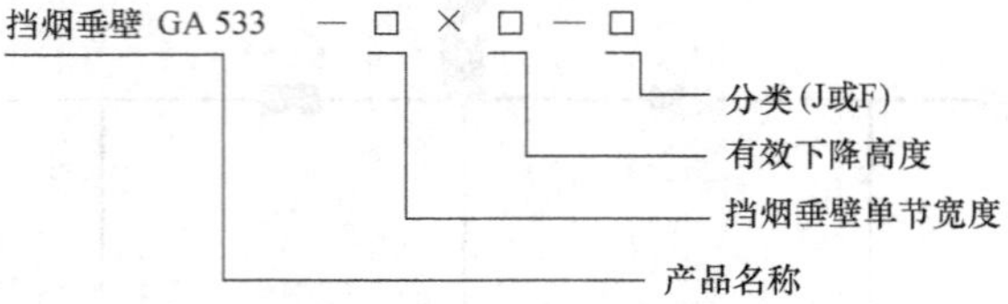

图 4-9　活动式挡烟垂壁常用的型号编制方法

挡烟垂壁的设置应与顶棚的构造相适应，这样才能有效起到挡烟作用。具有代表性的挡烟垂壁设置方式有以下几种：

（一）顶棚高度不同

顶棚高度不同时，挡烟垂壁的有效高度应从较低的顶棚面算起，如图 4-10 所示。

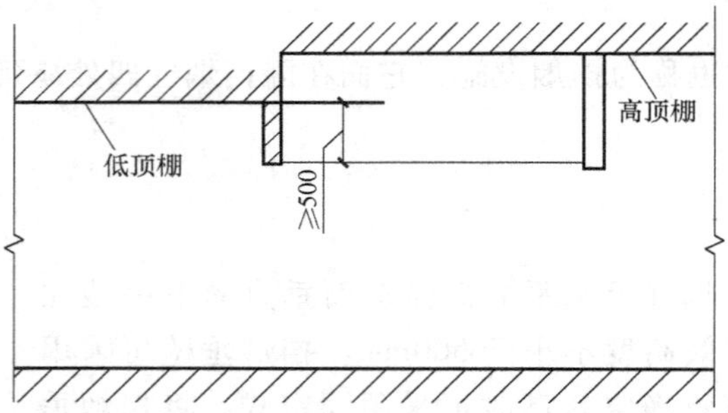

图 4-10　顶棚高度不同时挡烟垂壁设置示意图

（二）顶棚材料不同

1）当顶棚为可燃材料时，挡烟垂壁要穿过顶棚平面，并紧贴不燃烧体楼板，如图 4-11 所示，必须完全隔断。这样一旦顶棚烧毁，挡烟垂壁仍能起到有效的防烟作用。

2）当顶棚为不燃烧或难燃烧材料时，挡烟垂壁只需紧贴顶棚平面即可，不必完全隔断，如图 4-12 所示。

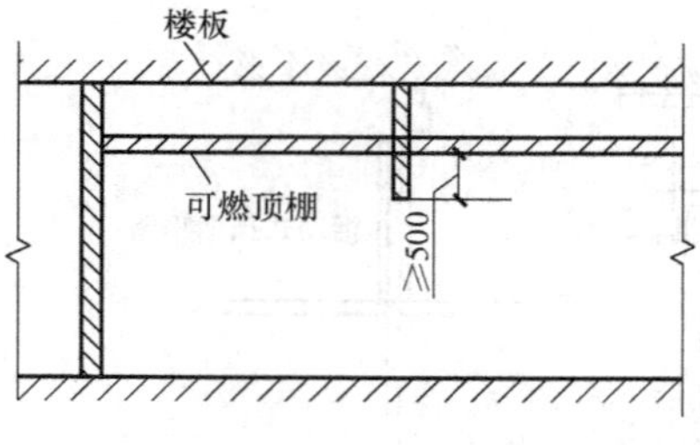

图 4-11　配合可燃顶棚的挡烟垂壁

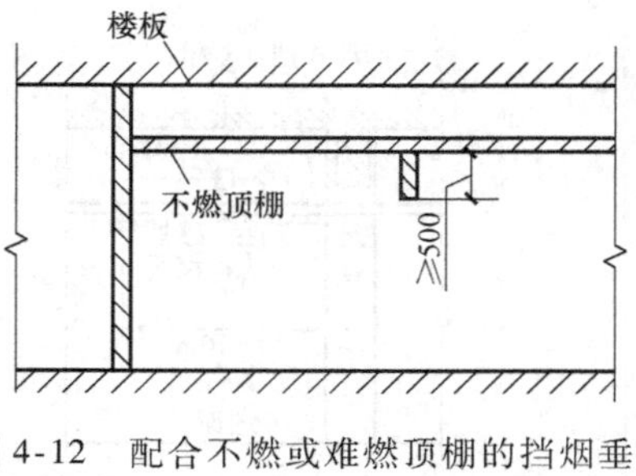

图 4-12　配合不燃或难燃顶棚的挡烟垂壁

3）当顶棚为格栅式顶棚时，由于顶棚本身不隔烟，所以挡烟垂壁应设置在顶棚内，其有效高度从楼板底面算起，如图 4-13 所示。

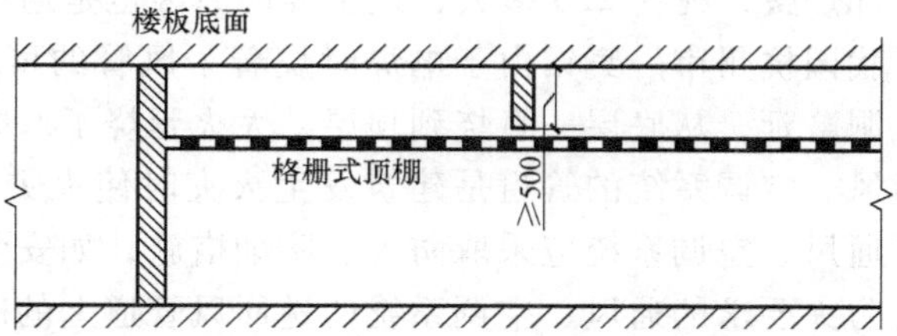

图 4-13　格栅式顶棚挡烟垂壁的设置

二、挡烟隔墙

从挡烟效果上看，挡烟隔墙比挡烟垂壁的效果好，如图 4-14 所示。因此，在安全区域宜采用挡烟隔墙，建筑内的挡烟隔墙。如走廊两侧的隔墙、面积超过 $100m^2$ 的房间隔墙、贵重设备房间隔墙、火灾危险性较大的房间隔墙以及病房隔墙等，均应砌至梁板底部，不留缝隙，以阻止烟火流窜蔓延，避免火情扩大。

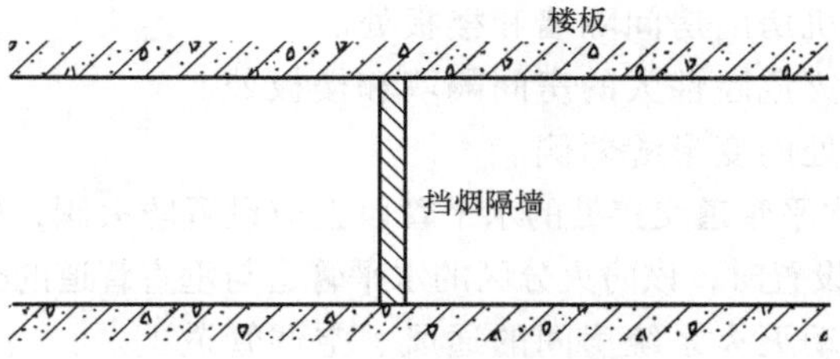

图 4-14　挡烟隔墙示意图

三、挡烟梁

有条件的建筑物，可利用钢筋混凝土梁或钢梁进行挡烟。挡烟梁作为顶棚构造的一个组成部分，其高度应超过挡烟垂壁的有效高度，如图 4-15a 所示。若挡烟梁的有效高度小于 500mm 时，可以在梁底增加适当高度的挡烟垂壁，以加强挡烟效果，如图 4-15b 所示。

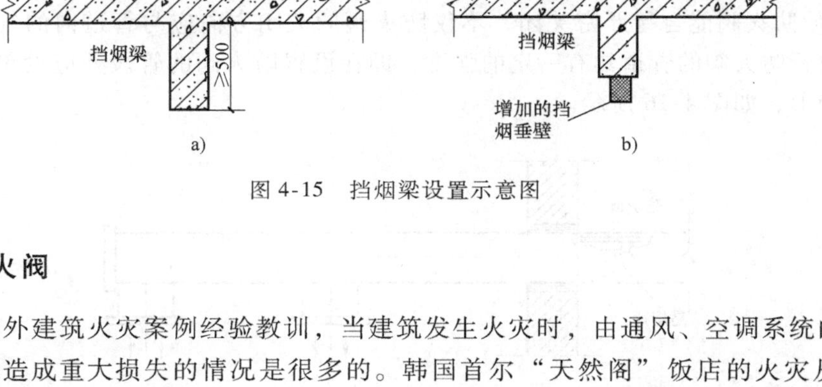

图 4-15　挡烟梁设置示意图

四、防火阀

根据国内外建筑火灾案例经验教训，当建筑发生火灾时，由通风、空调系统的管道引起火灾迅速蔓延造成重大损失的情况是很多的。韩国首尔“天然阁”饭店的火灾从二层一直烧到顶层（二十一层），死伤 224 人，其中一个重要原因就是大火沿通风、空调系统的管道迅速蔓延；又如，美国佐治亚州亚特兰大文考夫饭店的火灾，起火地点在三楼走道，建筑内的可燃装修物等几乎全部烧毁，死伤220多人，最主要的原因也是通风、空调系统的竖向管道助长了火势的蔓延。我国杭州市一宾馆由于电焊时烧着了风管的可燃保温材料引起火灾，火势沿着风管和竖向孔洞蔓延，从底层一直烧到顶层，大火延烧了八九个小时，造成重大经济损失。由此可见，通风、空调系统的管道是建筑发生火灾时使火灾蔓延的主要途径之一，为此，国家规范规定对通风、空调系统应采取防火、防烟措施，如安装防火阀等。

防火阀是安装在有防火要求的通风、空调系统的送回风管道上的阀门，平时处于开启状态，火灾时，当管道内气体温度达到70℃时，阀门关闭，并在一定时间内能满足耐火稳定性和耐火完整性要求，起到隔烟防火的作用。如果防火阀同时可作为调节阀使用，从而把通风、空调系统中的风量调节与防火功能合为一体，则称之为防火调节阀。防火阀通过阀内熔断器动作自动关闭，另外也可以手动关闭、手动复位及手动调节阀门角度，根据系统要求也可选用有电信号的动作装置，各种动作方式都应与烟感探测器、温感探测器或其他消防系统的报警装置连锁，发出电反馈信号。

我国防火设计规范规定，具有下列情况之一的通风、空调系统的管道上应设置防火阀：

1）管道穿越防火分区的防火分隔墙及楼板处。

2）穿越通风、空调机房的房间隔墙和楼板处。

3）穿越重要的或火灾危险性大的房间隔墙和楼板处。

4）穿越防火分隔墙处的变形缝两侧。

5）垂直管道与每层水平管道交接处的水平管段上应设置防火阀，但当建筑内每个防火分区的通风、空调系统均独立设置时，该防火分区的水平管道与垂直管道的交接处可不设置防火阀。

6）进入设有气体自动灭火系统房间的通风、空调管道上。

另外，公共建筑的浴室、卫生间和厨房的垂直排风管，应采取防回流措施或在支管上设置防火阀。公共建筑的厨房排烟管道宜按防火分区设置，且应在垂直排风管的支管处设置动作温度为150℃的防火阀。

防火阀的安装应符合下列规定：

1）防火阀宜靠近防火分隔墙设置。

2）防火阀暗装时，应在安装部位设置方便检查的检修口。

3）在防火阀两侧各2.0m范围内的风管及绝热材料应采用非燃烧材料。

4）防火阀应符合现行国家标准的有关规定。

5）为使防火阀能自行严密关闭，不仅防火阀的关闭方向应与管道内的气流方向一致，而且应使设置防火阀的管道具有一定的强度，即在设置防火阀的管段处应设单独的支吊架，防止管道变形，如图4-16所示。

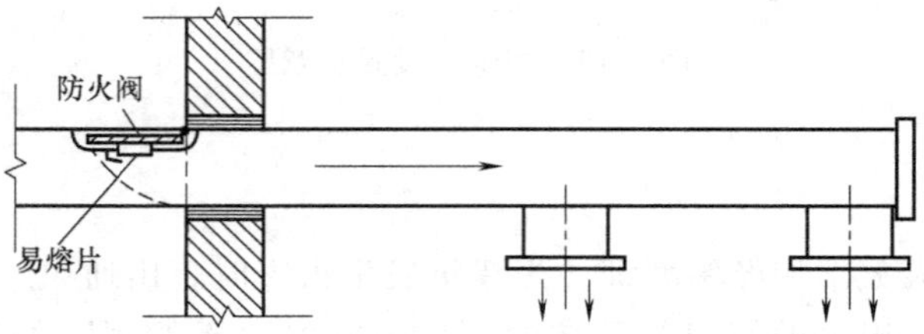

图4-16　防火阀安装图

自学指导

本章学习重点：防烟分区的允许建筑面积、方法和设定位置及各种防烟分区构件以及防火阀的设置要求。

1. 防烟分区的允许建筑面积：《高层民用建筑设计防火规范》（GB 50045—1995）和《人民防空工程设计防火规范》（GB 50098—2009）中规定每个防烟分区的建筑面积不宜过大，一般不超过 500m^2；上海市工程建设规范《建筑防排烟技术规程》（DGJ 08-88—2006）则规定自然排烟系统防烟分区面积不宜大于 2000m^2，长边不宜大于 60m，且不应跨越防火分区。

2. 防烟分区的划分方法：按用途、按面积、按方向。

3. 防烟分区的设定位置：设定在楼梯间前室和楼梯间之间；设定在走廊中；设定在走廊和房间之间；设定在走廊和楼梯间前室之间。

4. 防烟分区的划分构件：包括挡烟垂壁、挡烟隔墙、挡烟梁和防火阀。

5. 防火阀的设置要求：①管道穿越防火分区的防火分隔墙及楼板处；②穿越通风、空调机房的房间隔墙和楼板处；③穿越重要的或火灾危险性大的房间隔墙和楼板处；④穿越防火分隔墙处的变形缝两侧；⑤垂直管道与每层水平管道交接处的水平管段上应设置防火阀，但当建筑内每个防火分区的通风、空调系统均独立设置时，该防火分区的水平管道与垂直管道的交接处可不设置防火阀；⑥进入设有气体自动灭火系统房间的通风、空调管道上。

本章学习难点：防烟分区的划分原则

划分防烟分区的目的是将火灾烟气控制在一定范围内，并通过排烟设施迅速排除。防烟分区的划分应遵循以下原则：防烟分区不应跨越防火分区；每个防烟分区的建筑面积不宜超过规范要求；通常按楼层划分防烟分区；特殊用途的场所应单独划分防烟分区。

复习思考题

一、选择题

1. 防烟分区的划分构件有（　　）

A. 挡烟垂壁　B. 止回阀　C. 梁　D. 墙

2. 下列哪些部位需要设置防火阀（　　）

A. 管道穿越防火分区的防火分隔墙及楼板处

B. 管道穿越防烟分区处

C. 管道穿越房间隔墙和楼板处

D. 管道穿越防火分隔墙处的变形缝一侧

二、简答题

1. 防烟分区的定义是什么？

2. 防烟分区的划分原则是什么？

3. 防烟分区的划分方法有哪些？

4. 防烟分区的设定位置有哪些？

三、论述题

1. 论述一个完整防排烟系统的基本内容。

2. 我国防火设计规范对防火阀的设置要求。

第五章　建筑中的自然排烟方式

学习目标

1. 应了解、知道的内容：

• 知道自然排烟的优缺点。

• 了解风压、风压系数的概念和含义。

• 知道自然排烟的选型。

2. 应理解、清楚的内容：

• 能够分析热压作用下自然排烟的基本原理。

• 能够分析风压作用下自然排烟的基本原理。

• 能够分析热压和风压共同作用下自然排烟的基本原理。

• 理解热压作用的本质。

• 理解余压的概念。

• 理解中性面的概念及影响因素。

• 理解高层建筑中性面的位置及影响因素。

• 理解临界风速、极限高度的概念及计算方法。

• 理解自然排烟的设计方法。

3. 应掌握、会用的内容：

• 掌握热压作用下烟气流动的规律。

• 掌握风压作用下烟气流动的规律。

• 掌握热压和风压共同作用下烟气流动的规律。

• 掌握热压和风压共同作用下中性面变化的规律。

• 掌握自然排烟的影响因素。

4. 应熟练掌握的内容：

• 熟练掌握自然排烟口的设置要求。

• 熟练掌握自然排烟的设置部位。

• 熟练掌握自然排烟有效面积的确定方法。

自学时数　8 学时。

老师导学

本章首先揭示了热压作用下、风压作用下及热压和风压共同作用下自然排烟的基本原理，引出了中性面的概念，及其对火灾烟气流动特别是对高层建筑火灾烟气流动的影响。然后对自然排烟的影响因素及优缺点进行了分析，并对自然排烟设施的设置部位、排烟口的设置以及自然排烟口有效面积的确定、自然排烟口的选型等进行了阐述。对本章的学习，应着重理解和掌握热压、风压作用对烟气流动的影响以及中性面的概念，重点应放在应用方面，掌握自然排烟设施的设置部位、排烟口的设置以及自然排烟口有效面积的确定。

第一节　自然排烟的基本原理

火灾发生后，着火层或者着火区中会产生大量的高温烟气，体积膨胀，压力上升到比其他楼层或区域略高，一般平均压力高出 10～15Pa，短时可能达到 35～40Pa。着火区和非着火区之间存在压力差，在压力差的作用下形成自然排烟，烟气将按照一定的路线蔓延扩散，通过门窗缝隙、开口以及各种管道穿墙间隙处泄漏出来，最终排至室外。另外，由于室外风向和风速、建筑结构、高层建筑内的烟囱效应等因素的差异，自然排烟的效果会受到不同程度的影响。

所谓自然排烟就是利用火灾时产生的高温烟气的浮力和外部风力作用，采用靠外墙上的可开启外窗、高侧窗、天窗、敞开的阳台、凹廊以及专用排烟口、竖井等将烟气排至室外的排烟方式，前者称为热压作用下的自然排烟，后者称为风压作用下的自然排烟。其目的就是控制火灾烟气在建筑物内的蔓延扩散，特别是减缓烟气侵入疏散通道，减小火灾烟气对受灾人员的危害以及财产损失。

一、热压作用下的自然排烟

（一）热压作用的基本原理

图 5-1 所示为一建筑物的着火房间，在其外墙面不同高度的两个位置上开有窗孔 a 和 b，两者高差为 h。着火房间内所产生的烟气温度为 t_n、密度为 ρ_n，室外的空气温度为 t_w、密度为 ρ_w，由于 $t_n \gg t_w$，这就使室内烟气的密度 ρ_n 远小于室外空气的密度 ρ_w，即 $\rho_n \ll \rho_w$。设窗孔 a、b 处的室外静压分别为 p_a、p_b，相应的室内静压分别为 p'_a、p'_b。

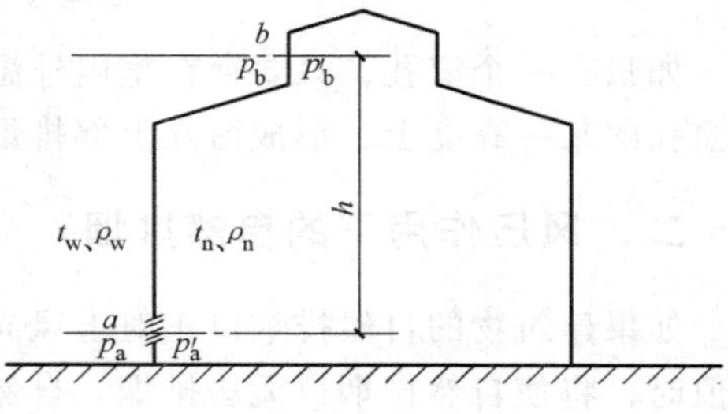

图 5-1　热压作用下的自然排烟示意图

当窗孔 a 开启而窗孔 b 关闭时，若室内外气体处于静止状态，根据流体力学静力学原理，这时窗孔 b 处的室内外压差为

$$\Delta p_b = p'_b - p_b = (p'_a - gh\rho_n) - (p_a - gh\rho_w)$$

$$= (p'_a - p_a) - gh(\rho_w - \rho_n) = \Delta p_a + gh(\rho_w - \rho_n) \quad (5\text{-}1)$$

式中　Δp_a——窗孔 a 处的室内外压差（Pa）；

Δp_b——窗孔 b 处的室内外压差（Pa）；

ρ_n——着火房间内烟气的密度（kg/m^3）；

ρ_w——室外空气的密度（kg/m^3）；

h——排烟口和进风口之间的高度差（m）；

g——重力加速度。

室内外压差称为余压，它是室内某一点压力与室外同一标高未受建筑或其他物体扰动的空气压力的差值，如果 $\Delta p > 0$，该窗孔排烟；$\Delta p < 0$，该窗孔进风。Δp_a 称为窗孔 a 处的余压，Δp_b 窗孔 b 处的余压。

由式（5-1）可以看出，即便在 $\Delta p_a = 0$ 的情况下，只要 $\rho_n < \rho_w$（$t_n > t_w$），则 $\Delta p_b > 0$。如果窗孔 a 和 b 同时开启，烟气将从窗孔 b 流出，随着室内烟气向室外流动，室内静压逐渐降低，使得窗孔 a 内外两侧压力差 Δp_a 从最初的零变为小于零。这时，室外空气会在窗孔 a 内外两侧压差的作用下流入室内。当窗孔 a 进风量等于窗孔 b 的排烟量时，室内静压保持稳定。因此，把由于室内外温度差和窗孔的高度差引起的浮力作用称为热压作用，这种作用力大小与两窗孔高度差 h 以及室内外空气的密度有关，是进风窗孔和排烟窗孔两侧压差的绝对值之和，即

$$\Delta p_b - \Delta p_a = \Delta p_b + |-\Delta p_a| = gh(\rho_w - \rho_n) \tag{5-2}$$

（二）余压

由于室内外空气温度一定时，上下两个窗孔之间的余压差与两窗孔的高度差成正比，因此在热压作用下，余压沿房间的高度变化如图 5-2 所示。在 0—0 平面上，余压等于 0，称为中性面。中性面以上余压为正，中性面以下余压为负。如在中性面上开一个窗孔，则此窗孔没有空气流动。若以中性面为基准，则中性面余压 $\Delta p = 0$，各窗孔的余压为

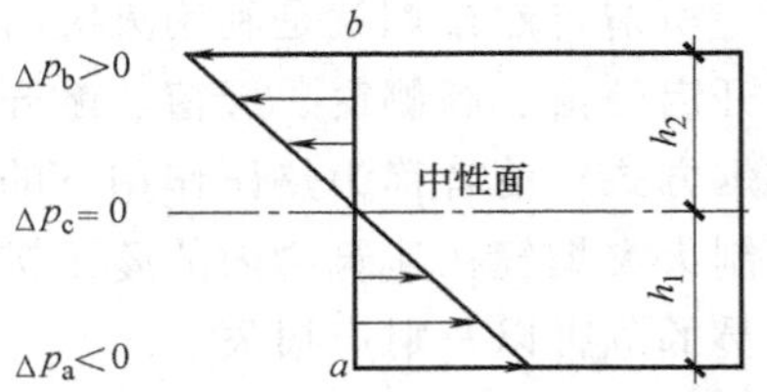

图 5-2　余压

$$\Delta p_a = -gh_1(\rho_w - \rho_n) \tag{5-3}$$

$$\Delta p_b = +gh_2(\rho_w - \rho_n) \tag{5-4}$$

如只有一个窗孔，只要存在室内外温差，如 $t_n > t_w$，则中性面依然存在，而且必定出现在窗孔的某一高度上，形成窗孔上部排烟、下部进风的自然排烟现象。

二、风压作用下的自然排烟

如果建筑物的自然排烟口正对上风向，那么，当风速达到一定值时，即风的动压达到一定值时，将使自然排烟口无法排烟，自然排烟失效。这就是说，风对自然排烟有相当大的影响。实际上，地球上任何地方，风在一年四季中的方向和速度是不同的，有的地方变化较小，有的地方则变化很大。此外，在同一地方、同一时刻，风的速度还随着高度的变化而变化。因此，为了使建筑物实现较好的自然排烟效果，必须了解风的变化规律。

（一）风的基本参数

地球上不同纬度的土壤由于在太阳光线作用下加热不均匀，使得靠近地面的空气层内产生温度差，热空气上升，冷空气则由较冷的地区进入热空气离开的部位，形成了空气的自然对流，这就是风。简单地说，风就是地面附近空气层中冷热空气的对流运动。

风的基本参数主要是风速和风向。

1. 风速

由于风速是随着离地面的高度而变化的，所以为了便于比较，通常所说的风速是指室外标准高度处的风速。所谓标准高度，是指离地面 10m 的高度。气象上的风力等级就是根据室外标准高度处的风速来划分的，共 17 级，风级与风速对照表见表 5-1。

风速随着高度的变化情况是：靠近地面的风速较小，随着高度的增加，风速相应增大。风速随高度的变化可用下式表示

表 5-1 风级与风速对照表

风级	名称	风速		地面动态	海面波浪
		m/s	km/h		
0	无风	0~0.2	<1	静,烟直上	平静
1	软风	0.3~1.5	1~5	烟示风向	微波峰无飞沫
2	轻风	1.6~3.3	6~11	感觉有风	小波峰未破碎
3	微风	3.4~5.4	12~19	旌旗展开	小波峰顶破裂
4	和风	5.5~7.9	20~28	吹起尘土	小浪白沫波峰
5	劲风	8.0~10.7	29~38	小树摇摆	中浪折沫峰群
6	强风	10.8~13.8	39~49	电线有声	大浪白沫离峰
7	疾风	13.9~17.1	50~61	步行困难	破峰白沫成条
8	大风	17.2~20.7	62~74	折毁树枝	浪长高有浪花
9	烈风	20.8~24.4	75~88	小损房屋	浪峰倒卷
10	狂风	24.5~28.4	89~102	拔起树木	海浪翻滚咆哮
11	暴风	28.5~32.6	103~117	损毁重大	波峰全呈飞沫
12	飓风	32.7~36.9	118~133	摧毁极大	海浪滔天
13	飓风	37.0~41.4	134~149		
14	飓风	41.5~46.1	150~166		
15	飓风	46.2~50.9	167~183		
16	飓风	51.0~56.0	184~201		
17	飓风	56.1~61.2	202~220		

$$W/W_0=(H/H_0)^n \tag{5-5}$$

式中 H_0——标准高度，即离地面 10m 处；

W_0——室外标准高度处的风速（m/s）；

H——计算高度（m）；

W——计算高度处的风速（m/s）；

n——指数，一般在 1/2~1/7，与地面状态有密切关系，如市区 $n=1/3$，郊区 $n=1/4$，海岸及开阔地 $n=1/5$。

由于地面状态对空气的流动有一定的影响，在同一地区同一时刻所测定的标准风速值是不同的。设计时应根据当地气象部门提供的风速或实测风速的测定具体位置与所设计的建筑物的具体位置加以修正，即

$$W'_0=\Psi W_0 \tag{5-6}$$

式中 W_0——风速测定位置上方标准高度处的风速（m/s）；

W'_0——设计建筑物位置上方标准高度处的风速（m/s）；

Ψ——风速修正系数，见表 5-2。

2. 风向

关于风向，气象上的标记为：N—北，S—南，W—西，E—东，具体又分为 16 个方位，如图 5-3 所示。另外，一年中的无风季节称为静稳，标记为 C。所有风向的具体标记共有 17 个。

表 5-2　风速修正系数

设计建筑物位置	风速测定位置	Ψ
开阔地	开阔地	1.0
	市区	1.2
市区	开阔地	0.8
	市区	1.0

对于某一地区，冬夏季的主导风向一般各取 2 ~ 4 个，全年的主导风向一般取一个频率最高的风向，但当频率最高的风向为静稳状态或与次大频率风向相近时，则再取一个或两个频率次高的风向。

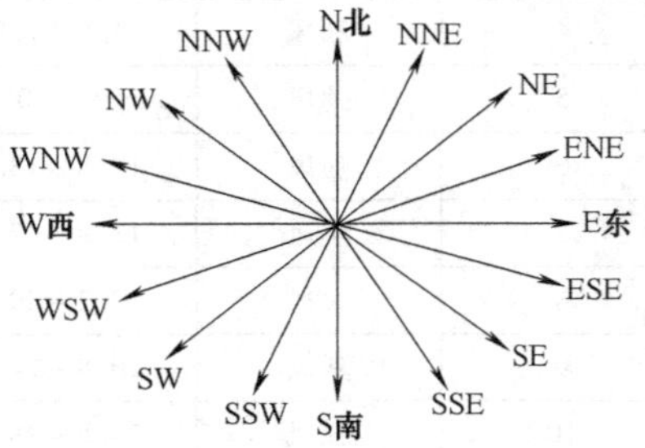

图 5-3　气象风向方位示意图

（二）风压作用

风在没有受到任何阻挡时，将按其原有的方向和速度向前流动，这股气流所具有的动能，即风的动压为

$$p_d = \rho_w W^2/2 \qquad (5\text{-}7)$$

式中　ρ_w——室外空气的密度（kg/m^3）；

W——室外空气的流速（m/s）。

室外气流与建筑物相遇时将发生绕流，经过一段距离后才恢复平行流动，如图 5-4 所示。受建筑物的阻挡，建筑物四周室外气流的压力发生变化，迎风面气流受阻，速度减小，动压降低，静压升高，形成正压；侧风面和背风面由于产生局部涡流，静压降低，形成负压。这种室外气流由于受到建筑物阻挡而造成建筑物四周气流静压发生升高或降低的现象称为风压作用。

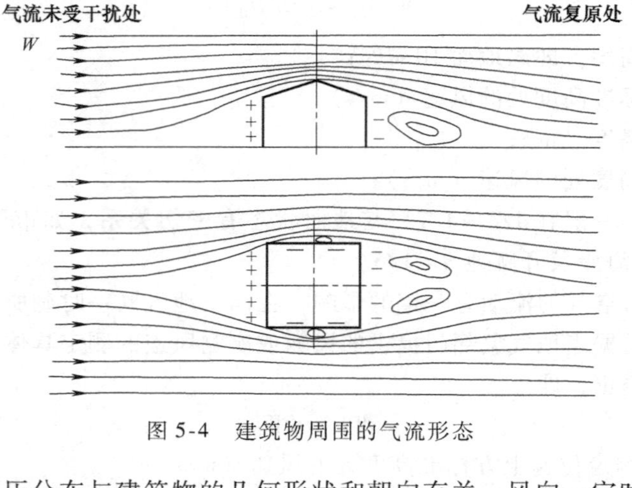

图 5-4　建筑物周围的气流形态

建筑物周围的风压分布与建筑物的几何形状和朝向有关。风向一定时，建筑物外围结构上各点的风压值可用下式表示

$$p_f = kp_d = k\frac{\rho_w W^2}{2} \qquad (5\text{-}8)$$

式中　k——建筑物外围的风压系数，由试验确定；

ρ_w——室外空气的密度（kg/m^3）；

W——室外空气的流速（m/s）。

k 为正，说明该点风压为正值；k 为负，说明该点风压为负值。不同形状的建筑物在不同风向的风力作用下，风压系数分布是不同的，一般要通过风洞模型实验得到。图 5-5 所示为建筑物外墙面在不同方向的气流作用下的风压系数分布情况，详细风压系数值见表 5-3。

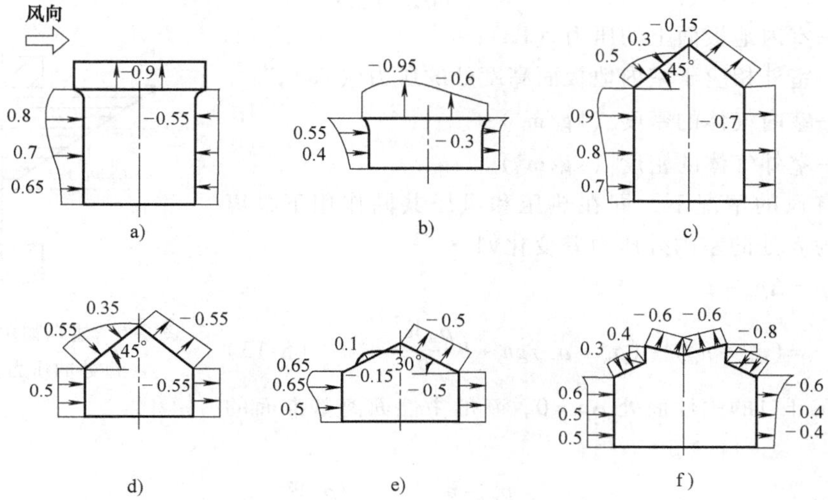

图 5-5　建筑物外墙面的风压系数分布

表 5-3　建筑物外墙面的风压系数值

方向夹角 α/°	风压系数 k	
	迎风面	背风面
0	0.75	-0.4
15	0.75	-0.5
30	0.72	-0.48
45	0.45	-0.5
60	0.28	-0.48
75	0	-0.5
90	-0.4	-0.4

如果在建筑物外围结构上风压值不同的两个部位开设窗孔，则处于 k 值大的位置上的窗孔将会进风，而处于 k 值小的位置上的窗孔将会排烟。

三、热压和风压共同作用下的自然排烟

（一）中性面位置的变化

在室外无风的情况下，一般建筑物房间外墙面开口处的压力分布如图 5-6 中实线所示。若以室内地板面为基准面，那么，在离地板面高度为 h 处，室内压力为

$$p_{hn} = p_n - \rho_n g h \tag{5-9}$$

室外压力为

$$p_{hw} = p_w - \rho_w gh \quad (5\text{-}10)$$

室内外的压力差为

$$\Delta p_h = p_{hw} - p_{hn} = (p_w - p_n) - (\rho_w - \rho_n)gh \quad (5\text{-}11)$$

在外墙开口的中性面 N 处，$\Delta p_h = 0$，中性面离基准面（即地板面）的高度 H_0 为

$$H_0 = \frac{p_w - p_n}{(\rho_w - \rho_n)g} \quad (5\text{-}12)$$

式中 p_n——室内地板面上的压力（Pa）；

p_w——室外相应于室内地板面高度处的压力（Pa）；

ρ_n——室内气体的密度（kg/m^3）；

ρ_w——室外气体的密度（kg/m^3）。

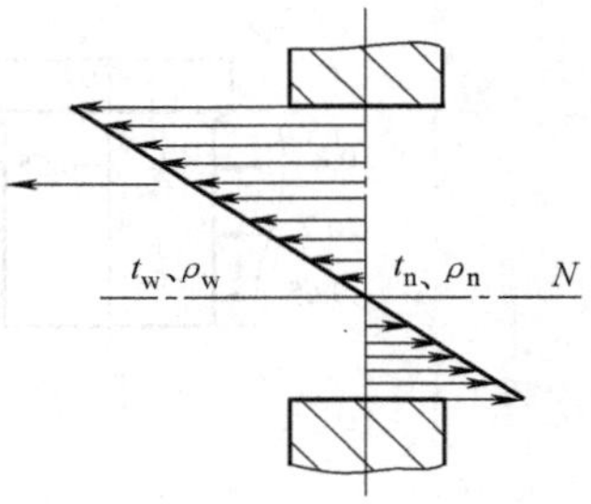

图 5-6　建筑物房间外墙开口处的压力分布

在室外有风的情况下，即在热压和风压共同作用下，离地板面高度为 h 处的室内外压力差变化如下

$$\Delta p = \Delta p_h + p_f = (p_w - p_n) - (\rho_w - \rho_n)gh + k\frac{\rho_w W^2}{2} \quad (5\text{-}13)$$

同样，在开口的中性面处 $\Delta p = 0$，新的中性面离基准面的高度 H_0' 为

$$H_0' = \frac{p_w - p_n}{(\rho_w - \rho_n)g} + \frac{k\rho_w W^2}{2(\rho_w - \rho_n)g} = H_0 + \frac{k\rho_w W^2}{2(\rho_w - \rho_n)g} \quad (5\text{-}14)$$

令 $\Delta H = H_0' - H_0$，即外墙面开口的中性面因风压作用而升高或降低的距离，则

$$\Delta H = \frac{k\rho_w W^2}{2(\rho_w - \rho_n)g} \quad (5\text{-}15)$$

这样，当建筑物房间外墙面开口为迎风面，即风压系数为正时，ΔH 为正值，中性面上升；当建筑物房间外墙面开口为背风面或侧风面，即风压系数为负时，ΔH 为负值，中性面下降。

（二）极限高度的确定

对于自然排烟来说，中性面上升对排烟是不利的，当中性面上升到排烟口上缘时，自然排烟失效。

当着火房间仅有一个开启的窗孔与大气相通时，其中性面的位置遵循如下关系，即

$$\frac{h_2}{h_1} = \left(\frac{t_n}{t_w}\right)^{1/3} \quad (5\text{-}16)$$

如窗孔的高度为 H_c，则可导出

$$h_2 = \frac{H_c(\rho_w/\rho_n)^{1/3}}{1 + (\rho_w/\rho_n)^{1/3}} = \frac{H_c(t_n/t_w)^{1/3}}{1 + (t_n/t_w)^{1/3}} \quad (5\text{-}17)$$

那么，当 $\Delta H \geqslant h_2$ 时，该窗孔的自然排烟失效，即

$$\frac{k\rho_w W^2}{2(\rho_w - \rho_n)g} \geqslant \frac{H_c(\rho_w/\rho_n)^{1/3}}{1 + (\rho_w/\rho_n)^{1/3}} \quad (5\text{-}18)$$

该式可作为在热压和风压共同作用下建筑物利用外窗进行自然排烟是否失效的判别式。

由式（5-18）可以看出，影响中性面上升幅度的主要因素是室外风速。当风速增大至使中性面上升达到窗孔上缘时，自然排烟失效，相应的风速称为临界风速，由式（5-18）可导出

$$W_{lj}=\sqrt{\frac{2gH_{c}}{k}\frac{1-t_{w}/t_{n}}{1+(t_{w}/t_{n})^{1/3}}} \tag{5-19}$$

对于某一地区来说，尽管较低的建筑物或较高的建筑物的低层部分的室外风速低于临界风速，但较高建筑物的高层部分的室外风速可能达到甚至超过临界风速。当建筑物某高度处的室外风速达到临界风速时，称这个高度为该地区采用外窗自然排烟的建筑物的极限高度 H_{jx}，据式（5-5）可得

$$H_{jx}=\left(\frac{W_{lj}}{\Psi W_{0}}\right)^{1/n}H_{0} \tag{5-20}$$

当建筑物高度低于极限高度时，可放心采用外窗实现自然排烟；当建筑物高度超过极限高度时，其房间虽然仍可利用外窗进行自然排烟，但只能作为辅助的防排烟措施，其楼梯间和消防电梯前室或合用前室则不应采用外窗自然排烟的方式。如一定要采用，则必须采取相应的措施，像阳台、凹廊等结构形式就是避免室外风力对自然排烟产生影响的措施。

根据气象资料统计，就全国范围来说，平均的气象标准风速为 2.4m/s，与此相应，采用外窗自然排烟的建筑物的极限高度为50m 左右。这就是说，当建筑物的高度超过 50m 时，就要注意不能仅采用外窗自然排烟。

第二节　自然排烟的影响因素分析

自然排烟主要是利用火灾时产生的高温烟气的浮力和外部风力作用进行排烟，除此之外，还受其他因素的影响。

一、自然排烟的影响因素

火灾发生时，必然存在热压作用，而风压作用随室外环境条件而变化，不一定同时存在。可见，热压作用是形成自然排烟的主要条件。因此可以得出，影响自然排烟效果的主要因素一是烟气和空气之间的温度差，二是排烟口和进风口之间的高度差。此外，室外风力（风速和风向）和高层建筑本身的热压作用都将影响自然排烟的效果。

（一）烟气和空气之间的温度差

烟气和空气之间的温度差越大，烟气和空气之间的密度差就越大，所引起的热压作用越大，自然排烟的效果就越好。另外，烟气和空气之间的密度差越大，导致自然排烟失效的临界风速越高，室外风力的影响相对越小。在火灾发生、发展的不同阶段，烟气温度是不断变化的，因此烟气与空气之间的温度差及密度差也在不断变化。在火灾初期，烟气温度较低，烟气和空气之间的温度差及密度差较小，自然排烟进行得较为缓慢。在火灾猛烈发展的阶段，烟气温度急剧上升，烟气和空气之间的温度差及密度差大大增加，自然排烟进行得很迅猛。很显然，烟气和空气之间的温度差是随着时间而变化的，这就导致自然排烟的效果也随着时间而变化，所以，烟气和空气之间的温度差是不稳定的影响因素。

（二）排烟口和进风口之间的高度差

排烟口和进风口之间的高度差越大，热压作用越大，自然排烟效果就越好；与此同时，临界风速也越大，室外风力的影响相对越小。提高排烟口的位置和降低进风口的位置都可以加大两者之间的高度差，对促进自然排烟都是有效的。为此，通常把排烟口设置在顶棚上或靠近顶棚的侧墙上部，旨在尽可能提高排烟口的位置。专门设置的自然排烟口的排烟效果要比外窗好得多，其道理也就在此。对于一座已建成的建筑物来说，排烟口和进风口的位置都已固定，排烟口和进风口之间的高度差也固定不变，所以，排烟口和进风口之间的高度差是稳定的影响因素。

（三）室外风力的影响

室外风力对自然排烟的效果也有很大影响。当排烟口位于背风面或侧风面时，室外气流的吸引作用有利于自然排烟，风速越高越有利；相反，当排烟口位于迎风面时，室外气流的阻挡作用对自然排烟是不利的，风速越高越不利，自然排烟的效果也就越差。当风速大到一定值时，自然排烟失效；风速进一步增大，将出现烟气倒灌的现象。这就是说，室外风向和风速不同，自然排烟的效果相差很大。由于室外风向和风速是随季节而变化的，所以室外风力对自然排烟的影响是不稳定的，换句话说，室外风力是不稳定的影响因素。

（四）高层建筑本身的热压作用的影响

高层建筑由于室内外温差引起的热压作用，使上部楼层和下部楼层之间存在着一定的压力差。在冬季采暖期间，室内气温高于室外气温，上部楼层室内压力高于室外压力，向外排气；而下部楼层室内压力低于室外压力，向内进风，在建筑物的楼梯间等竖向通道中存在着一股向上的气流。如火灾发生在下部楼层，在火灾初期烟气温度不高的情况下，着火房间的热压较小，不能克服室内外的压力差，烟气将被从进风口流进着火房间的气流带入走廊、楼梯间前室甚至楼梯间，并随上升气流向上部楼层蔓延扩散。在夏季空调期间，室内气温低于室外气温，上部楼层室内压力低于室外压力，向内进风；而下部楼层室内压力高于室外压力，向外排气，在建筑物中出现一股下降气流。如火灾发生在上部楼层，在火灾初期将产生烟气向下部楼层蔓延扩散的现象。高层建筑热压作用引起上下楼层的压力差是随季节变化的，所以也属于不稳定的影响因素。

二、自然排烟的优缺点

（一）自然排烟的优点

1. 不需要外加动力

自然排烟完全依靠自然界气体自身运动的规律，即依靠高温烟气的浮力作用和室外风力作用，将高温烟气从室内排至室外，不需要任何外加动力。

2. 设施简单，易操作

自然排烟只需要在建筑物的外墙或顶棚上设置排烟口即可，不需要专门的排烟管道和动力设施，其设施相对比较简单。自然排烟的操作也比较简单，常开开口无需操作；常闭开口可手动操作，可由烟感或温感探测器控制，也可与火灾自动报警系统实现联动控制。

3. 初期投资、维护费用低

与机械排烟不同，自然排烟不需要专门的排烟风机和排烟管道等设施，初期投资明显比机械排烟费用低；由于其设施简单，维护费用也比较低。

4. 平时可兼作通风换气和采光用

一般建筑物房间的外窗除了发生火灾时用于排烟外，其平时的主要功能就是用于建筑物的通风换气和采光。目前，体育场馆、候机大厅以及车间厂房等大型建筑，一般在其侧墙或顶棚处都设有大型的采光窗或采光带，其平时的作用是对建筑物进行通风换气和采光，而火灾时则发挥其自然排烟的作用。自然排烟符合可持续发展的理念，其优越性越来越受到人们的重视。

（二）自然排烟的缺点

自然排烟虽然有上述优点，但也存在不少缺点，主要是排烟效果不稳定、对建筑结构有特殊要求以及存在着火灾通过排烟口向紧邻的上层蔓延的危险等。

1. 排烟效果不稳定

自然排烟的效果受建筑物外墙各开口的开启状况、火灾发生的室内外环境条件及火灾自身的发展等多种因素的影响，这些因素本身时时刻刻都在发生变化，是不稳定的，这就导致自然排烟的效果也不稳定。影响自然排烟效果不稳定的因素主要有如下三个方面：一是火灾时烟气温度随时间发生变化；二是高层建筑的热压作用随季节发生变化；三是室外风向和风速随季节变化。

要消除上述各种不稳定因素的影响是很困难的。前两个因素的影响根本无法消除，对于第三个因素，国外采用的烟塔自然排烟方式和国内采用的内置式小天井自然排烟方式均可收到较好的效果。

2. 对建筑结构有特殊要求

因为自然排烟是利用外窗或专用的排烟口将烟气直接排至室外的，所以对建筑物的结构有特殊要求：一是需要排烟的房间必须有一面墙壁是面向室外的；二是房间的进深不能太大，排烟口至排烟区域最远处的水平距离不大于30m；三是房间要有一定的开窗面积，即排烟口的有效面积与排烟区域地面面积之比不小于规范规定值。

由于上述要求，这就给建筑物的设计带来一些新的问题，如外窗或排烟口的隔声问题、外墙面的美观问题和排烟口的防雨、防尘问题等。

3. 存在火灾通过排烟口向紧邻的上层蔓延的危险

由排烟口或外窗向外排烟时，由于烟气排出时温度很高，且含有大量未燃尽的可燃气体，所以烟气排至室外后会继续燃烧；因为火焰四周补气条件不同，靠近外墙面的火焰内侧空气得不到补充，形成负压区，致使火焰扑向外墙面，这一现象就是常说的附壁效应，如图5-7所示。

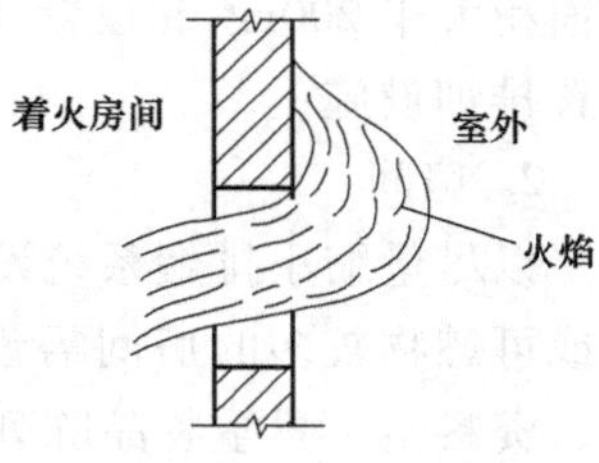

图5-7　外墙面的火焰附壁效应示意图

应当指出的是，即使烟气由排烟口或外窗排出后不再继续燃烧，一方面由于烟气温度比室外空气温度高得多，而密度则低得多，烟气流会向上抬起；另一方面烟气流在扩展过程中与外墙面之间的补气条件较差，形成负压区，致使烟气流扑向外墙面，附壁效应仍然存在。

当附壁的火焰或烟气流的温度达到500℃以上时，一接触到上层窗户的玻璃，玻璃即会破裂，从而使火灾蔓延到紧邻的上层。因此，为了防止火焰或烟气蔓延到上层房间而引起火灾的扩展，必须在结构上采取一定的措施。常用的措施有：

1）在排烟口或外窗的上方设置伸出足够长的遮檐，遮檐应用非燃烧材料制作。遮檐的长度一般与窗孔或排烟口高度的一半相当。

2）相邻两楼层的上下窗孔或排烟口之间应具有足够的垂直距离，距离越大，对防止火灾蔓延越有利。但这样将使高层建筑的层高增大，对高层建筑是不利的。

第三节　自然排烟口的设置要求

一、自然排烟口的设置部位

当各类建筑场所或部位设有固定对外开口、可开启对外开口（活动窗、天窗等）等直通室外的直接对外开口，既满足自然排烟口的布置要求又达到其尺寸要求时，即具备了自然排烟条件，宜优先采用自然排烟方式。

（一）工业建筑

厂房或仓库的下列场所或部位，在具备自然排烟的条件下应设置自然排烟设施：

1）丙类厂房内建筑面积大于300m^2且经常有人停留或可燃物较多的地上房间；人员或可燃物较多的丙类生产场所。

2）建筑面积大于5000m^2的丁类生产车间。

3）占地面积大于1000m^2的丙类仓库。

4）高度大于32m的高层厂（库）房内长度大于20m的内走廊，其他厂（库）房内长度大于40m的疏散走廊。

（二）民用建筑

民用建筑的下列场所或部位，在具备自然排烟的条件下应设置自然排烟设施：

1. 歌舞娱乐放映游艺场所

歌舞娱乐放映游艺场所因其功能要求的特殊性，这类场所通常比较密闭，人员又多，一旦发生火灾，烟气不易排出，人员疏散困难，所以规范规定：设置在一、二、三层且房间建筑面积大于200m^2和设置在四层及以上楼层、地下或半地下的歌舞娱乐放映游艺场所必须设置排烟设施。

2. 房间

以尽量缩小排烟系统设置的范围为出发点，规范规定：面积超过100m^2，且经常有人停留或可燃物较多的房间需设置排烟设施，例如：多功能厅、餐厅、会议室、公共场所及书库、资料室、贵重物品陈列室、商品库、计算机房、电信机房等场所。

3. 地下建筑（室）

总建筑面积小于200m^2或一个房间建筑面积小于50m^2，且经常有人停留或可燃物较多的地下或半地下建筑（室）宜设置自然排烟设施。

无论是附建于建筑内的地下建筑还是独立建造的地下建筑，都不同于地上建筑。地下、半地下建筑（室）中自然采光和自然通风条件差，对流条件差，火灾过程中缺乏充足的空气补充，可燃物燃烧慢、烟气多、升温快、能见度降低很快，大大增加人员恐慌心理，对安全疏散十分不利。因此地下、半地下建筑（室）的排烟系统设置要求比地上建筑严格。对设有窗井等可采用开窗自然排烟措施的房间，其开窗面积如果能满足自然排烟的要求，就可以选择自然排烟以保证地下、半地下建筑（室）的安全。

4. 中庭、剧场舞台

净空高度小于 12m 的中庭或剧场舞台，且可设置天窗或高侧窗直通室外时，可采用自然排烟方式。

中庭在建筑中往往贯通数层，火灾时能使火势和烟气迅速蔓延，易在较短时间内充填或弥散到整个中庭，并通过中庭扩散到相邻空间。因此，中庭的排烟需结合中庭与相连通空间的特点和火灾荷载的大小与燃烧特性等采取有效的控制方法。当室内中庭净空高度超过 12m 时，就不能采取可开启的高侧窗进行自然排烟，其原因是烟气上升时存在“层化”现象。所谓“层化”现象是当建筑物较高而火灾温度较低（火灾初期的烟气温度一般为 50 ~ 60℃），或在高温烟气上升流动中过冷（如空调影响），使得部分烟气不再竖向上升，半途改变方向并停留在水平方向。也就是烟气过冷后其密度加大，当它升至与其空气密度相等的高度时，便折转成水平方向扩展而不再上升。上升到一定高度的烟气随着温度的降低又会下降，使得烟气无法从高侧窗排出室外。

5. 疏散通道

（1）内走廊　据火灾实地观测，人在浓烟中低头掩鼻的最大通行距离为 20 ~ 30m。前苏联的防火设计规范规定：内廊式住宅的走廊长度超过 15m 时，在走廊中间必须设置排烟设备。德国的防火设计规范规定：高层住宅建筑中的内廊每隔 15m 应用防烟门隔开，每个分隔段必须有直接通向楼梯间的通道，并应直接采光和自然通风。参考国外资料及火灾实地观测的结果，我国防火设计规范规定长度超过 20m 的内走廊应设置排烟设施。

（2）防烟楼梯间、前室

1）建筑高度不超过 50m 的公共建筑和建筑高度不超过 100m 的居住建筑的下列场所或部位，在具备自然排烟的条件下宜设置自然排烟设施：

① 防烟楼梯间及其前室。

② 消防电梯间前室或合用前室。

③ 避难走廊的前室。

2）建筑高度不大于 50m 的公共建筑、工业建筑和建筑高度不大于 100m 的住宅建筑，当其前室或合用前室符合下列要求时，其楼梯间可不设置防烟设施：

① 敞开的阳台、凹廊作为前室或合用前室，如图 5-8 所示。

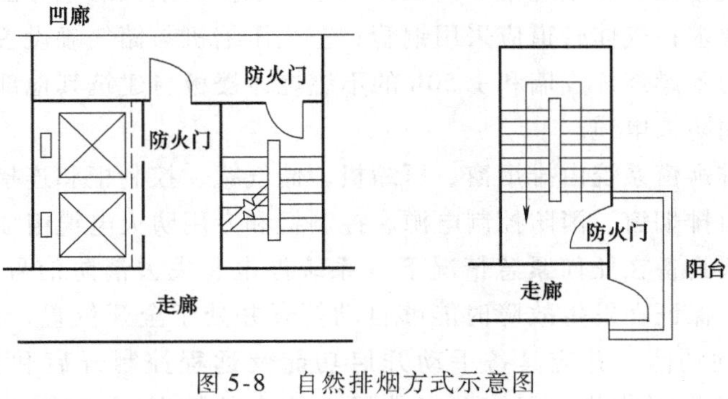

图 5-8　自然排烟方式示意图

② 具有不同朝向可开启外窗的前室或合用前室，且可开启外窗的面积不小于规范规定的自然排烟口面积，如图 5-9 所示。

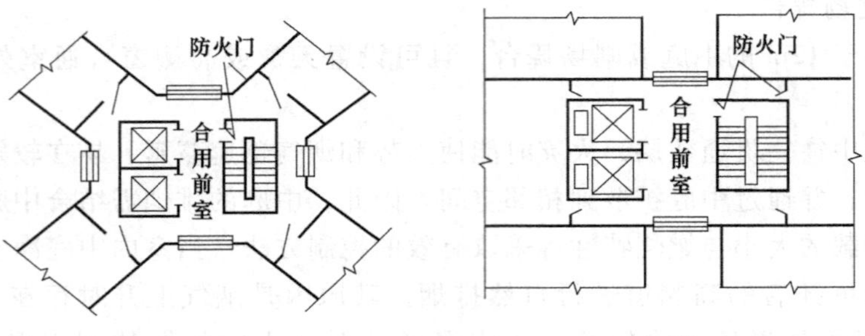

图 5-9　有可开启外窗的（合用）前室示意图

a）四周有可开启外窗的前室　b）两个不同朝向有开启外窗的前室

6. 汽车库、修车库

面积不超过 $2000m^2$ 的汽车库、修车库宜设置自然排烟系统。

二、自然排烟口的设置

自然排烟口包括固定排烟窗（口）、手动可开启外窗（口）、自动排烟窗（口）。

自然排烟区域内的任一点至最近的排烟口中心点的距离不应大于 30m。

自动排烟窗应设置在储烟仓的顶部或外墙上，当设置在外墙上时，其底边设置高度不应低于储烟仓的下沿，且应沿着火灾气流方向开启。

设置在外墙上的单开式自动排烟窗应采用下旋外开式；设置在屋面上的自动排烟窗宜采用对开式或百叶式。

设置自动自然排烟系统的场所应设置补风系统，补风系统可采用机械通风或自然通风方式。

补风口位置宜设在同一空间内相邻的防烟分区内，且远离排烟口，两者水平距离不应小于 5m。如果补风口与排烟口设置在同一防烟分区时，补风口应设置在储烟仓下沿以下，且与排烟口的水平距离不应小于 1.5m。

自动排烟区域所需的补风系统应与排烟系统联动开启。

自动排烟窗储气罐储气容量应至少满足排烟系统承担的最大防烟分区设置的所有排烟窗开启及关闭 3 次的要求；气体管道应采用铜管；空气压缩机与储气罐设置的场所应采用耐火极限不低于 2.00h 的不燃烧体隔墙和 1.50h 的不燃烧体楼板与建筑其他部分隔开。电控型自动排烟窗应采用专用防火电缆。

气动控制自动排烟窗系统由排烟窗、压缩机、储气罐、控制柜和连接铜管组成。电动控制自动排烟窗系统由排烟窗、消防控制电源、控制柜和专用防火电缆组成。

自动排烟窗必须具备在任何紧急情况下（系统停电、失去消防信号等）都能正常工作的防失效保护功能，保证在发生故障时能够自动打开并处于全开位置；自动排烟窗应具备与火灾报警系统联动功能，并应具备手动开启功能及远程控制开启和关闭功能；自动排烟窗应能承受一定的风压荷载，即使在室外风力较大的情况下仍能正常开启，所以还应具备一定的抗风功能；当自动排烟窗安装在房顶时，还应具备一定的防雨水及抵抗冰雪影响的性能。

三、自然排烟口有效面积的确定

自然排烟口尺寸的理论计算是比较麻烦的，而且由于火灾本身将随周围条件变化，因此要使理论计算得到准确的结果也是很困难的。在实际设计中，往往是根据一般条件制定的规范所确认的设计标准来确定自然排烟口的有效尺寸。自然排烟口有效面积规范规定应满足下列要求，见表5-4：

表5-4　自然排烟部位及自然排烟口有效面积

自然排烟部位	自然排烟口有效面积
靠外墙的防烟楼梯间	每5层之和≥$2m^2$
防烟楼梯间前室	≥$2m^2$
消防电梯间前室	≥$2m^2$
合用前室	≥$3m^2$
房间	≥地面面积的2%
内走廊	≥地面面积的2%
净空高度小于12m的中庭	≥地面面积的5%
剧场舞台	≥地面面积的5%
其他场所	建筑面积的2%～5%

1）靠外墙的防烟楼梯间，每5层内自然排烟口有效面积之和不应小于$2.0m^2$。为了更快更好地将火灾烟气排至室外，上海市工程建设规范《建筑防排烟技术规程》（DGJ 08—88—2006）还规定：除满足上述条件外，靠外墙的防烟楼梯间顶层宜设有不小于$0.80m^2$的可开启外窗。

2）防烟楼梯间前室及消防电梯间前室，自然排烟口有效面积不应小于$2.0m^2$，合用前室不应小于$3.0m^2$。

3）需要排烟的房间和疏散内走廊，自然排烟口有效面积分别不应小于该房间和内走廊地面面积的2%。

4）净空高度小于12m的中庭、剧场舞台，自然排烟口有效面积不应小于该中庭或剧场舞台地面面积的5%。

5）其他场所，宜取该场所建筑面积的2%～5%。

四、自然排烟口的选型

在有些情况下，自然排烟口是全敞开式的，即常年敞开，不论系统运行或停用，自然排烟口都畅通无阻。但在大多数情况下，自然排烟口都设有开关装置，当系统运行时，开关打开；而当系统停用时，开关关闭。这样做有几个好处，首先是在系统停用期间，可防止小动物（如老鼠、麻雀等）进入系统中，也可防止人为丢入某些杂物，对整个系统的安全有利；其次，更主要的是，在一些特定的情况下，如当建筑物的某部位发生火灾时，并不是全建筑的自然排烟口都同时开放，而是按火灾的发生情况和烟气的蔓延扩散情况有秩序地开放，从而达到良好的排烟效果。所以，自然排烟口一般不仅设有手动开关装置，而且设有自动开关装置。自动排烟窗（口）又分为电动采光排烟天窗（口）和电动控制排烟侧窗（口）。

（一）电动采光排烟天窗（口）

按照《电动采光排烟天窗》（JG/T 189—2006）的规定，电动采光排烟天窗即建筑上用于自然采光、排烟、通风的电动天窗，按控制方式共分为通用控制型（代号为 T）、自动控制型（代号为 Z）和智能网络控制型（代号为 W）三类；按构造共分为五类：

1）三角型天窗，代号为 1，如图 5-10 所示。

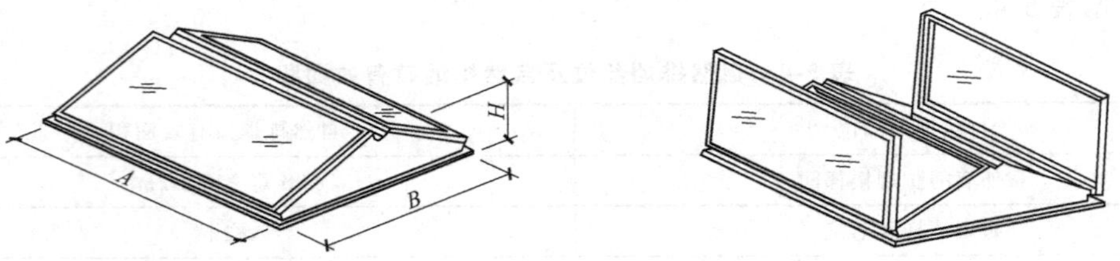

a)　　b)

图 5-10　三角型天窗

a）关闭状态　b）开启状态

2）一字型天窗，代号为 2，如图 5-11 所示。

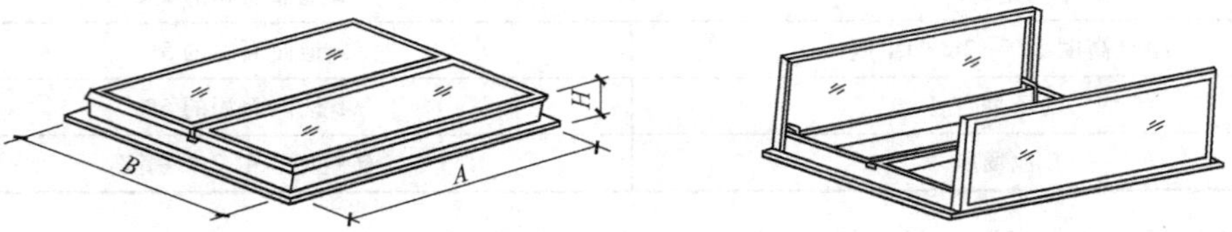

a)　　b)

图 5-11　一字型天窗

a）关闭状态　b）开启状态

3）圆拱型天窗，代号为 3，如图 5-12 所示。

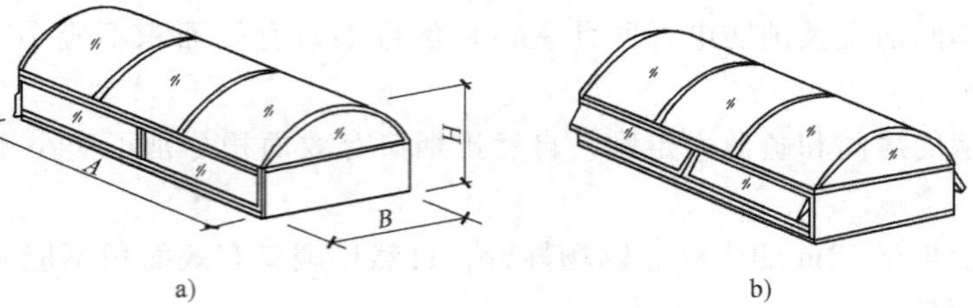

a)　　b)

图 5-12　圆拱型天窗

a）关闭状态　b）开启状态

4）避风型天窗，代号为 4，如图 5-13 所示。

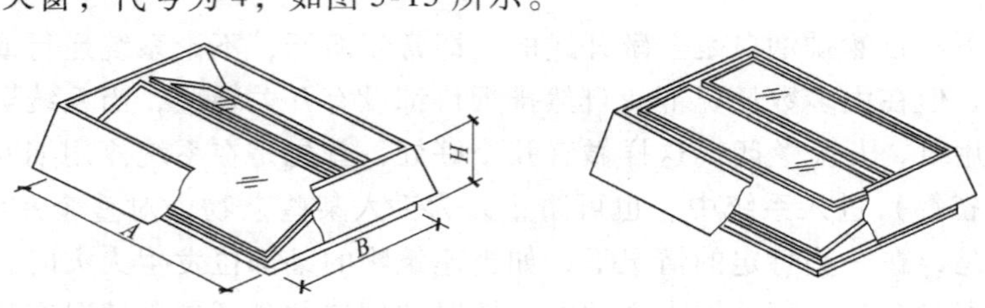

a)　　b)

图 5-13　避风型天窗

a）关闭状态　b）开启状态

5）侧开型天窗，代号为5，如图5-14所示。

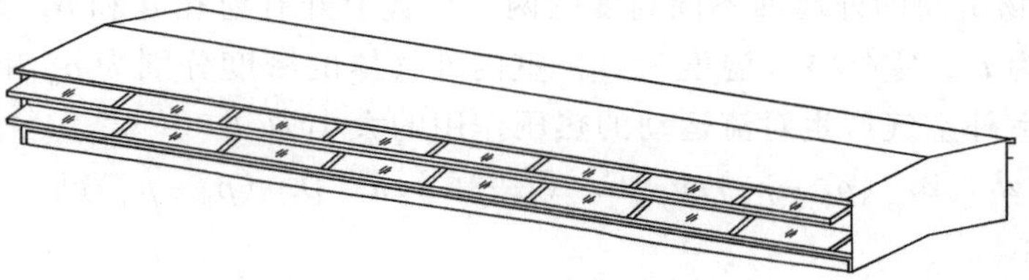

图5-14 侧开型天窗

（二）电动控制排烟侧窗（口）

我国住房和城乡建设部于2011年2月17日颁布了《建筑用电动控制排烟侧窗》（JG/T 307—2011），自2011年8月1日起实施。

目前，我国现有高层和多层民用建筑及工业厂房中成功采用自然排烟的实例很多，如北京工人体育馆的比赛大厅，顶棚最高处在中间，各面均设有排烟窗，平时用来排除大厅内的余热和废气，即起到通风换气的作用，火灾时则用于排烟。老山自行车馆地上部分分成3层，建筑高度为33.8m，赛时可容纳观众6000人，其中3000席是临时的坐席。自行车馆的钢屋架为双层球面网壳结构，水平投影直径为150m，跨度133.06m，顶部有直径达56m的可由系统自动控制开启的大天窗。

自学指导

本章学习重点：热压作用下自然排烟的基本原理；热压和风压共同作用下自然排烟的基本原理；自然排烟口的设置

1. 热压作用下自然排烟的基本原理：热压的概念、表达式；余压的概念；中性面的概念、位置、影响因素；高层建筑的中性面；热压作用下烟气流动的规律。

2. 热压和风压共同作用下自然排烟的基本原理：中性面位置的变化；临界风速及极限高度的确定。

3. 自然排烟口的设置：自然排烟设施的设置部位；自然排烟口的设置要求；自然排烟口有效面积的确定。

本章学习难点：热压作用下自然排烟的基本原理；热压和风压共同作用下自然排烟的基本原理

1. 热压作用下自然排烟的基本原理：热压的概念、表达式；中性面的概念；高层建筑的中性面、位置、影响因素；热压作用下烟气流动的规律。

2. 热压和风压共同作用下自然排烟的基本原理：中性面位置的变化；临界风速及极限高度的确定。

复习思考题

一、选择题

1. 当房间采用自然排烟时，可开启外窗面积不应小于该房间地面面积的（　　）。

A. 3%　B. 5%　C. 2%　D. 7%

2. 处于背风面的自然排烟口，当风速增大时，其中性面会（　　）。

A. 上移　B. 先上移后下移　C. 下移　D. 先下移后上移

3. 在某建筑物房间的外墙面不同高度的两个位置上开有窗孔 a 和 b，其高度差为 h。设房间内气体温度为 t_n，室外空气温度为 t_w，室内外气体的密度分别为 ρ_n 和 ρ_w。那么火灾时导致室内烟气与室外空气产生对流运动的热压作用的大小为（　　）。

A. $(t_w - t_n)gh$　B. $(\rho_w - \rho_n)gh$　C. $(t_n - t_w)gh$　D. $(\rho_n - \rho_w)gh$

二、简答题

1. 自然排烟方式的优缺点是什么？
2. 通过自然排烟口的烟气流量与哪些因素有关？
3. 中性面的位置受哪些因素影响？
4. 试说明自然排烟口有效面积的确定方法。
5. 自然排烟口的设置有哪些要求？

三、论述题

试分析热压作用下火灾烟气扩散流动的规律。

第六章　建筑中的机械排烟方式

学习目标

1. 应了解、知道的内容：

• 机械排烟系统的工作方式。

• 机械排烟量的确定方法。

• 利用机械排烟口的设置要求评估不同场所排烟口设置的有效性。

2. 应理解、清楚的内容：

• 机械排烟的基本原理，包括机械排烟的概念、优缺点和系统的工作方式。

3. 应掌握、会用的内容：

• 机械排烟的适用范围，包括高层民用建筑、人民防空工程、汽车库和其他建筑的具体使用。

• 机械排烟口的设置要求。

4. 应熟练掌握的内容：

• 熟练运用机械排烟量的确定方法解决实际工程中的问题。

• 熟练运用机械排烟口的设置要求解决实际工程中的问题。

自学时数　8 学时。

老师导学

本章通过阐述机械排烟的基本原理，揭示了机械排烟系统中存在的具体问题，提出了机械排烟系统工作方式概念，阐释机械排烟的优点和缺点；然后给出机械排烟量确定方法；最后介绍如何设置机械排烟口，如机械排烟口的面积和布置等。本章的内容主要是对机械排烟的适用范围和机械排烟量的确定进行详细的介绍。本章的学习应重在应用，熟悉机械排烟量的确定方法以及机械排烟口设置的具体要求。

第一节　机械排烟的基本原理

机械排烟方式是按照通风气流组织的理论，借助机械排烟风机抽吸着火区域中所产生的高温烟气，并通过排烟管道、排烟口等部件将其强制排至室外的排烟方式。有关资料显示，一个设计优良的机械排烟系统在火灾时能排出 80% 的热量，使火场温度大大降低，从而对人员安全疏散、控制火灾的蔓延和火灾扑救起到积极的作用。

为了有效控制烟气的蔓延扩散，防止烟气由着火层或着火区向非着火层和非着火区泄漏，必须使着火层或着火区的压力比相邻楼层或区域的压力低。若着火层或着火区的烟气生成量小于排烟量，将在建筑内部造成一定的负压。负压值大于着火层或着火区的压力上升值，就可以有效地防止着火层或着火区的烟气向非着火层或非着火区扩散，从而确保疏散时间和疏散通道的安全。

一、机械排烟系统的工作方式

按照排烟控制范围，机械排烟可以分为局部排烟和集中排烟两种形式。

（一）局部机械排烟

局部机械排烟是在每个需要排烟的部位设置独立的排烟风机，直接进行排烟。当某个房间着火时，就启动该房间的排烟风机运转，实现负压机械排烟，如图 6-1 所示。这种方式由于投资高，排烟风机分散，维护管理比较麻烦，费用也高，故只适用于不能设置竖向排烟管道的场合或旧式建筑物的防排烟技术改造中。

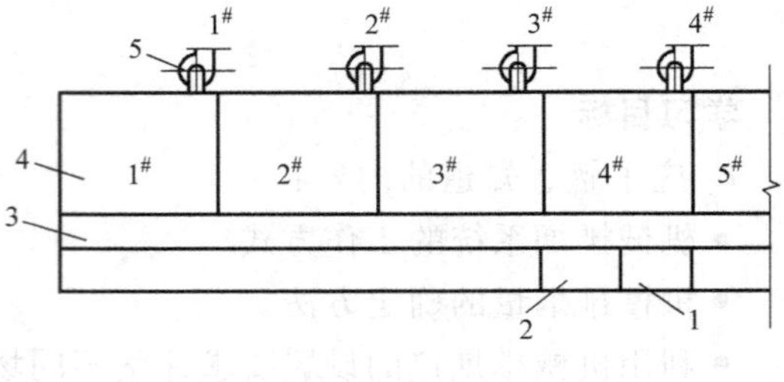

图 6-1　局部机械排烟示意图

1—楼梯间　2—前室　3—走廊　4—房间　5—排烟风机

（二）集中机械排烟

集中机械排烟系统是由挡烟垂壁（活动式或固定式）、防火阀、排烟口、排烟管道、排烟风机以及电气控制等设备组成的，如图 6-2 所示。通常是把建筑物划分为若干个系统，每个系统设置一台大型排烟风机，系统内各个房间的烟气通过排烟口进入排烟管道引入排烟风机直接排至室外。这种排烟方式已成为目前普遍采用的机械排烟方式。

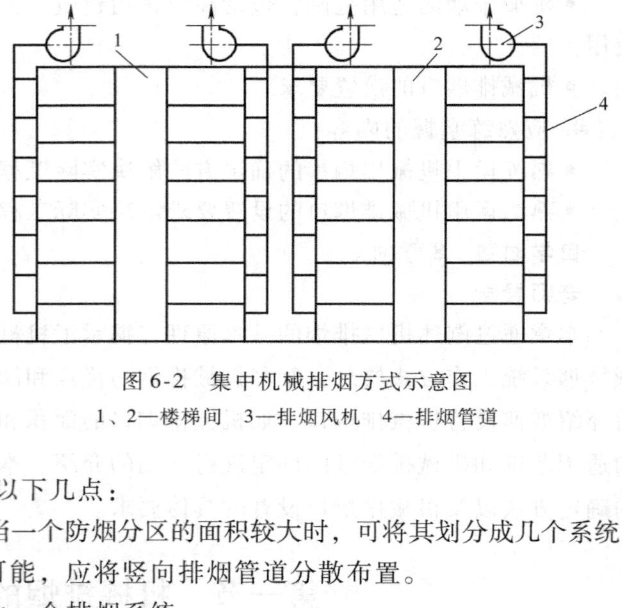

图 6-2　集中机械排烟方式示意图

1、2—楼梯间　3—排烟风机　4—排烟管道

建筑物排烟系统的划分形式直接影响到设备投资和排烟效果的好坏，所以在划分集中排烟系统时应注意以下几点：

1）排烟系统的建筑面积不宜过大。当一个防烟分区的面积较大时，可将其划分成几个系统。

2）尽量缩短水平排烟管道，如有可能，应将竖向排烟管道分散布置。

3）必须把重要的疏散通道单独作为一个排烟系统。

4）对于超高层建筑，特别是建筑高度超过 200m 时，为不使一套排烟系统负担过大的排烟区域，尤其是为防止竖向排烟管道的烟囱效应而造成排烟风机超负荷危险，常将高层建筑分为上下两个或多个系统，如图 6-3 所示。

5）处于同一排烟系统中的防烟分区面积应尽可能相等，即每个防烟分区的排烟量不要相差太大。

二、机械排烟的优点

机械排烟能克服自然排烟受外界气象条件以及高层建筑热压作用影响的缺点，排烟效果比较稳定，特别是火灾初期。机械排烟方式的根本作用在于能及时而有效地排除着火层或着火区的烟气，使着火区压力下降，形成负压，结合空气自然对流补风或者机械送风，控制建

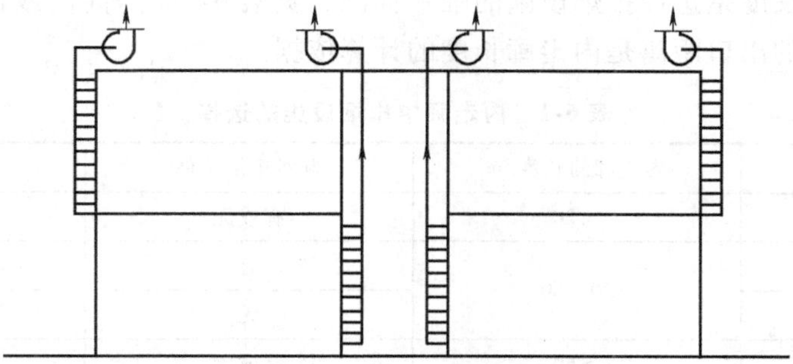

图 6-3　超高层建筑的竖向排烟系统

筑内冷空气和高温烟气的流动路线，控制烟气向其他区域扩散，能为非着火层或区域的人员疏散、消防队员灭火战斗的开展以及物资的安全转移在时间上和空间上创造条件。

三、机械排烟的缺点

（1）在火灾猛烈阶段排烟效果可能大大降低　尽管在确定排烟风机的容量时总是留有余量，但在火灾进入猛烈发展阶段后，烟气大量产生，可能出现烟气的生成量短时内超过排烟风机排烟量的情况，使着火房间内形成正压，从而使烟气扩散到非着火区中，这时排烟效果可能大大降低。

（2）排烟设备必须耐高温　火灾初期，烟气温度较低；随着火灾的发展，烟气温度逐渐升高；火灾猛烈发展阶段，着火房间内的烟气温度可能高达 600 ~ 1000℃，要求排烟风机和排烟管道承受如此高的温度是不可能的。通常来说，只要求排烟风机在 280℃ 时能够连续运行 30min。为保证排烟设备的安全可靠，必须对排烟设备采取相应的技术措施：第一，可在排烟风机入口处设置超温自动关闭装置，当烟气温度超过 280℃ 时，自动关闭排烟设备，切断系统，停止排烟；第二，排烟风机在结构上必须有冷却装置，如轴承的水冷却装置等；第三，排烟管道在敷设时应考虑绝热防火结构等。

（3）初期投资和维修费用高　为了使建筑物的任何一个房间或部位发生火灾时都能有效地进行排烟，必须合理地布置排烟口和排烟管道，选择风量适合且满足耐高温性能要求的排烟风机，配备安全可靠的控制系统。因此机械排烟系统不但初期投资高，而且维护管理费用也高。

第二节　机械排烟的适用范围

在建筑不具备自然排烟条件或者根据建筑的使用性质（如极为重要、豪华等）、投资条件许可等情况，其防火要求较高时，需要设置机械排烟系统。针对不同类型的建筑，需要设置机械排烟的部位是不同的。

一、高层民用建筑设计防火规范

《高层民用建筑设计防火规范》（GB 50045—1995）第 8.4.1 条明确规定，一类高层建筑和建筑高度超过 32m 的二类高层建筑的下列部位，应设置机械排烟设施：

1）无直接自然通风，且长度超过 20m 的内走廊或虽有直接自然通风，但长度超过 60m

的内走廊。内走廊长度是选择排烟设施的唯一标准，见表6-1。房间门或住宅户门至相邻安全出口中距离最远的出口距离是内走廊长度的计算依据。

表6-1　内走廊中排烟设施的选择

序号	内走廊的长度/m	自然排烟条件	排烟设施类型
1	<20	有或无	不设
2	20～60	有	自然排烟
3		无	机械排烟
4	>60	有或无	机械排烟

2）面积超过100m²，且经常有人停留或可燃物较多的地上无窗房间或设固定窗的房间。在高层建筑内，房间排烟设施的选择应根据实际情况确定采用自然排烟设施或机械排烟设施，见表6-2。

表6-2　房间排烟设施选择情况一览表

序号	房间条件			自然排烟条件	排烟设施
	建筑(或占地)面积/m²	经常有人停留	可燃物数量		
1	地上房间≤100	是或否	多或少	有或无	不设
2	地上房间>100	是	多或少	有	自然排烟
3				无	机械排烟
4		否	多	有	自然排烟
5				无	机械排烟
6		否	少	有或无	不设

3）不具备自然排烟条件或净空高度超过12m的中庭。

4）除利用窗井等开窗进行自然排烟的房间外，各房间总面积超过200m²或一个房间面积超过50m²，且经常有人停留或可燃物较多的地下室。地下室发生火灾时，疏散扑救比地上建筑困难得多，因为火灾时，高温烟气会很快充满整个地下室。如某饭店地下室和某地下铁道发生火灾时，消防队员在浓烟、高温的情况下，很难接近火源进行扑救，所以对地下室的防火要求应严格一些。对设有窗井等可采用开窗自然排烟措施的房间，其开窗面积如果不能满足自然排烟的要求，就需要选择机械排烟以保证地下室的安全。

随着我国经济水平和管理水平的提高，对于某些场所，在有条件时，虽具备自然排烟条件也宜采用机械排烟。对于没有自然排烟条件或无法满足自然排烟口面积要求，以及特殊人员密集场所等情况，必须设置机械排烟设施。例如，中华人民共和国公安部第39号令《公共娱乐场所消防安全管理规定》中第十三条规定："在地下建筑内设置公共娱乐场所，除符合本规定其他条款的要求外，还应当设置机械防烟排烟设施"。另外，根据以往的火灾教训，为切实保障人员生命安全，规范规定了建筑中的歌舞娱乐放映游艺场所应当设置防排烟设施。由于这类场所因功能要求通常较为密闭，因此一般宜采用机械排烟方式。

二、人民防空工程设计防火规范

《人民防空工程设计防火规范》（GB 50098—2009）第6.1.2条明确规定，下列场所除符合本规范第 6.1.3 条和第 6.1.4 条的规定外，应设置机械排烟设施：

1）总建筑面积大于 200m² 的人防工程。

2）建筑面积大于 50m²，且经常有人停留或可燃物较多的房间。

3）丙、丁类生产车间。

4）长度大于 20m 的疏散走廊。

5）歌舞娱乐放映游艺场所。

6）中庭。

三、汽车库、修车库、停车场设计防火规范

《汽车库、修车库、停车场设计防火规范》（GB 50067—1997）第 8.2.1 条明确规定：面积超过 2000m² 的地下汽车库应设置机械排烟系统。机械排烟系统可与人防、卫生等排气、通风系统合用。

汽车库的类别和建筑面积是排烟设施选型的两大要件，见表 6-3。按照规范规定，如果地下汽车库超过 2000m² 应设置机械排烟措施，敞开式汽车库、有窗和无窗的汽车库，如不满足自然排烟要求，即自然排烟口面积和布置的条件不能保证，也应考虑机械排烟方式。

表 6-3　汽车库排烟设施的选择

<table>
<tr><th>序号</th><th colspan="2">汽车库的类别</th><th>汽车库的建筑面积/m²</th><th>自然排烟条件</th><th>排烟设施类型</th></tr>
<tr><td rowspan="4">1</td><td rowspan="4">敞开式汽车库</td><td rowspan="2">地上</td><td>≤2000</td><td rowspan="4">有</td><td rowspan="4">自然排烟</td></tr>
<tr><td>>2000</td></tr>
<tr><td rowspan="2">地下</td><td>≤2000</td></tr>
<tr><td>>2000</td></tr>
<tr><td rowspan="5">2</td><td rowspan="5">有窗的汽车库</td><td rowspan="2">地上</td><td>≤2000</td><td rowspan="2">有</td><td rowspan="2">自然排烟</td></tr>
<tr><td>>2000</td></tr>
<tr><td rowspan="3">地下</td><td>≤2000</td><td>有</td><td>自然排烟</td></tr>
<tr><td rowspan="2">>2000</td><td>有</td><td>自然排烟</td></tr>
<tr><td>无</td><td>机械排烟</td></tr>
<tr><td rowspan="5">3</td><td rowspan="5">无窗的汽车库</td><td rowspan="3">地上</td><td>≤2000</td><td>有</td><td>自然排烟</td></tr>
<tr><td rowspan="2">>2000</td><td>有</td><td>自然排烟</td></tr>
<tr><td>无</td><td>机械排烟</td></tr>
<tr><td rowspan="2">地下</td><td>≤2000</td><td>有</td><td>自然排烟</td></tr>
<tr><td>>2000</td><td>有或无</td><td>机械排烟</td></tr>
</table>

四、建筑设计防火规范

《建筑设计防火规范》（GB 50016—2006）第 9.4.1 条明确规定：设置排烟设施的场所当不具备自然排烟条件时，应设置机械排烟设施。房间和走廊具体设置的情况见表 6-4、表 6-5。

另外，《建筑设计防火规范》（GB 50016—2006）第 12.3.1 条明确规定：通行机动车的一、二、三类隧道应设置机械排烟系统。

表 6-4 房间排烟设施选择情况一览表

序号	房间类型	房间条件			自然排烟条件	排烟设施
		建筑(或占地)面积/m^2	经常有人停留	可燃物数量		
1	工业建筑	丙类厂房中地上房间≤300、丁类厂房≤5000和丙类仓库≤1000	是或否	多或少	有或无	不设
		丙类厂房中地上房间>300、丁类厂房>5000和丙类仓库>1000	是或否	多或少	有	自然排烟
					无	机械排烟
2	公共建筑	地上房间≤300	是或否	多或少	有或无	不设
		地上房间>300	是	多或少	有	自然排烟
					无	机械排烟
			是或否	多	有	自然排烟
					无	机械排烟
			否	少	有或无	不设
3	歌舞娱乐放映游艺场所	设置在一、二、三层且房间≤200	是	多	有或无	不设
		设置在一、二、三层且房间>200、设置在四层及四层以上和地下、半地下(含人防工程)	是	多	有	自然排烟
					无	机械排烟
4	地下、半地下建筑和地下室、半地下室	总建筑≤200 单个房间≤50	是或否	多或少	有或无	不设
		总建筑>200 单个房间>50	是	多或少	有	自然排烟
					无	机械排烟
			是或否	多	有	自然排烟
					无	机械排烟
			否	少	有或无	不设

表 6-5 内走廊中排烟设施的选型

序号	建筑类别	内走廊长度/m	自然排烟条件	排烟设施类型
1	人员、可燃物较多的丙类厂房，建筑高度>32m的高层厂房，公共建筑	<20	有或无	不设
2		>20	有	自然排烟
3			无	机械排烟
4	其他建筑	<40	有或无	不设
5		>40	有	自然排烟
6			无	机械排烟

第三节　机械排烟量的确定方法

一、确定机械排烟量的国家标准

（一）高层民用建筑设计防火规范

《高层民用建筑设计防火规范》（GB 50045—1995）第 8.4.2 条明确规定，设置机械排烟设施的部位，其排烟风机的风量应符合下列规定：

1）担负一个防烟分区排烟或净空高度大于 6.00m 的不划分防烟分区的房间时，应按每平方米面积不小于 $60m^3/h$ 计算（单台风机最小排烟量不应小于 $7200m^3/h$）。

2）担负两个或两个以上防烟分区排烟时，应按最大防烟分区面积每平方米不小于 $120\ m^3/h$ 计算。

3）中庭体积小于或等于 $17000m^3$时，其排烟量按中庭体积的 6 次/h 换气计算；中庭体积大于 $17000m^3$ 时，其排烟量按中庭体积的 4 次/h 换气计算，但最小排烟量不应小于 $102000\ m^3/h$。

（二）人民防空工程设计防火规范

《人民防空工程设计防火规范》（GB 50098—2009）第 6.3.1 条明确规定，采用机械排烟时，排烟风机和管道的风量计算应符合下列规定：

1）担负一个或两个防烟分区排烟时，应按该部分面积每平方米不小于 $60m^3/h$ 计算，但排烟风机的最小排烟量不应小于 $7200m^3/h$。

2）担负三个或三个以上防烟分区排烟时，应按其中最大防烟分区面积每平方米不小于 $120m^3/h$ 计算。

3）中庭体积小于或等于 $17000m^3$时，其排烟量应按中庭体积的 6 次/h 换气计算；中庭体积大于 $17000m^3$ 时，其排烟量按中庭体积的 4 次/h 换气计算，但最小排烟风量不应小于 $102000\ m^3/h$。

（三）汽车库、修车库、停车场设计防火规范

《汽车库、修车库、停车场设计防火规范》（GB 50067—1997）第 8.2.4 条明确规定：排烟风机的排烟量应按换气次数不小于 6 次/h 计算确定。

（四）建筑设计防火规范

《建筑设计防火规范》（GB 50016—2006）第 9.4.5 条明确规定：机械排烟系统的排烟量不应小于表 6-6 的规定。

表 6-6　机械排烟系统的最小排烟量

<table>
<tr><th colspan="2">条件和部位</th><th>单位排烟量/[$m^3/(h \cdot m^2)$]</th><th>换气次数/（次/h）</th><th>备注</th></tr>
<tr><td colspan="2">担负一个防烟分区</td><td rowspan="2">60</td><td rowspan="2">—</td><td rowspan="2">单台风机排烟量不应小于 $7200m^3/h$</td></tr>
<tr><td colspan="2">室内净高大于 6m 且不划分防烟分区的空间</td></tr>
<tr><td colspan="2">担负两个及两个以上防烟分区</td><td>120</td><td>—</td><td>应按最大的防烟分区面积确定</td></tr>
<tr><td rowspan="2">中庭</td><td>体积小于等于 $17000m^3$</td><td>—</td><td>6</td><td rowspan="2">体积大于 $17000m^3$ 时，排烟量不应小于 $102000m^3/h$</td></tr>
<tr><td>体积大于 $17000m^3$</td><td>—</td><td>4</td></tr>
</table>

二、单位排烟量法

我国现行规范对房间和走廊机械排烟量的确定，是根据机械排烟系统所担负的防烟分区数量的不同，以防烟分区地面面积作为计算排烟量的基础，同时规定了单位时间单位面积上的排烟量指标。按照防烟分区面积指标计算机械排烟系统的排烟量方便、快捷，是应用最广泛的方法。对于任何一个防烟分区来说，其排烟量计算公式为

$$Q_{py} = vF_i \tag{6-1}$$

式中 F_i——防烟分区的地面面积（m^2）；

v——单位时间单位面积上的排烟量（$m^3/m^2 \cdot h$）。

在应用中需要说明的是：

1）走廊排烟面积即为走廊的地面面积与连通走廊的无窗房间或设固定窗的房间面积之和，不包括有开启外窗的房间面积。同一防火分区内连接走廊的门可以是普通门。

2）一个排烟系统可以担负多个防烟分区。选择排烟风机时应附加漏风系数，一般为10%～30%。排烟系统的管道应按最不利条件考虑，也就是按最远两个排烟口同时开启的条件计算。

3）当排烟风机担负两个或两个以上防烟分区时，排烟量应按最大防烟分区面积每平方米不小于120m^2/h计算，这里指的是选择排烟风机的排烟量，并不是把防烟分区排烟量加大一倍（对每个防烟分区的排烟量仍然按防烟分区面积每平方米不小于60m^3/h计算），而是当排烟风机不论是水平方向或垂直方向担负两个或两个以上防烟分区的排烟时，只按两个防烟分区同时排烟确定排烟风机的风量。

三、换气次数法

对于中庭、剧场舞台、礼堂、体育馆、汽车库等大空间场所，规范提出以排烟空间的体积为控制体，以单位时间换气次数的体积换气量作为排烟量的计算方法。

1. 中庭、剧场舞台、礼堂、体育馆

中庭、剧场舞台、礼堂、体育馆体积小于17000m^3时，按6次/h的体积换气量计算；中庭、剧场舞台、礼堂、体育馆体积大于17000m^3时，按4次/h的体积换气量计算，但不小于102000m^3/h。

2. 汽车库、修车库、停车库

按每一个防烟分区的体积计，每个防烟分区面积不大于2000m^2，体积换气量不小于6次/h计。

四、分析预测法

烟气运动模型分析预测法确定机械排烟系统排烟量，是在对火灾羽流烟气生成量进行计算的基础上，按排烟面积确定系统排烟量。有关建筑火灾羽流烟气生成量的公式有很多，这些公式是在一定的理论基础上提出一些假设条件，进行大量试验后拟合大量数据得到的，其中以Zukoski羽流模型、Heskestad羽流模型、McCaffrey羽流模型以及Thomas-Hinkley羽流模型等较为著名。这些模型主要应用于规范不能涵盖的一些特殊建筑中，作为火灾安全性能和人员安全疏散时间的评估。在一般的常规建筑中由于不做性能化分析，也就不采用此

方法。

在对建筑火灾的烟气运动进行分析预测时，常需设定火源的热释放速率、火源的线性尺寸和烟气层界面高度，才能对羽流烟气生成量进行计算。下面以美国消防协会标准《商业街、中庭及大空间烟气控制系统设计指南》（NFPA92B）推荐公式为例进行介绍。火灾烟气生成量的推荐计算公式如下

$$\dot{m}_p = 0.071\dot{Q}_c^{1/3}z^{5/3} + 0.0018\dot{Q}_c \qquad z > z_l \tag{6-2}$$

$$\dot{m}_p = 0.032\dot{Q}_c z \qquad z < z_l \tag{6-3}$$

$$z_l = 0.166\dot{Q}_c^{2/5} \tag{6-4}$$

式中 $\dot{m}_p$——在羽流 z 高度处，烟气的质量生成量（kg/s）；

$\dot{Q}_c$——火源热释放速率中的对流换热部分，取火源热释放速率的70%（kW）；

z_l——平均火焰高度，由式（6-4）计算得出（m）；

z——为距离火源的高度（m）。

在上述所有羽流公式中，均假设羽流性质与燃料类型无关。不同类型的燃料，其烟气生成量的差别仅以热释放速率 $\dot{Q}$ 或 $\dot{Q}_c$ 的形式体现出来。

上面所介绍的羽流模型均是以火灾位于建筑物的中部为基础建立的，这种羽流可近似为轴对称羽流。但当火源处在不同位置时，受到火源周围建筑结构的影响，羽流的质量流量将发生变化。当火源发生在靠墙、靠角处时，由于火风压的影响火羽流是不对称的，其火羽流卷吸的空气量将发生显著变化。故烟气生成量应按墙边羽流、墙角羽流、窗羽流以及阳台溢羽流等形式计算。如图 6-4 所示的墙边羽流与墙角羽流的质量流量一般以 Zukoski 的轴对称羽流模型为基础，根据“镜像”原理推广计算得到。

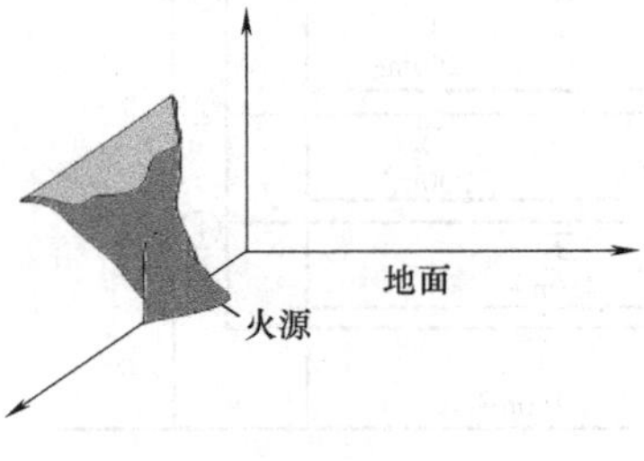

a)

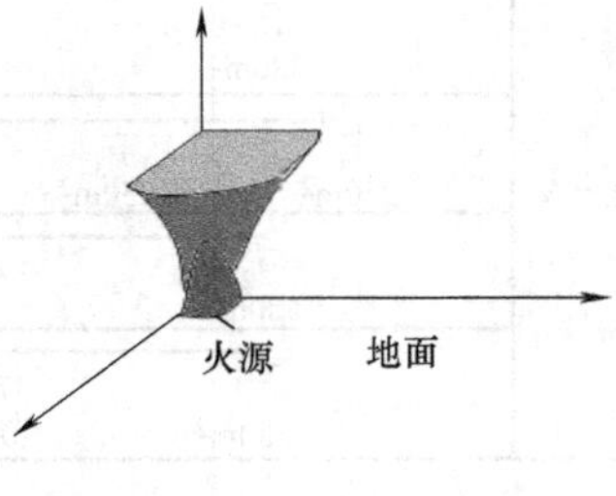

b)

图 6-4 火羽流模型

a）墙边羽流 b）墙角羽流

假设轴对称羽流质量流量可表示为 $\dot{m}_p = f(\dot{Q}, z)$，则墙边羽流与墙角羽流的质量流量可分别表示为

$$\dot{m}_p = \frac{1}{2}f(2\dot{Q}, z) \tag{6-5}$$

$$\dot{m}_p = \frac{1}{4}f(4\dot{Q}, z) \tag{6-6}$$

需要指明的是，只有当火源边缘完全贴靠在墙壁时上式才近似成立。1991 年 Williamson

等人采用0.3m×0.3m的火盆进行了墙角火实验，实验结果表明，当火盆离墙角距离很小（分别为5cm和10cm）时，火焰并不会贴墙而上，基本上仍表现出轴对称火羽流的特征。因此对于图6-5a所示的这种“近墙火”，其烟气生成量的计算就不能简单地按照“镜像”模型处理成图6-5b所示的“墙边火”。对于受限火羽流，“镜像”模型这种假设是否准确、误差有多大，火源距离墙体多远其卷吸流场才不会受到影响，这些问题还有待进一步探讨。

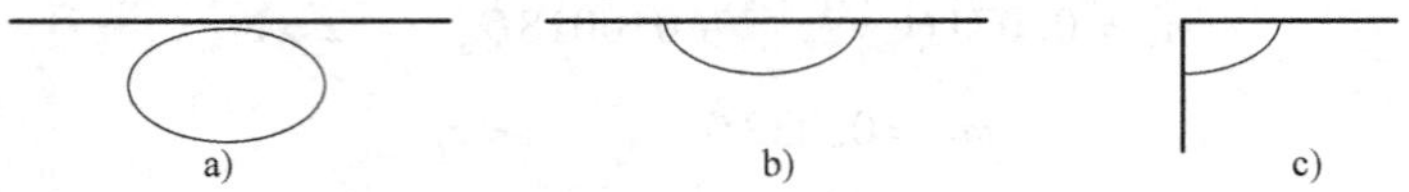

图6-5　受墙体限制火羽流“镜像”模型示意图

a）近墙火　b）墙边火　c）墙角大

此外，当火源靠近建筑物开口处时，羽流会因为受到火风压的影响而偏斜，扰乱火焰的高度和长度，致使羽流卷吸的空气量增加。假设火源为大面积火源，其火区的周长为 P_f，直径或当量直径为 D，火源靠近建筑开口且 $z>5D$，则羽流质量流量可用下式计算

$$\dot{m}_p = 0.34 P_f z^{3/2} \tag{6-7}$$

此公式只适用于计算平均火焰高度以下的羽流质量流量，当 $z<10D$ 时也可以用于计算平均火焰高度以上的羽流质量流量。

五、工程实例

以图6-6所示排烟系统为例，每个排烟口排烟量的计算及排烟管道各管段风量的分配见表6-7。

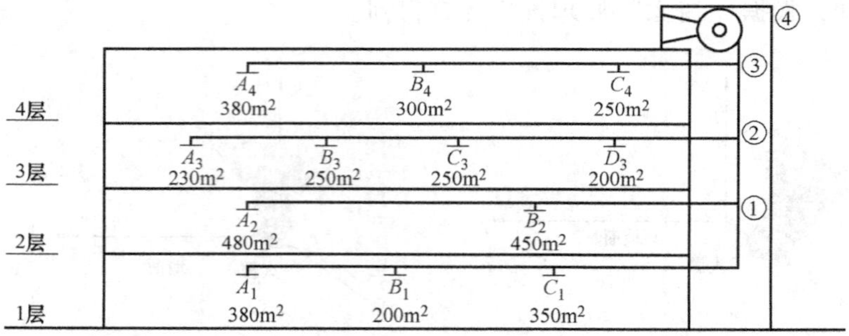

图6-6　排烟系统示意图

表6-7　排烟口排烟量的计算及排烟管道各管段风量的分配

管段	负担防烟区	通过风量/(m³/h)	备　注
$A_1 \sim B_1$	A_1	$Q_{A1}\times 60=22800$	
$B_1 \sim C_1$	A_1、B_1	$Q_{A1}\times 120=45600$	
$C_1 \sim$ ①	$A_1 \sim C_1$	$Q_{A1}\times 120=45600$	一层最大 $Q_{A1}\times 120$
$A_2 \sim B_2$	A_2	$Q_{A2}\times 60=28800$	
$B_2 \sim$ ①	A_2、B_2	$Q_{A2}\times 120=57600$	二层最大 $Q_{A2}\times 120$
① ~ ②	$A_1 \sim C_1$、A_2、B_2	$Q_{A2}\times 120=57600$	一、二层最大 $Q_{A2}\times 120$
$A_3 \sim B_3$	A_3	$Q_{A3}\times 60=13800$	

（续）

管段	负担防烟区	通过风量/(m^3/h)	备　注
$B_3 \sim C_3$	A_3、B_3	$Q_{B3} \times 120 = 30000$	
$C_3 \sim D_3$	$A_3 \sim C_3$	$Q_{B3} \times 120 = 30000$	
D_3 ~②	$A_3 \sim D_3$	$Q_{B3} \times 120 = 30000$	三层最大 $Q_{B3} \times 120$
②~③	$A_1 \sim C_1$、A_2、B_2、$A_3 \sim D_3$	$Q_{A2} \times 120 = 57600$	一、二、三层最大 $Q_{A2} \times 120$
$A_4 \sim B_4$	A_4	$Q_{A4} \times 60 = 22800$	
$B_4 \sim C_4$	A_4、B_4	$Q_{A4} \times 120 = 45600$	
C_4 ~③	$A_4 \sim C_4$	$Q_{A4} \times 120 = 45600$	四层最大 $Q_{A4} \times 120$
③~④	$A_1 \sim C_1$、A_2、B_2、$A_3 \sim D_3$、$A_4 \sim C_4$	$Q_{A2} \times 120 = 57600$	全体最大 $Q_{A2} \times 120$

第四节　机械排烟口的设置要求

当用隔墙或挡烟垂壁划分防烟分区时，每个防烟分区应分别设置机械排烟口。当一个防烟分区内设置多个排烟口时，各排烟口之间应有联动装置，当任何一个排烟口开启时，其他排烟口能随之开启，并联动排烟风机。各排烟口的排烟量总和应满足该防烟分区排烟量总和的要求。

一、机械排烟口的流动特性

如图 6-7 所示为一宽度为 b_2 的条缝形排烟口外的气流速度分布。显而易见，吸入气流的流动特性是从吸气口端向外速度衰减很快，等速度线呈圆弧形分布。当吸气口入口端面处的气流速度为 W_2 时，在吸气口中心轴线上 $x = 2b_2$ 处，气流速度仅为 $W_m = 0.1W_2$。这就意味着，若要在离吸气口一定距离处产生一定的气流速度，需要相当大的吸气量才能达到。吸入气流的这一特性给机械排烟口的设计指明了方向，即机械排烟口必须位于烟气流动路线的下游，并且垂直于烟气流的宽度布置。

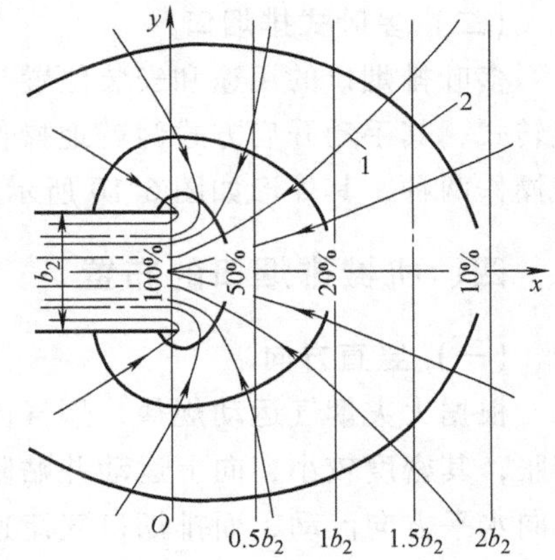

图 6-7　排烟口外的气流速度分布图
1—流线　2—等速度线

二、机械排烟口的有效面积

机械排烟口的有效面积是指有烟气流过的开启部分的流通截面面积，这是机械排烟口最基本的性能指标之一，是选择机械排烟口具体规格尺寸的依据。

对于每个防烟分区来说，机械排烟口的总流通面积为

$$f_{py} = Q_i / 3600 w_y \tag{6-8}$$

式中　Q_i——单个防烟分区的排烟量（m^3/h）；

w_y——排烟口处烟气的排出速度（m/s）。

《建筑设计防火规范》（GB 50016—2006）规定烟气通过排烟口有效断面时的速度不应大于 10m/s，设计时可以取 10m/s 进行计算。机械排烟的排烟速度不宜过高，原因一方面是会使排烟口局部阻力过大；另一方面会使卷吸到排烟管道中的空气量大大增加，排烟系统的效率会大大降低，如图 6-8 所示。通常一个防烟分区的最大地面面积为 $500m^2$，根据式（6-8）可以得出一个防烟分区的排烟口总有效面积不应小于 $0.83m^2$。单个排烟口的最小面积应由一个防烟分区内的排烟口数量确定，但考虑到便于检查，排烟口的面积一般不应小于 $0.04m^2$。

三、机械排烟口的形式

（一）板式排烟口

板式排烟口常用于走廊或房间的排烟，安装在建筑物的墙面或顶板上。板式排烟口的开关形式为单横轴旋转式，这种排烟口的手动方式为远距离操作，其外形如图 6-9 所示。

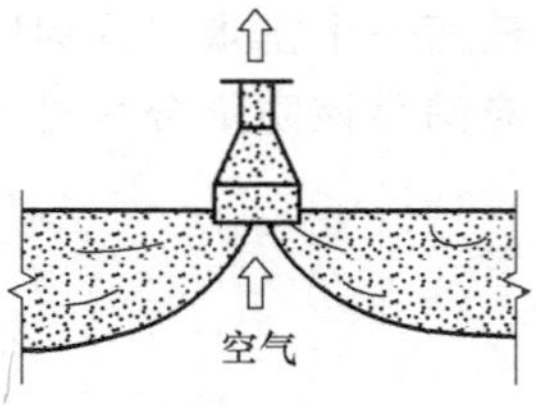

图 6-8　排烟口吸入情况

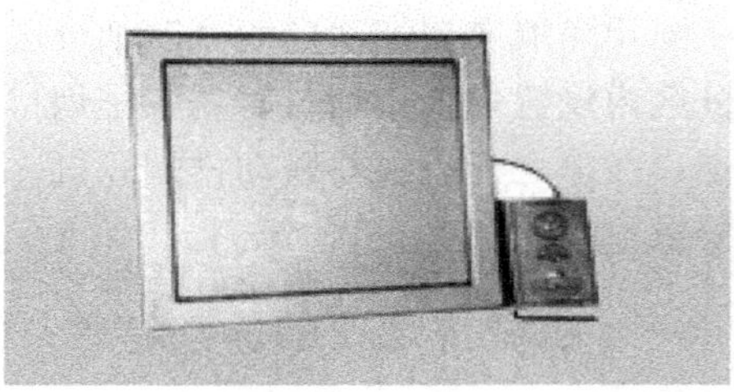

图 6-9　板式排烟口外形图

（二）多叶式排烟口

多叶排烟口的用途和安装位置与板式排烟口相同，其开关形式有多横轴旋转式和多纵轴旋转式，其手动开启方式为就地操作和远距离操作两种，其外形如图 6-10 所示。

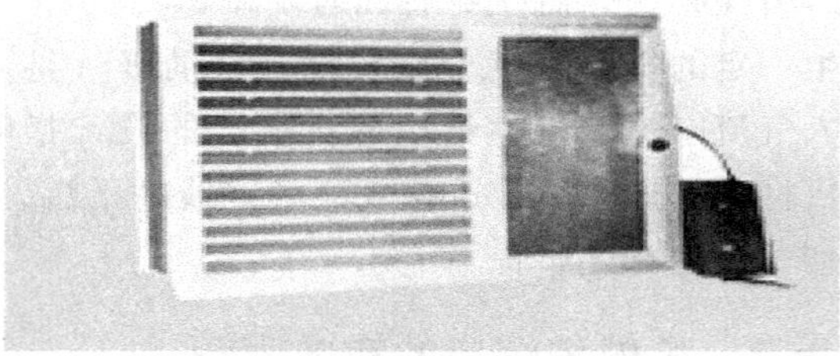

图 6-10　多叶式排烟口外形图

四、机械排烟口的布置

（一）竖直方向

根据火灾烟气运动规律，烟气因受热而膨胀，其密度较小，向上运动并贴附在顶棚上向水平方向流动，而排烟口气流速度衰减得又很快，因此排烟口应尽量设在顶棚上，以利于烟气的排出。无法设置在顶棚上时，为了保证排烟口的有效开口面积，机械排烟口也要求尽量设置在较高的、靠近顶棚的墙面上。对于顶棚高在 3m 以下的建筑物，排烟口必须设置在距顶棚 800mm 以内的墙面上；对于顶棚高度超过 3m 的建筑物，排烟口可设在距地面 2.1m 的高度上，或者设置在地面与顶棚之间 1/2 高度以上的墙面上，如图 6-11 所示。

（二）水平方向

实际上，排烟口的平面布置在很大程度上受到建筑结构及排烟管道布置的限制，在具体

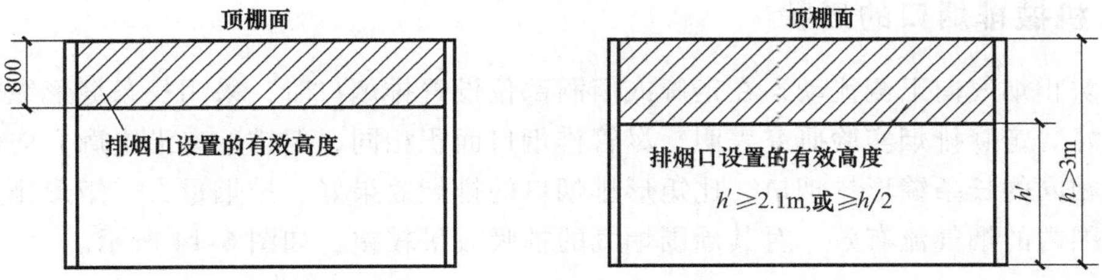

图 6-11 排烟口设置的有效高度

布置上是需要精心设计的。为了保证良好的排烟效果，水平方向上排烟口到该防烟分区最远点的水平距离不应超过 30m，这里的水平距离指的是烟气流动路线的水平长度。房间与走廊排烟口至防烟分区最远点的水平距离如图 6-12 所示。

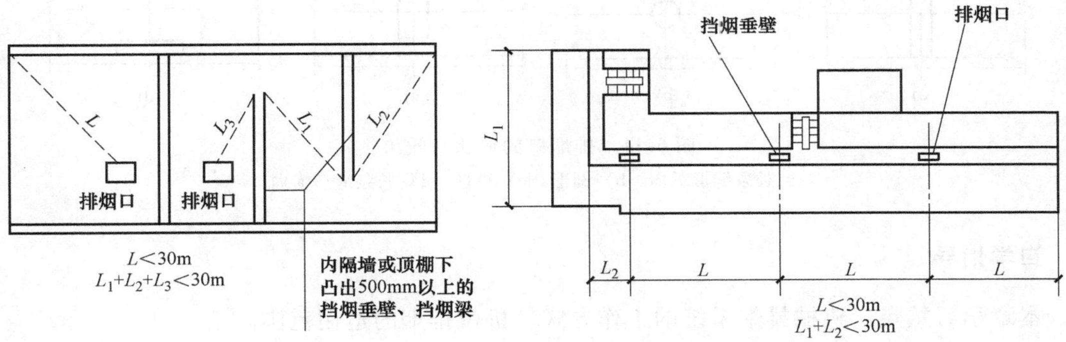

图 6-12 房间与走廊排烟口至防烟分区最远点的水平距离示意图

当机械排烟系统启动运行时，排烟口处于负压状态，把火灾烟气不断吸引至排烟口，并通过排烟口不断排走，同时，火灾烟气又不断从着火区涌来，所以排烟口周围始终聚集着一团浓烟。若排烟口的位置不避开安全出口，这团浓烟正好堵住安全出口，当疏散人员通过安全出口时，都会受到浓烟的影响，同时，浓烟遮挡安全出口，也影响疏散人员识别安全出口位置，不利于安全疏散。因此，排烟口与附近安全出口沿走廊方向相邻边缘之间的最小水平距离不应小于 1.50m。在通常情况下，遇火灾疏散时，疏散人员通过排烟口下方的烟团时，在 1.00m 的极限能见度的条件下应能看清安全出口，使机械排烟系统充分发挥防排烟的作用。另外，排烟口应尽量布置在与人流疏散方向相反的位置，如图 6-13 所示。

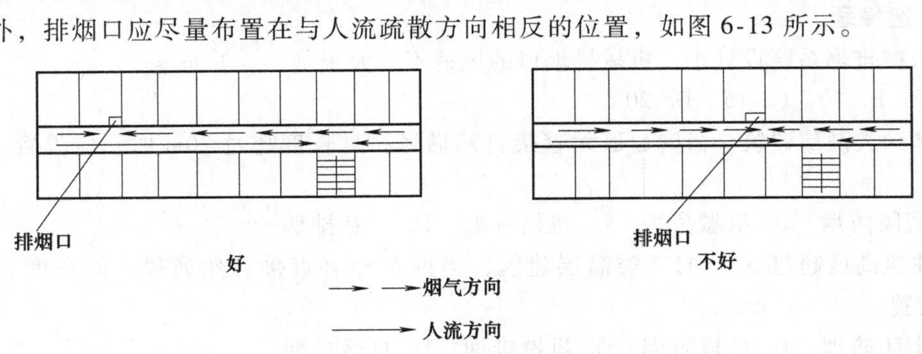

图 6-13 疏散方向与排烟口的布置

五、机械排烟口的形状

为了防止烟气向下侧流动，在走廊或门洞部位设置排烟口时，采用长条缝形纵向的排烟口效果最好。走廊排烟实验研究表明，尽管排烟口面积相同，但排烟口沿走廊方向的尺寸与走廊宽度相同的长条缝形排烟口，比矩形排烟口的排烟效果好、排烟量大。矩形排烟口只对其宽度范围内的烟气流有效，对其周围烟气的抽吸效果较差，如图 6-14 所示。

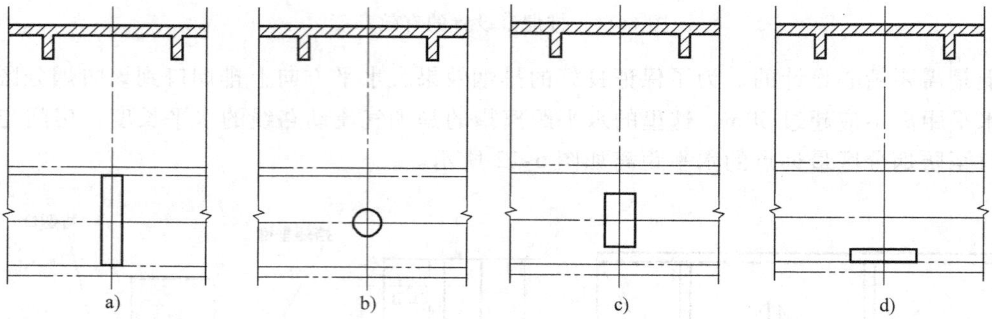

图 6-14　排烟口的形状与效果

a）长条缝形纵向　b）圆形　c）矩形　d）长条缝形横向

自学指导

本章学习重点：机械排烟系统的工作方式；机械排烟的适用范围。

1. 机械排烟系统的工作方式：局部排烟、集中排烟。

2. 机械排烟的适用范围：高层民用建筑的具体适用范围、人民防空工程的具体适用范围、汽车库、修车库、停车场具体适用范围、其他建筑的具体适用范围。

本章学习难点：机械排烟量的确定方法；机械排烟口的设置要求。

1. 机械排烟量的确定方法、使用场合和工程应用。

2. 机械排烟口的设置要求：机械排烟口的有效面积、机械排烟口的形式、机械排烟口的布置、机械排烟口的形状。

复习思考题

一、选择题

1. 机械排烟系统设计中，机械排烟口的风速不宜大于（　　）m/s。

A. 7　B. 10　C. 15　D. 20

2. 某一类高层建筑，当内走道无直接自然通风，且长度超过 20m 时，应设置（　　）设施。

A. 密闭防烟　B. 机械防烟　C. 机械排烟　D. 自然排烟

3. 建筑高度超过 32m 的二类高层建筑，当内走廊有直接自然通风，但长度超过 60m 时，应设置（　　）设施。

A. 密闭防烟　B. 机械防烟　C. 机械排烟　D. 自然排烟

4. 不具备自然排烟条件的中庭，当中庭体积小于 17000m^3 时，其排烟量按其体积的

（　　）次/*h* 换气计算。

A. 4　B. 5　C. 6　D. 7

5. 净空高度超过 12m 的中庭，当中庭体积大于 17000m^3 时，其排烟量按其体积的 4 次/h 换气计算，但最小排烟量不应小于（　　）m^3/h。

A. 7200　B. 9000　C. 102000　D. 12000

二、填空题

1. 防烟分区内的排烟口距最远点的水平距离不应超过（　　）m。

2. 排烟口与附近安全出口沿走道方向相邻边缘之间的最小水平距离不应小于（　　）m。

3. 当排烟管道内温度超过（　　）℃时，排烟防火阀应自动关闭。

4. 排烟风机应能在 280℃的环境条件下连续工作不少于（　　）min。

5. 采用机械排烟系统时，其排烟口平时应处于（　　）状态。

6. 排烟口应与排烟风机连锁，当任一排烟口开启时，排烟风机应能（　　）启动。

7. 地下车库应采用（　　）法计算机械排烟量。

8. 吸入气流的流动特性是等速度线呈圆弧形分布，速度衰减（　　）。

三、简答题

1. 集中机械排烟系统的组成设备有哪些？

2. 我国的防火设计规范对走廊和房间的机械排烟量是如何规定的？

3. 我国的防火设计规范对哪些建筑的机械排烟量规定了换气次数？

四、计算题

某建筑工程中有两个面积分别为 400m^2 和 500m^2 的场所共用一个机械排烟系统，试计算该工程的机械排烟量为多少？

第七章　建筑中的机械防烟方式

学习目标

1. 应了解、知道的内容：

- 机械防烟系统气流通路的基本形式。
- 机械送风量的确定方法。
- 利用机械送风口的设置要求评估不同场所送风口设置的有效性。

2. 应理解、清楚的内容：

- 机械防烟的基本原理，包括机械防烟的概念、优、缺点和系统的工作方式。

3. 应掌握、会用的内容：

- 机械送风口的设置要求。

4. 应熟练掌握的内容：

- 熟练运用机械送风量的确定方法解决实际工程中的问题。
- 熟练运用机械送风口的设置要求解决实际工程中的问题。

自学时数　8学时。

老师导学

本章通过阐述机械防烟的基本原理，揭示机械防烟系统中可能存在的问题，提出了机械防烟系统气流通路的基本形式概念，阐释机械防烟的优点和缺点；然后给出机械送风量确定方法；最后介绍如何设置机械送风口，如机械送风口的面积和布置等。本章的内容主要是对机械防烟的适用范围和机械送风量的确定进行详细的介绍。本章的学习应重在应用，熟悉机械送风量的确定方法以及机械送风口设置的具体要求。

第一节　机械防烟的基本原理

当建筑物发生火灾时，确保疏散通道的安全乃是建筑防火设计的一项重要任务。疏散通道在建筑结构上的要求是所有围护结构应该由耐火材料制作；在防排烟性能上的要求是应保证在最长的疏散路线上，受灾人员能安全疏散出去。为此，在火灾持续燃烧的一段适当的时间内，应防止火灾烟气侵入疏散通道；即使侵入了，也应该把所侵入的烟气控制在安全限度之内，即通常所指的能见距离不低于极限视距5m。如何把着火区所产生的烟气有效地堵截于疏散通道之外，从而确保疏散通道的绝对安全，这就是机械防烟的出发点。

所谓机械防烟，就是在疏散通道等需要防烟的部位送入足够的新鲜空气，使其维持高于建筑物其他部位的压力，从而把着火区所产生的烟气堵截于防烟部位之外。根据消防部门试验和工业数据，机械防烟排除烟气的效率至少比机械排烟高出一倍。

一、机械防烟系统气流通路的基本形式

由送风口、送风管道、送风风机、防烟部位以及电气控制设备所组成的体系即构成机械

防烟系统。机械防烟系统根据压力水平和使用场合分为单级机械防烟系统和双级机械防烟系统两种。单级机械防烟系统只有在火灾紧急情况下才投入运行，要求正压水平较高；双级机械防烟系统在正常情况下以低压水平运行，而在火灾紧急情况下增压运行。单级机械防烟系统的目标单一，设备及系统的有效利用率很低；双级机械防烟系统将日常的通风和火灾紧急情况下的防烟结合起来，其系统虽然比较复杂，但设备及系统的有效利用率很高。但当双级系统在低压水平下运行时，送风机的效率比较低。

由于建筑物的加压区与非加压区之间，以及加压区与室外之间存在一定的压力差，因此空气将从加压区通过各种开口向非加压区或室外泄漏。这部分泄漏出去的空气常称为漏风。为了确定一个封闭的机械防烟系统保持一定正压所需的送风量，首先必须进行漏风的计算。所谓漏风的计算就是确定系统的气流通路，并计算其流通面积，然后计算其漏风量。为此，必须从分析系统气流通路的基本形式入手。机械防烟系统气流通路的基本形式可分为并列式、串列式和混合式三种。

（一）并列式气流通路

如图 7-1 所示，当空气从一个加压区通过若干关闭的开口缝隙流出，直接进入非加压区时，这几个关闭的开口缝隙就构成了并列式气流通路。概括起来说，气体从某一加压区分别通过若干气流通路流向压力较低但相同的加压区或非加压区时，这些气流通路就称为并列式气流通路。

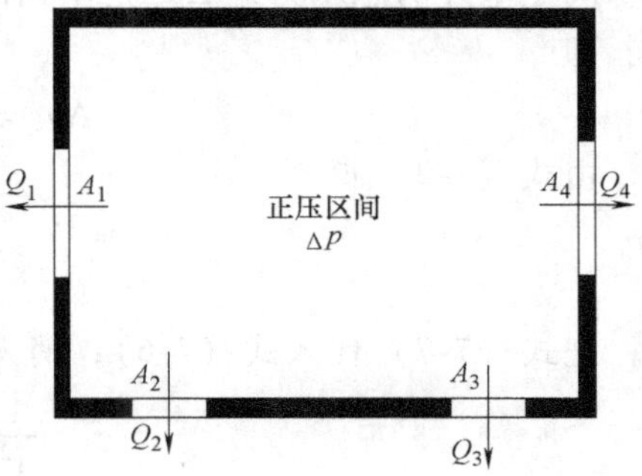

图 7-1　并列式气流通路

根据风量平衡，总的漏风量为各个气流通路的漏风量之和，即

$$Q_z = Q_1 + Q_2 + Q_3 + Q_4 \tag{7-1}$$

根据通过开口的流量计算公式，每个气流通路的漏风量为

$$Q_i = \alpha A_i \sqrt{\frac{2\Delta p}{\rho}} \tag{7-2}$$

式中　α——通过开口的流量系数，一般认为所有气流通路都相同；

A_i——每个气流通路的流通面积，分别为 A_1、A_2、A_3、A_4（m^2）；

ρ——加压区中气体的密度（kg/m^3）。

由式（7-1）、式（7-2）得

$$A_j = A_1 + A_2 + A_3 + A_4 \tag{7-3}$$

式中　A_j——并列式气流通路的计算流通面积（m^2）。

把式（7-3）扩大到多通路并列式气流通路，可得出多通路并列式气流通路的计算流通面积是各个气流通路流通面积的代数和，即

$$A_j = \sum_{i=1}^{n} A_i \tag{7-4}$$

式中　n——并列式气流通路的数量。

（二）串列式气流通路

如图 7-2 所示，空气从加压的楼梯间流至室外是连续通过四个串列的开口达到的，那么

这四个开口就构成了串列式气流通路。概括起来说，气体从某一加压区依次通过若干气流通路流向压力较低的区间，这些气流通路就称为串列式气流通路。

根据流量连续法则，通过每个气流通路的空气量是相同的，都等于总的漏风量，即

$$Q_z = Q_1 = Q_2 = Q_3 = Q_4 \tag{7-5}$$

A_j 代表串列式气流通路的计算流通面积，四个开口的流通面积分别为 A_1、A_2、A_3、A_4（m^2）。

从加压楼梯间到室外的空气流程中，空气的压力是依次下降的，这就是说，每个气流通路所对应的压力差是不同的。根据压力差叠加原理，从加压楼梯间至室外的总压力差 Δp_z 是串列的各个气流通路对应的压力差 Δp_1、Δp_2、Δp_3、Δp_4 之和，即

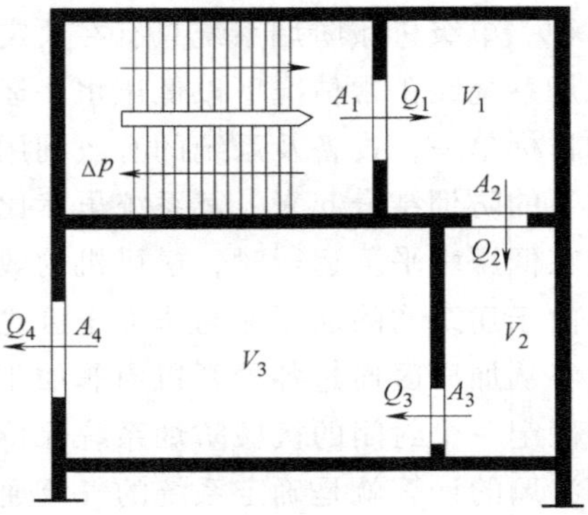

图 7-2　串列式气流通路

$$\Delta p_z = \Delta p_1 + \Delta p_2 + \Delta p_3 + \Delta p_4 \tag{7-6}$$

由式（7-2）得

$$\Delta p_i = \frac{\rho}{2}\left(\frac{Q_i}{\alpha A_i}\right)^2 \tag{7-7}$$

把式（7-7）代入式（7-6），消去同类项并约简得

$$\frac{1}{A_j^2} = \frac{1}{A_1^2} + \frac{1}{A_2^2} + \frac{1}{A_3^2} + \frac{1}{A_4^2} \tag{7-8}$$

把式（7-8）扩大到多通路的串列式气流通路，其计算流通面积为

$$A_j = \left(\sum_{i=1}^{n} A_i^{-2}\right)^{-1/2} \tag{7-9}$$

式中　n——串列式气流通路的数量。

在许多情况下，往往只有两个气流通路相互串列，这时计算流通面积为

$$A_j = \frac{A_1 A_2}{\sqrt{A_1^2 + A_2^2}} \tag{7-10}$$

那么，当 $A_2 \gg A_1$ 时，$\sqrt{{A_1}^2 + {A_2}^2} \approx A_2$，则 $A_j \approx A_1$，这就是说，当只有两个气流通路相互串列且其中一个气流通路的流通面积比另一个大得多时，总的计算流通面积约等于较小的气流通路的流通面积。

（三）混合式气流通路

由并列式气流通路和串列式气流通路混合组成的复杂气流通路称为混合式气流通路。混合式气流通路气流流通面积的计算视通路的构成不同而异，没有统一的计算公式。但就总的计算程序来说，只要理顺各气流通路之间的并列与串列流程图，再从气流通路的最末端（即压力最低处）开始计算，逐步向最前端（即压力最高处）靠近，反复采用并列式和串列式的计算公式进行综合分析交叉计算，问题就不难解决。

1. 楼梯间计算流通面积的确定

如图 7-3 所示向楼梯间加压送风，空气先漏入前室 V_1，然后漏向走道 V_2，其后分为两路，一路漏入房间 V_5 后直接排至室外；另一路漏入房间 V_3，其中一部分直接排至室外，另一部分则再漏入房间 V_4 后排至室外。

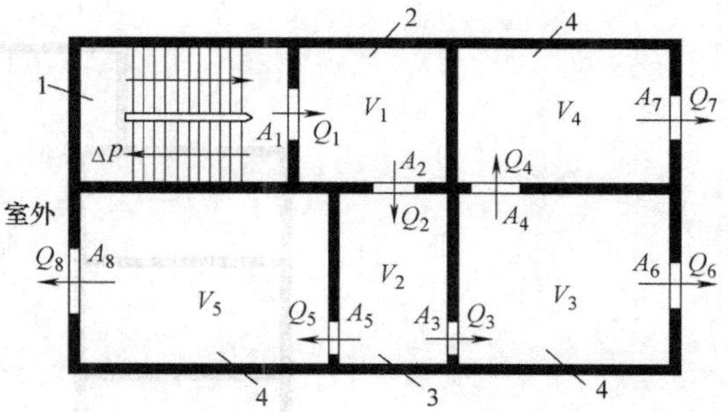

图 7-3　混合式气流通路

1—楼梯间　2—前室　3—走廊　4—房间

为便于分析，先作出空气从加压楼梯间至室外的流程图，如图 7-4 所示。整个系统的气流流通面积的计算程序如下：

1）A_4、A_7 为串列式气流通路，其计算流通面积为

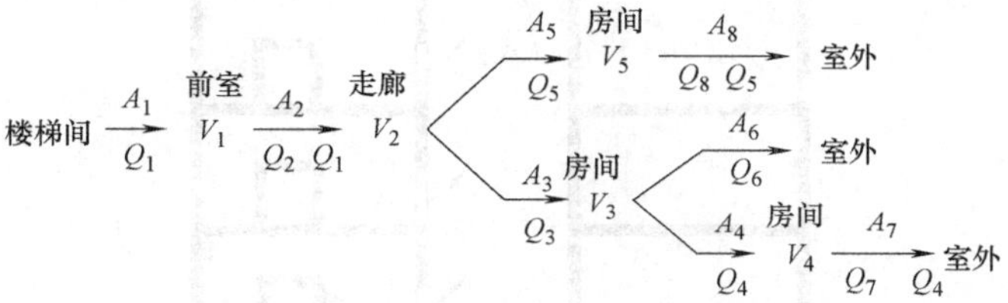

图 7-4　混合式气流通路流程图

$$A_{j4、7}=\frac{A_4A_7}{\sqrt{A_4^2+A_7^2}}$$

2）$A_{j4、7}$ 与 A_6 为并列式气流通路，其计算流通面积为

$$A_{j4、7、6}=A_{j4、7}+A_6$$

3）A_5、A_8 为串列式气流通路，其计算流通面积为

$$A_{j5、8}=\frac{A_5A_8}{\sqrt{A_5^2+A_8^2}}$$

4）计算流通面积 $A_{j4、7、6}$ 与 A_3 为串列式气流通路，其计算流通面积为

$$A_{j3、4、7、6}=\frac{A_3A_{j4、7、6}}{\sqrt{A_3^2+A_{j4、7、6}^2}}$$

5）计算流通面积 $A_{j5、8}$ 与 $A_{j3、4、7、6}$ 为并列式气流通路，其计算流通面积为

$$A_{j3\text{-}8}=A_{j5、8}+A_{j3、4、7、6}$$

6）计算流通面积 $A_{j3\text{-}8}$ 与 A_1、A_2 为串列式气流通路，其计算流通面积为

$$A_{j1\text{-}8}=\left(A_1^{-2}+A_2^{-2}+A_{j3\text{-}8}^{-2}\right)^{-1/2}$$

2. 电梯井计算流通面积的确定

现对电梯井的计算流通面积的确定给出一适当的简化处理。如图 7-5 所示为电梯前室加压送风的情况，空气从加压前室通过电梯井流至非正压间的气流通路由两部分构成：

其一，空气由加压前室通过各楼层的电梯出入口的门缝隙漏入了电梯井，各楼层电梯门缝构成了并列式气流通路，其计算流通面积为

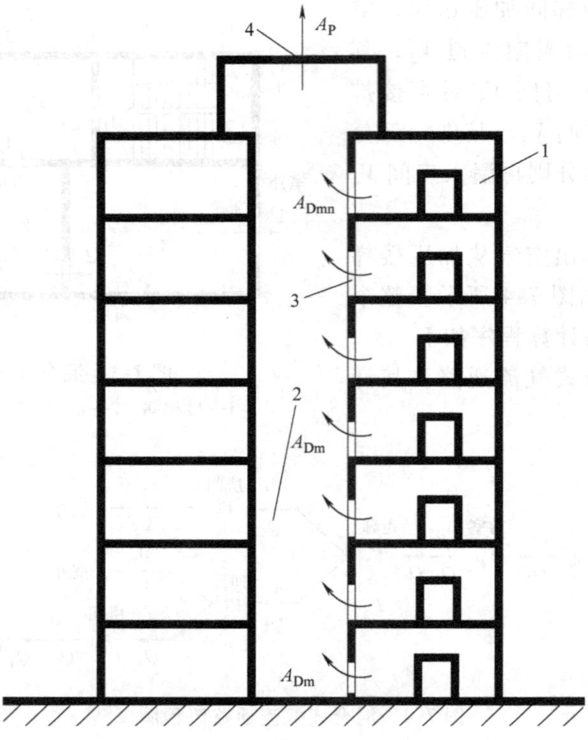

图 7-5　前室加压送风的电梯竖井

1—前室　2—电梯竖井　3—电梯门　4—顶部排气口

$$A_{jm} = A_{Dm1} + A_{Dm2} + \cdots + A_{Dmn} \tag{7-11}$$

式中　A_{Dm1}、A_{Dm2}，…，A_{Dmn}——从底层至顶层的电梯出入口门缝隙的流通面积（m^2）。

当各楼层电梯出入口的门为同一类型同一规格的电梯门时，则

$$A_{jm} = nA_{Dm} \tag{7-12}$$

式中　A_{Dm}——每部电梯出入口门缝隙的流通面积（m^2）；

n——每部电梯出入口的数量，通常为建筑物的楼层数。

其二，电梯竖井内的空气由竖井顶部的排气孔口和其他与非正压间或室外直接连通的开口排出，顶部排气孔口与其他开口构成了并列式气流通路。一般无特别说明，竖井顶部的排气孔口的流通面积为 $A_P = 0.1\ m^2$。

空气从加压的电梯和合用前室通过电梯竖井流至非正压区或室外的气流通路的总计算流通面积称为电梯井的计算流通面积。电梯井的计算流通面积与加压前室通向走廊的门的开启情况有极大关系，不同的开门情况将构成不同的气流通路。

1）当电梯前室所有通向走廊的门关闭，且不考虑电梯竖井井壁本身的渗漏面积时，电梯井的气流通路是由顶部排气孔口和并列的各楼层电梯门缝串列而成的混合式气流通路，其总的计算流通面积为

$$A_j = nA_{Dm}A_P[(nA_{Dm})^2 + A_P^2]^{-1/2} \tag{7-13}$$

2）当某些楼层的电梯前室通向走廊的门敞开时，这些前室成为非正压间，那么电梯竖井中的空气除了通过顶部排气孔口排至室外之外，还同时通过电梯出入口门缝漏入开门的前

室，两者之间构成并列式气流通路。同样不考虑电梯竖井井壁本身的渗漏面积，若有 m 个楼层的前室开门时，则总的计算流通面积为

$$A_{Pjl} = A_P + mA_{Dm} \tag{7-14}$$

这样一来，空气由未开门的加压前室通过电梯竖井排至室外或开门前室的总气流通路是由 $(n-m)$ 个并列的电梯出入口门缝和由电梯竖井顶部排气孔口 A_P 与 m 个并列的电梯出入口门缝并列构成的气流通路串列而成的混合式气流通路，其总的计算流通面积为

$$\begin{aligned} A_j &= [(n-m)^{-2}A_{Dm}^{-2} + (A_P + mA_{Dm})^{-2}]^{-1/2} \\ &= (n-m)A_{Dm}(A_P + mA_{Dm})[(n-m)^2A_{Dm}^2 + (A_P + mA_{Dm})^2]^{-1/2} \end{aligned} \tag{7-15}$$

令 $F = A_j/A_{Dm}$，称为电梯井的计算流通面积系数，那么由式（7-15）得

$$F = (n-m)(A_P + nA_{Dm})[(n-m)^2A_{Dm}^2 + (A_P + mA_{Dm})^2]^{-1/2} \tag{7-16}$$

$$A_j = FA_{Dm} \tag{7-17}$$

比较式（7-13）和式（7-15）不难看到，当所有楼层的电梯前室通向走廊的门全关闭时，即 $m=0$，式（7-15）变成了式（7-13）。这样，根据楼层数 n 和开门前室的楼层数 m 就可以确定电梯井的计算流通面积系数 F 值。

以上分析的仅仅是一座电梯独用一个前室或与楼梯间合用一个前室的情况。如果有 N 座电梯合用一个前室或与楼梯间合用一个前室时，则 N 座电梯构成了并列式气流通路，其总的计算流通面积为

$$\sum A_j = NFA_{Dm} \tag{7-18}$$

二、机械防烟的优点

根据我国当前经济技术水平，对房间、走廊应尽量利用可以开启的窗户、打碎着火房间玻璃或利用火灾产生的高温烤炸玻璃等方法进行自然排烟。在没有自然排烟设施的高层建筑物中，气流组织应尽量不使烟气流动的方向和人流疏散的方向一致。该方式综合这种要求，烟气流动的方向为：着火房间→走廊→前室→楼梯、电梯井、管道井等竖向管井向上蔓延；机械防烟气流的流向是楼梯间→前室→走廊→房间。气流的流向和烟气流向相反，有助于烟气从着火房间通过窗户排至室外。这样，人员在疏散过程中接触烟气的机会减少，对保证人员的生命安全也是有利的。

1）机械防烟系统保持正压，管道截面面积小，占用的有效空间也少，比较经济。送风风机设在建筑下部，供电线短路或被烧毁的可能性小；送风风机也不受高温烟气的威胁，比较安全可靠，能有效地防止烟气侵入所控制的区域。而且由于送入大量的新鲜空气，特别适合于作为疏散通道的楼梯间、电梯间及其前室的防烟措施，确保疏散通路的安全。

2）由机械防烟系统供入的新鲜空气对烟气起到冷却作用，降低了整个着火区的温度水平，也相应降低了可能侵入疏散通道的烟气温度。这样一来，对疏散通道的耐火要求就可以适当降低，包括围护结构和进出口的门等。

3）便于旧式建筑物的防烟技术改造。首先，建立机械防烟系统比较简单，不必对建筑物本体进行较大的改动，工作量较小，改造工期较短，其次，疏散通道的围护结构和进出口的门基本上可以原封不动，既省工又省料。

三、机械防烟的缺点

机械防烟的主要缺点是当加压送风楼梯间的正压值过高时，会使楼梯间通向前室或走廊

的门无法打开。

第二节　机械防烟的适用范围

机械防烟方式保护的对象主要是建筑物内的疏散通道。在设计中，一般都把疏散通道作为防烟部位，而不把可能会发生火灾的空间作为防烟部位，否则，不仅不能阻止烟气向疏散通道侵入，而且还会助长火灾的发展蔓延。总之，防烟部位的设置直接关系到机械防烟系统的设计。

根据楼梯间的三种基本形式，结合楼梯间结构的不同组合情况，需要设置机械防烟系统的部位如下：

一、不具备自然排烟条件的封闭式楼梯间

封闭式楼梯间的隔烟性能比敞开式楼梯间为好，但不能完全满足高层建筑安全疏散的要求。封闭式楼梯间通常靠外墙布置，特别是在高层建筑中只允许靠外墙布置，则可在外墙开设窗户，一般每层开设一个外窗。但是如果受其他因素影响而不能开设外窗、可开启外窗总面积不满足要求或设置固定窗扇的外窗时，则只能采用机械防烟方式。由于可以把封闭式楼梯间视为一个防烟部位，所以只对封闭式楼梯间进行机械防烟系统设计是比较简单的。

二、不具备自然排烟条件的防烟楼梯间及其可采用可开启外窗自然排烟的封闭前室

如图 7-6 所示，对于建筑高度不超过 50m 的一类公共建筑、工业建筑（如厂房、仓库等）和建筑高度不超过 100m 的居住建筑，当防烟楼梯间不具备自然排烟条件，而其封闭前室可采用可开启外窗自然排烟时，可直接对楼梯间进行机械防烟。虽然不直接对前室送风，但楼梯间内的空气一定会从门缝或临时开门的门洞向前室流动，前室也会存在相应的加压空气，因而不同程度地受到机械防烟的保护，如图 7-7 所示。由于可以把防烟楼梯间及其封闭前室视为一个防烟部位，所以只对其进行机械防烟系统设计是比较简单的。

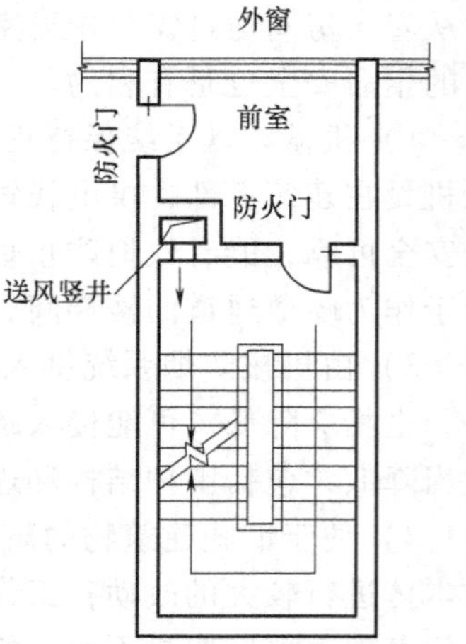

图 7-6　不具备自然排烟条件的防烟楼梯间及其可开启外窗前室平面示意图

但是，当前室或合用前室符合下列要求时，防烟楼梯间可不设置机械防烟系统：

1）防烟楼梯间前室或合用前室采用敞开的阳台、凹廊进行自然排烟。

2）防烟楼梯间前室或合用前室具有两个或两个以上不同朝向，且采用可开启的面积符合规范规定的外窗进行自然排烟。

对于建筑高度超过 50m 的一类公共建筑及工业建筑和建筑高度超过 100m 的居住建筑，无论是不靠外墙的防烟楼梯间，或是靠外墙的防烟楼梯间为不可开设外窗及应采用固定窗扇形式（即使楼梯间每 5 层内可开启排烟窗的总面积不小于 $2.0m^2$）的情况，该建筑的防烟楼梯间及其前室、消防电

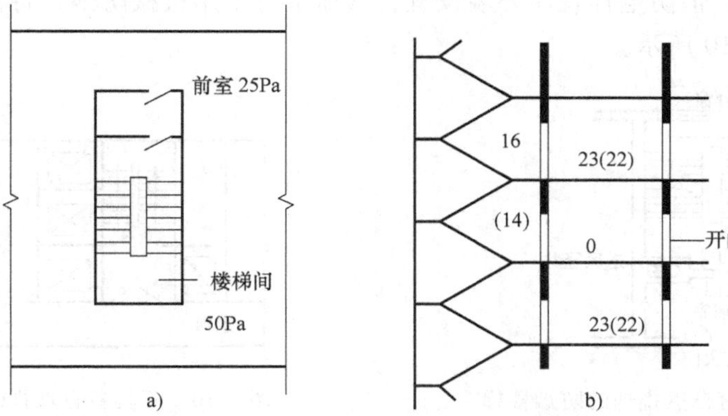

图 7-7　只对防烟楼梯间加压送风前室不送风的试验情况

a）楼梯间及其前室门关闭时　b）开启前室与走廊的一层门时

梯前室或合用前室均应采用机械防烟方式。

三、不具备自然排烟条件的防烟楼梯间及其前室

如图 7-8 所示，在对楼梯间机械防烟的基础上，再对前室机械防烟，等于在楼梯间的入口处又增加了一道防线，而且在某种程度上可以减少楼梯间和建筑物之间开门时的泄漏机会，其防烟效果要比只对楼梯间机械防烟可靠得多。由于楼梯间上下贯通，可以把整个楼梯间视为一个防烟部位，但每层楼梯间前室必须作为彼此独立的防烟部位考虑。

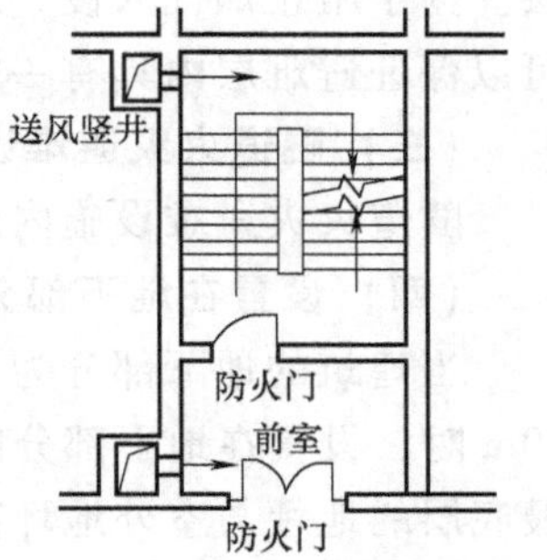

图 7-8　不具备自然排烟条件的防烟楼梯间及其前室示意图

四、设置自然排烟设施的防烟楼梯间及其不具备自然排烟条件的前室或合用前室

带封闭前室的防烟楼梯间的平面布置比较灵活，可靠外墙布置，也有不靠外墙布置而设在建筑物内部的。靠外墙布置时又可分为能开设外窗和不能开设外窗两种情况。其中封闭前室虽靠外墙布置，但不满足自然排烟条件要求、设有固定窗扇的不可开启外窗和封闭前室不能靠外墙布置，这三种形式的封闭前室都被认为是不具备自然排烟条件的。

如图 7-9 所示，对于建筑高度不超过 50m 的一类公共建筑和建筑高度不超过 100m 的居住建筑，如果防烟楼梯间设有可开启的外窗等自然排烟措施，而楼梯间前室或合用前室却不能设置时，可以只对楼梯间前室或合用前室进行机械防烟，将楼梯间前室或合用前室作为防烟部位。而对于建筑高度超过 50m 的一类公共建筑和建筑高度超过 100m 的居住建筑，按不具备自然排烟条件的防烟楼梯间及其前室或合用前室标准对防烟楼梯间及其前室或合用前室机械防烟。

五、特殊部位

（一）不具备自然排烟条件的消防电梯前室或合用前室

在高层建筑中设置消防电梯的必要性已被大量火灾的救援过程所证实，所以为了确保消防电梯的安全可靠，消防电梯宜靠外墙设置，其前室可采用机械防烟，将消防电梯前室作为防烟部位，如图 7-10 所示。

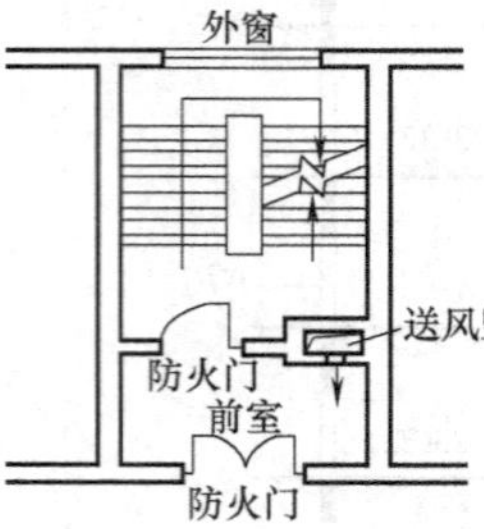

图 7-9 可开窗自然排烟的防烟楼梯间及其不靠外墙前室示意图

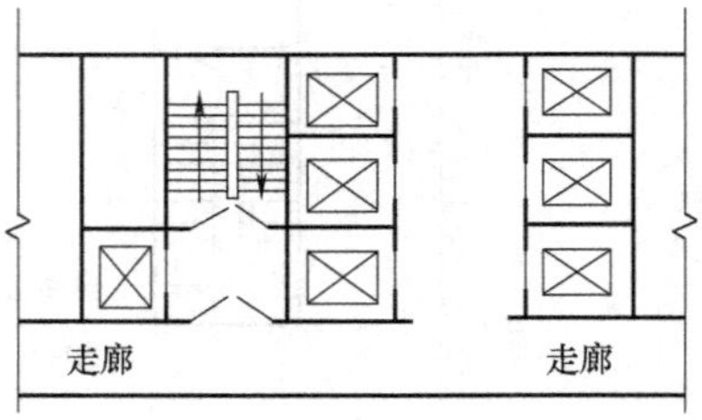

图 7-10 不具备自然排烟条件的消防电梯前室平面布置示意图

（二）封闭式避难层（间）

从保障高层建筑内人员安全脱险、避免伤亡事故出发，结合我国目前的具体情况，建筑高度超过 100m、规模大、人员多的高层公共建筑，应设置避难间或避难层。根据当地气候条件，避难层可以是敞开的，也可以是封闭的。凡四季不结冰的地区，可以采用敞开式的避难层，即只设窗口，不装窗扇或装设百叶窗扇；在冬季结冰的地区，应采用封闭式的避难层。为了阻止烟气入侵，封闭式避难层必须设置独立的机械防烟系统，当发生火灾时，不但可以保证避难层内具有一定的正压值，而且也为避难人员的呼吸提供室外新鲜空气。

（三）隧道火灾避难设施

隧道火灾避难设施内应设置独立的机械防烟系统。

（四）设置在地下部分的防烟楼梯间

当建筑的地下部分为 3 层或 3 层以上，或当地下最底层室内地坪与室外地坪高差大于 10m 时，设置在地下部分的防烟楼梯间应采用机械防烟方式；当地下部分为 1 ~ 2 层，地下最底层的地坪与室外地坪高差不大于 10m，且设置在地下部分的防烟楼梯间首层有直接开向室外的门或有面积不小于 $1.2m^2$ 的可开启外窗时，可不采用机械防烟方式。

（五）带裙房的高层建筑防烟楼梯间及其前室、消防电梯间前室或合用前室

当高层建筑裙房以上部分利用可开启外窗进行自然排烟，而裙房部分不具备自然排烟条件时，防烟楼梯间及其前室或合用前室应设置局部机械防烟系统。

由于规范规定当防烟楼梯间及其前室、消防电梯间前室或合用前室各部位有可开启外窗时，可以采用自然排烟方式，造成楼梯间与前室或合用前室在采用自然排烟方式与采用机械防烟方式排列组合上的多样化，而这两种排烟方式不能共用，其组合关系及防烟部位设置见表 7-2。

表 7-2 疏散通道防烟部位设置表

组 合 关 系	防烟部位
不具备自然排烟条件的楼梯间与其前室	楼梯间
采用自然排烟的前室或合用前室与不具备自然排烟条件的楼梯间	楼梯间
采用自然排烟的楼梯间与不具备自然排烟条件的前室或合用前室	前室或合用前室
不具备自然排烟条件的楼梯间与合用前室	楼梯间、合用前室
不具备自然排烟条件的消防电梯间前室	消防电梯间前室
封闭避难层(间)	封闭避难层(间)

第三节　机械送风量的确定方法

为了探索机械防烟系统送风量的影响因素，确定系统的运行参数，许多国家进行了一系列试验，包括冷态试验、火灾模拟试验和实火试验，总结出了数十种计算方法。有关资料表明，系统送风量的计算方法很多，其理论依据提出的共同点是使加压部位的门关闭时保持一定的正压值，门开启时门洞处应具有一定的风速才能有效阻挡烟气。但是，要同时满足以上两个安全性指标是不可能的，需要采取某些必要的技术措施，这也正是设计中所要解决的问题。参考国外有关资料和总结我国多年来的设计经验，下面推荐目前国内建筑防烟设计中被公认和常用的两个基本计算公式。

一、压差法

（一）理论计算公式

一个机械防烟系统，由于空气向外泄漏的缘故，为保证正压区间达到所要求的正压水平，必须有足够的送风量，以补偿泄漏的风量。机械防烟系统的漏风量决定于正压区间与非正压区间的压力差、气流通路的形式及其流通面积，即在机械防烟系统内空气向外泄漏的气流通路完全查清的基础上，可以确定气流通路总的计算流通面积，然后根据流通面积和压力差计算漏风量。当疏散通道门关闭时，加压部位保持一定的正压值所需的机械送风量应为

$$Q_j = 0.827 A_j \Delta p^{1/n} \tag{7-19}$$

式中　Q_j——加压送风量（m^3/s）；

0.827——综合系数，为 $\alpha\sqrt{2/\rho}$ 的具体数值，对于机械防烟系统，ρ 可取 1.2，α 取 0.64；

A_j——计算流通面积（m^2）；

Δp——正压区间与非正压区间的压力差（Pa）；

n——指数，门缝及其他较大的漏风面积取 2，窗口缝隙取 1.6。

（二）正压值的确定

正压值是机械防烟的关键技术参数，是计算机械送风量及工程竣工验收等的重要依据，它直接影响到机械防烟系统的防烟效果。当相通加压部位的门关闭的条件下，正压值应足以阻止烟气在热压及风压等力量的联合作用下进入楼梯间或前室。为了促使防烟楼梯间内的加压空气向走道流动，发挥对烟气的排斥作用，因此要求在机械防烟时防烟楼梯间的空气压力大于前室的空气压力，而前室的空气压力大于走廊的空气压力。仅从防烟角度来说，正压值越高越好，但由于疏散门一般是朝疏散方向开启，而加压作用力的方向恰好与疏散方向相反，如果正压值过高，可能会使疏散人员推开门所需力量过大，造成开门困难，甚至使门不能开启。另一方面，正压值过高也会使系统漏风量增大，所需送风量相应增大，送风机、管道等送风系统的设备投资增多。防烟楼梯间机械送风量与前室是否设置机械防烟系统密切相关，也与走廊内是否设置机械排烟系统有关，这些都会直接影响正压值的确定。所以，正压值不能过高，也不能过低，否则，阻止不了烟气通过门缝等缝隙侵入防烟部位。正压值有最大允许值和最小允许值的限制，这是兼顾既保证有良好的防烟性能又保证受灾人员能顺利疏散两方面而确定的。我国防火设计规范明确规定：对于防烟楼梯间，正压值取 40～50Pa；对于楼梯间前室、消防电梯间前室或合用前室，正压值取 25～30Pa。

二、风速法

（一）理论计算公式

为了有效地防止烟气通过间歇性开启的门侵入防烟部位，开启着火层疏散通道时保持通过该门洞处一定的风速所需送风量应为

$$Q_f = nF_j v \tag{7-20}$$

式中 Q_f——加压送风量（m^3/s）；

F_j——每层开启门的计算流通面积（m^2）；

v——开启门洞处的断面平均风速（m/s）；

n——同时开启门楼层数。

（二）同时开启门楼层数的确定

发生火灾时，受灾人员向外疏散而将通向防烟部位的门打开，这时正压区间的空气大量涌出，正压区间的正压几乎全部丧失，正压几乎全部转换成通向敞开门洞处的气流动压。如果这股气流的动压足够大的话，就能有效地阻挡烟气侵入机械防烟系统。在实际防排烟系统中，利用气流动压来控制烟气流动的场合主要是走廊和打开的门洞处。因此在机械防烟系统设计中，开门工况乃是关系到整个机械防烟系统工作安全性的关键问题。

所谓开门工况是指防烟部位通向各个楼层的一、二道门以及底层或顶层直接通向室外的门的开闭状况，而安全的开门工况是指既能满足机械防烟性能要求，又能保证受灾人员顺利疏散的开门工况。在各种安全的开门工况中，系统所需的机械送风量是不同的，系统所需机械送风量最大的安全开门工况即称为最不利的安全开门工况。显然，按最不利的安全开门工况计算的机械送风量可以满足其他任何安全开门工况对送风风机及管道技术性能的要求，并可作为整个机械防烟系统设计计算的基础。对楼梯间及其前室来说，其最不利的安全开门工况是不同的。楼梯间的最不利安全开门工况是通向室外的门敞开，且同时开门的楼层处于一、二道门同时开启的状况，而前室的最不利安全开门工况是同时开门的楼层均处于一道门关、二道门开的状况。

对于一幢建筑来说，防烟楼梯间通向所有楼层走廊的一、二道门在某一瞬间同时处于开启状态的概率是极小的。在正常情况下，某一瞬间门同时处于开启状态的楼层数也是较小的。但在发生火灾时，由于大量的人员要在短时间内疏散出去，门开启频繁且延续时间较长，导致门处于同时开启状态的楼层数增多。开启门的数量主要与建筑物内部人数多少和人员疏散是否有秩序有关。参考欧美国家资料，一般为 20 层以内建筑同时开启门的数量 $m = 1$，超过 20 层的建筑 $m = 2$。考虑到我国人口众多，同类建筑物中的人数均多于欧美国家，因此，同时开启门的数量也应大于欧美国家。根据对文献的研究，同时开门楼层数的取值规定如下：

1）对于建筑高度不超过 100m 的高层建筑，20 层以下的只考虑两个楼层的门同时开启；20 层以上包括 20 层在内的则按三个楼层的门同时开启计算。

2）对于建筑高度超过 100m 的高层建筑，为不使一套机械防烟系统负担过大，一般按一定的楼层分段，利用不连续的楼梯间、电梯间或避难层在分段处错开，每一分段依照 1）中的方法来计算。

(三) 门洞风速的确定

阻止烟气倒流的空气流临界速度（即最低气流速度）随着正压间的设置和门的开启状况不同而异。一般火灾旺盛时烟气的水平扩散流动速度为0.5 ~0.8m/s，因此有些国家对此进行了明确的规定，例如英国对各种不同情况下通过门洞处的风速取值进行了比较具体的规定：

1）不设前室，而只对楼梯间机械防烟时，通过楼梯间开门门洞处的最低风速为0.75m/s。超过20层的建筑必须考虑同时有两个不同楼层的门开启时，也能维持各个门洞处的最低风速为0.75m/s。

2）设前室，且对楼梯间及其前室单独机械防烟，当走廊通向前室与前室通向楼梯间的门同时开启时，只要求通过其中任一门洞处的最低风速为0.7m/s。对超过20层的建筑，须按有两个不同楼层的门同时开启来计算。

3）设前室，且对楼梯间及其前室单独机械防烟，当走廊通向前室的门开启而前室通向楼梯间的门关闭时，通过开门门洞处的最低风速为0.5m/s。对超过20层的建筑，须按有两个不同楼层的门同时开启来计算。

在我国，规范中只规定了开启门时，通过门的风速不宜小于0.7m/s。

三、机械送风量的确定

(一) 理论计算法

理论上，在机械防烟系统内空气向外泄漏的气流通路完全查清的基础上，可以确定气流通路总的计算流通面积，然后计算出机械送风量值，如前所述。但在实际工程中，不可能对各种复杂的机械防烟系统的气流通路进行详尽的分析，更不可能对各种客观存在的气流通路进行准确无误的计算。这就是说，必须抓住明显的、流通面积较大的气流通路，而忽略其他不明显的、流通面积较小的气流通路，例如：在防烟楼梯间或其前室设计机械防烟系统时，要考虑该部位的漏风情形，避免设置百叶窗、可开启外窗等会导致形成正压困难的开口。另外，建筑物的多种构件尽管也存在着渗漏面积，但在正常情况下，这些渗漏面积与专设的门或门缝的流通面积相比小得多。实际上，在建筑工程施工过程中，常常会对各种建筑构件进行防渗处理，如块状砖砌的墙壁要进行抹灰或粉刷；又如墙壁之间的接缝，墙壁与楼板、顶棚之间的接缝要用水泥砂浆填实抹平等，都属于防渗处理工艺。对于混凝土建筑构件，由于其本身比较严密，一般不再进行防渗处理。所以，通常假定由多种建筑构件组成的围护结构是严密不漏的。但是，由于存在构件渗漏，再加上施工质量问题，绝对严密不漏是无法保证的。为了使理论计算更加接近实际，国外对各种门、窗及维护结构做过不少实验，表7-3是各类标准门缝隙的流通面积标准。

表7-3 各类标准门缝隙的流通面积标准

门的类型	尺寸 $H_m \times B_m$	缝隙总长度 l_m/m	计算流通面积 A_m /m^2	缝隙宽度/mm
开向正压区的单扇门	2×0.8	5.6	0.01	1.79
正压区向外开的单扇门	2×0.8	5.6	0.02	3.57
双扇门	2×1.6	9.2	0.03	3.26
电梯门	2×2	8.0	0.06	7.5

考虑到机械防烟系统管道连接接口处，无论是法兰接口还是铆接咬口，多少都存在漏风现象，因此，机械防烟系统的送风量应有足够的余量，以补偿这些客观存在但又很难确定的漏风量，从而保证正压区间达到所要求的正压水平。通常的做法是在最大机械送风量的基础上乘以一个风量安全储备系数，则机械防烟系统的机械送风量应为

$$Q_f = \beta_Q Q_j \tag{7-21}$$

式中 Q_j——理论计算得到的机械防烟系统的漏风量，通常只考虑专设孔口和门窗缝隙等明显的气流通路（m/s）；

β_Q——风量安全储备系数，通常为1.25。

（二）最小机械送风量

由于建筑条件不同，开门数量、门的尺寸和门扇数量、缝隙大小及风速等的差异均可直接影响机械防烟系统的加压送风量，故设计时应首先进行计算确定，但计算出的机械送风量结果不能小于表7-4的要求。这样既可避免不能满足机械送风值，又有利于节省工时。

表7-4 最小机械送风量

条件和部位		系统负担层数	机械送风量/(m^3/h)
前室不采用机械防烟的防烟楼梯间		<20	25000～30000
		20～32	35000～40000
防烟楼梯间及其合用前室分别采用机械防烟	防烟楼梯间	<20	16000～20000
		20～32	20000～25000
	合用前室	<20	12000(13000)～16000
		20～32	18000～22000
消防电梯间前室		<20	15000～20000
		20～32	22000～27000
防烟楼梯间采用自然排烟，前室或合用前室采用机械防烟		<20	22000～27000
		20～32	28000～32000
封闭避难层(间)		应按避难层净面积每平方米不小于30m^3/h计算	

注：1. 表内机械送风量是以开启疏散门2m×1.6（1.5m×2.1m）的双扇门和电梯门2m×1.8m为基础确定的。当采用单扇门时，其送风量可乘以系数0.75计算；当有两个或两个以上出口时，其机械送风量应乘以系数1.5～1.75计算。

2. 机械送风量上下限选取应按建筑层数、管道材料、防火门漏风量等因素综合比较确定。

3. 封闭避难层（间）机械送风量是参考我国《人民防空地下室设计规范》（GB 50038—2005）人员掩蔽室清洁式通风量，以每人每小时6～7m^3计。为了方便设计人员计算，以封闭避难层（间）净面积每平方米不小于30m^3/h计算（即按每平方米可容纳5人计算）。

四、工程实例

一幢16层的建筑物，设有一座楼梯间和一部服务电梯。每个楼层上的合用前室有一单扇门通向楼梯间，有一双扇门通向服务间，有一电梯出入口门通向电梯井，楼梯间底层有一双扇门通向室外，建筑底层平面如图7-11所示。所有门均为标准尺寸，电梯井顶部设有面积为0.1m^2的排气孔口。拟对楼梯间及其合用前室采用机械防烟方式，并设计成双级机械防烟系统，试计算其机械送风量。

【解】 已知：$n=16$，$m=2$，$N=1$，$A_p=0.1m^2$，$\beta_Q=1.25$，$k=0.827$。

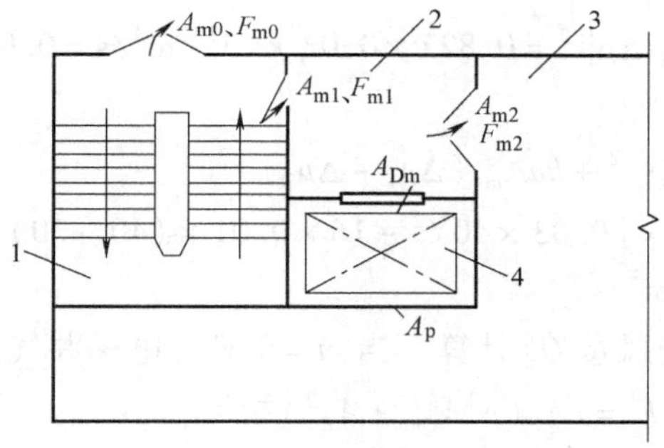

图 7-11　某建筑底层平面图

1—楼梯间　2—合用前室　3—服务间　4—电梯

各部分的气流流通面积如下：

（单位：m^2）

门类	关门时	开门时
底层外门	$A_{m0}=0.03$	$F_{m0}=3.2$
一道门	$A_{m1}=0.01$	$F_{m1}=1.6$
二道门	$A_{m2}=0.03$	$F_{m2}=3.2$
电梯门	$A_{Dm}=0.06$	$A_{Dm}=0.06$

选定双级机械防烟系统中正压间关门时所保持的正压值如下：

（单位：Pa）

运行工况	楼梯间 Δp_1	合用前室 Δp_2
正常通风	15	15
防排烟	40	30

（一）关门时机械送风量的计算

（1）楼梯间的机械送风量 Q_{f1}^{p} 计算　当楼梯间及其合用前室所有门关闭时，整个系统的空气流通路线如图 7-12 所示。

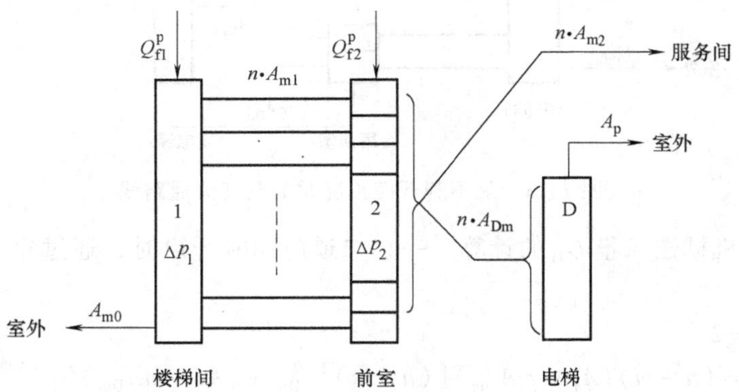

图 7-12　门全关时的空气流通路线

1）$\Delta p_1=15\text{Pa}$ 时

$$Q_{f1}^{p}=kA_{m0}\Delta p_1^{1/2}=0.827\times 0.03\times 15^{1/2}\text{m}^3/\text{s}=0.096\text{m}^3/\text{s}$$

2）$\Delta p_1=40\text{Pa}$ 时

$$\begin{aligned}Q_{f1}^{p}&=kA_{m0}\Delta p_1^{1/2}+knA_{m1}(\Delta p_1-\Delta p_2)^{1/2}\\&=0.827\times[0.03\times 40^{1/2}+16\times 0.01\times(40-30)^{1/2}]\text{m}^3/\text{s}\\&=0.575\text{m}^3/\text{s}\end{aligned}$$

（2）合用前室的机械送风量 Q_{f2}^{p} 计算　当 $m=0$ 时，电梯井气流流通面积系数为

$$\begin{aligned}F&=nA_{P}(n^2A_{Dm}^2+A_{P}^2)^{-1/2}\\&=16\times 0.1\times(16^2\times 0.06^2+0.1^2)^{-1/2}\\&=1.658\end{aligned}$$

1）$\Delta p_2=15\text{Pa}$ 时

$$\begin{aligned}Q_{f2}^{p}&=k(nA_{m2}+NFA_{Dm})\Delta p_2^{1/2}\\&=0.827\times(16\times 0.03+1\times 1.658\times 0.06)\times 15^{1/2}\text{m}^3/\text{s}\\&=1.856\text{m}^3/\text{s}\end{aligned}$$

2）$\Delta p_2=30\text{Pa}$ 时

$$\begin{aligned}Q_{f2}^{p}&=k(nA_{m2}+NFA_{Dm})\Delta p_2^{1/2}-knA_{m1}(\Delta p_1-\Delta p_2)^{1/2}\\&=0.827\times[(16\times 0.03+1\times 1.658+0.06)\times 30^{1/2}-16\times 0.01\times(40-30)^{1/2}]\text{m}^3/\text{s}\\&=2.206\text{m}^3/\text{s}\end{aligned}$$

（二）发生火灾时，每一个开门门洞处维持最低风速所需的机械送风量计算

发生火灾情况下，当楼层的门同时开启时，对前室来说，最不利的开门工况是一道门关、二道门开的情况；对楼梯间来说，最不利的开门工况是一、二道门同时开启且底层外门敞开的情况，如图 7-13 所示。

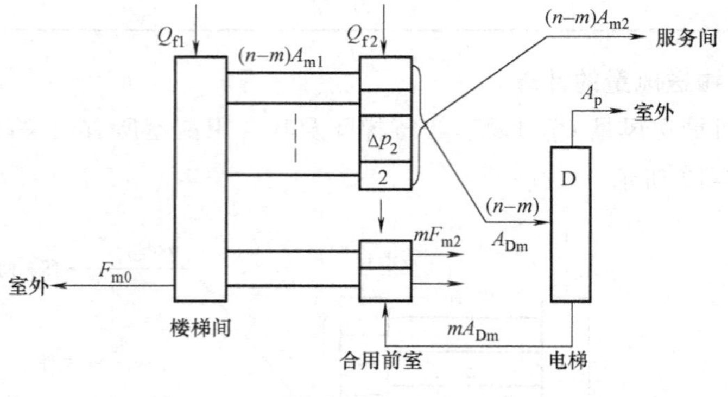

图 7-13　最不利开门工况时的空气流通路线

（1）楼梯间机械送风量 Q_{f1} 的计算　一、二道门同时开启时，通过每一个一道门洞处的计算分配风量为

$$\begin{aligned}&m=2\\&F'=(n-m)(A_{P}+mA_{Dm})[(n-m)^2A_{Dm}^2+(A_{P}+mA_{Dm})^2]^{-1/2}\\&\quad=(16-2)(0.1+2\times 0.06)[(16-2)^2\times 0.06^2+(0.1+2\times 0.06)^2]^{-1/2}\\&\quad=3.547\end{aligned}$$

$$Q_{j1}=[W_{\min}]\left[F_{m0}+m(F_{m1}^{-2}+F_{m2}^{-2})^{-1/2}+\frac{[(n-m)A_{m1}][(n-m)A_{m2}+NF'A_{Dm}]}{\sqrt{[(n-m)A_{m1}]^2+[(n-m)A_{m2}+NF'A_{Dm}]^2}}\right]$$

$$=0.7\times\left\{3.2+2\times(1.6^{-2}+3.2^{-2})^{-1/2}+\frac{[(16-2)\times0.01][(16-2)\times0.03+1\times3.547\times0.06]}{\sqrt{[(16-2)\times0.01]^2+[(16-2)\times0.03+1\times3.547\times0.06]^2}}\right\}$$

$$=4.36\text{m}^3/\text{s}$$

（2）合用前室机械送风量 Q_{f2} 的计算　一道门关，二道门开时，每一个二道门洞处的计算分配风量为

$$Q_{f2}=mQ_{k2}=mF_{m2}[W_{\min}]=2\times3.2\times0.5\text{m}^3/\text{s}=3.2\text{m}^3/\text{s}$$

（三）机械送风量的确定

考虑到风量储备，则送风机应提供的机械送风量为

1）正常运行时

$$Q_{f1}^{p}=1.25\times0.096\text{m}^3/\text{s}=0.12\text{m}^3/\text{s}=432\text{m}^3/\text{h}$$

$$Q_{f2}^{p}=1.25\times1.856\text{m}^3/\text{s}=2.32\text{m}^3/\text{s}=8352\text{m}^3/\text{h}$$

2）防排烟时，由计算结果可知维持开门门洞处最低风速所需的送风量大于保持关门正压值时所需的送风量，因此机械送风量应为

$$Q_{f1}=1.25\times4.36\text{m}^3/\text{s}=5.45\text{m}^3/\text{s}=19620\text{m}^3/\text{h}$$

$$Q_{f2}=1.25\times3.2\text{m}^3/\text{s}=4\text{m}^3/\text{s}=14400\text{m}^3/\text{h}$$

均符合规范要求。

第四节　机械送风口的设置要求

一、机械送风气流的流动特性

送风气流在离开送风口沿轴向流动的过程中，由于卷吸了周围大量空气，气流股的边界越来越宽，扩展角为27°～29°，但主体段速度却逐渐降低。图7-14所示为一宽度为 b_1 的条缝形送风口外的气流速度分布图，由此可见，送风气流速度衰减很慢，即使在离送风口 $100b_1$ 处，气流速度仍为出口速度的1/4左右。送风气流的能量密集程度高、速度衰减慢的特点，使它能在空间中形成一堵具有一定刚度的气体幕墙，故有“气幕”之称。

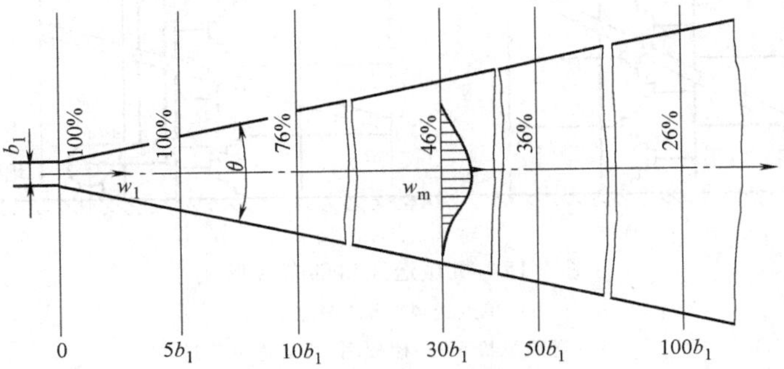

图7-14　送风口外的气流速度分布图

二、机械送风口的有效面积

（一）机械送风口尺寸的确定

机械送风口的尺寸一般只要求按送风口有效面积计算的送风速度低于7m/s即可，如果送风速度过高，将使局部阻力过大；速度过小，则送风口尺寸过小，布置上以及与管道的连接都有困难。每个机械送风口的有效面积应为

$$f_i = \frac{Q_f}{mW_f} \tag{7-22}$$

式中　Q_f——机械防烟系统总送风量（m^3/s）；

m——机械送风口数量；

W_f——机械送风口处速度，计算时可取7m/s，相应得到的是最小有效面积。

（二）工程实例

一幢16层的建筑物，如果楼梯间机械防烟系统每2层设一个机械送风口，共采用了8个等面积的侧孔机械送风口，已知防烟楼梯间的机械送风量为$6.4m^3/s$，试确定该系统的机械送风口面积。

【解】 已知$m=8$，$Q_f=6.4m^3/s$。

根据规范对送风速度的要求，侧孔送风速度$W_f \leq 7m/s$，则侧孔面积为

$$f_i = Q_f/(mW_f) = 6.4/(8\times7) = 0.114(m^2)$$

按送风口产品规格，选定板式送风口为400mm×400mm。

三、机械送风口的形式

对防烟楼梯间的前室或合用前室来说，机械送风口应每层设置1个；但对楼梯间来说，则不是在每层都设置送风口。各国对高层建筑防烟楼梯间送风口的具体设置不尽相同，主要有单点送风和多点送风两种，如图7-15所示。

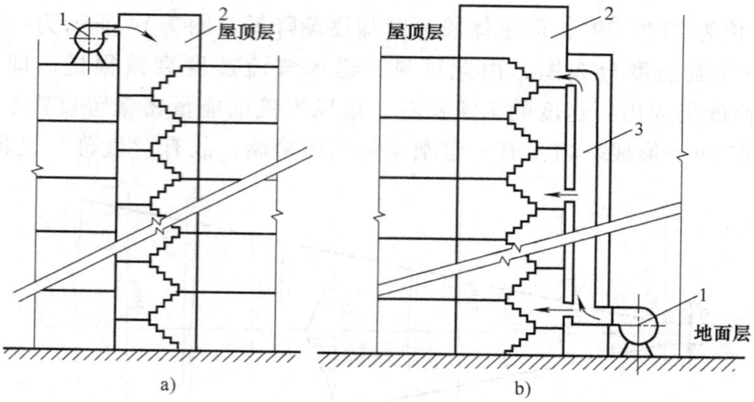

图7-15　机械送风口的布置形式

a）单点送风　b）多点送风

1—送风风机　2—楼梯间　3—送风管道

（一）单点送风

对每个防烟部位，送风口只有一处时，称为单点送风。送风口可以设在建筑物的屋顶

层，也可以设在建筑物的地面层，还可以设在建筑物的中间设备层。若高层建筑的楼梯间采用单点送风，通常不设竖直送风管道。用20层建筑物模型试验的结果表明，当只在楼梯间最顶端送风时，10层以上就超过了门内外最大允许压差值100Pa，当采用从楼梯间最顶端开始，每隔5层设置一个送风口的多点送风方式时，在14层以上门内外压差值才超过100Pa。为了降低14层以上的超压，可在楼梯间顶部设置泄气口。通常不采用只从楼梯间最下端送风的方式，这是因为送入的大部分风量会从楼梯间底层的外门流出。

当火灾在远离送风口的楼层发生，而且送风口附近的几个楼层的楼梯间的门开启时，几乎全部机械送风量都将从这几个开启的门流失，致使着火层楼梯间起加压作用的风量只占总送风量的极小部分，风压也很低，起不到应有的防烟作用。这就是说，单点送风不能在任何情况下使远离送风口的加压部位保持足够的正压，尤其对于从建筑物底部单点送风的机械防烟系统而言，因为在发生火灾时，受灾人员的疏散活动和消防人员的救援活动将使楼梯间底层的外门经常处于开启状态。所以单点送风通常设计成从楼梯间顶部送风的形式，且建筑物的高度不宜超过8层，最多不能超过12层。为了避免单点送风的弊端，有的设计者采用了上下两点送风的方式。上下两点送风虽然优于单点送风，但近底层的送风机送入楼梯间的空气仍然容易从底层的外门逸出。

（二）多点送风

对每个防烟部位，送风口有多处时，称为多点送风。对于多点送风的形式，从理论上来说，在建筑物的各楼层分别设置送风口的办法最好，这样可以较好地防止加压空气通过打开的楼梯间的门流失，保证加压各部位压力均匀。但在实际应用上，只要加压空气通过一些打开的楼梯间的门流失的部分不影响机械防烟的效果，这部分空气流失则是允许的。我国规范规定防烟楼梯间的机械送风口宜每隔2~3层设置1个，这样既方便整个防烟楼梯间内的压力值达到均衡一致，又可避免在需要一定机械送风量时因送风口数量少而导致送风口断面面积太大。

防烟楼梯间的机械送风口应采用自垂式百叶风口或常开的双层百叶风口。当采用后者时，应在其送风风机的吸入管上设置止回阀或与风机连锁的电动阀，其目的是防止冬季设有采暖设备和夏季设有空调系统的建筑物内的能量损失。冬季不设采暖设备和夏季不设空调系统的建筑物可不设置。

四、机械送风口的布置

1）对于层数超过32层或建筑高度超过100m的超高层建筑，如果设置了避难层兼设备层，则可利用这种避难层兼设备层在垂直方向进行分区，在每一分区设置单独的送风风机对其进行分段加压送风。

2）剪刀楼梯间可合用一个送风管道，但其送风量应按两个楼梯间的送风量计算，送风口应分别设置。

3）防烟楼梯间及其前室、消防电梯前室或合用前室的送风口布置应能形成一股与进入前室的气流方向相反的气流，另外，烟气和空气最好能够形成上下分层的气流状态，为此，机械送风口和排气口的布置应相互配合。

① 水平要求　楼梯间的送风口最好布置在与通向前室的防火门相对的墙面上，其次可布置在与其相互垂直的邻墙上，这样可以提高防烟效果，减少前室进烟，如图7-16所示。

② 垂直要求　楼梯间的送风口要布置在楼层之间的休息平台距地面 1.2m 以上处。前室的送风口要布置在距地面 1/2 层高以下处，与此对应，排气口要布置在距地面 1/2 层高以上处。外墙排气口必须布置在前室的顶棚上或外墙上部靠近顶棚处，且远离前室与走廊的防火门，起到在排气的同时带走部分烟气和热量的作用；排气口的下缘不得低于顶棚 800mm，在布置有防烟垂壁的情况下，最好不要低于防烟垂壁的下端，否则，排气口将失效或部分失效，如图 7-17 所示。

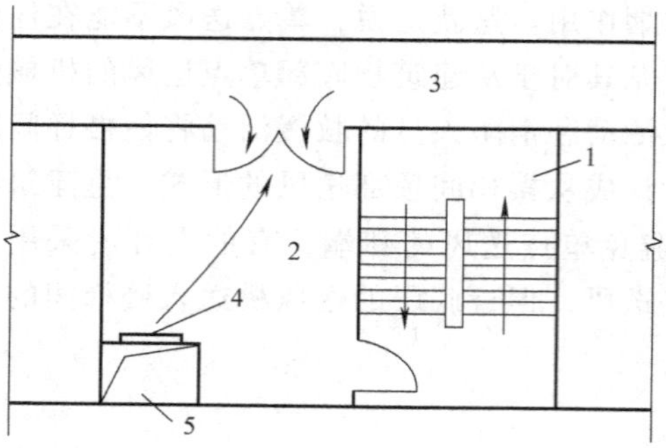

图 7-16　送风口的水平布置示意图
1—楼梯间　2—前室　3—走廊　4—送风口　5—送风竖井

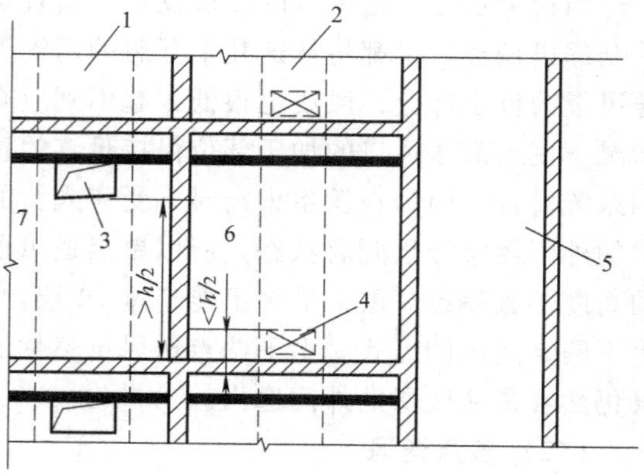

图 7-17　送风口的竖直布置示意图
1—排气竖井　2—送风竖井　3—排气口　4—送风口
5—楼梯间　6—前室　7—走廊

五、机械防烟系统的余压调节

从建筑物内的正压间排至非正压间的空气，必须进一步排至建筑物外部去，否则建筑物非正压间的空气压力（即背压）将逐渐升高，从而降低正压间与非正压间之间的压力差，导致开门时门洞处气流速度降低，影响防烟效果。从建筑物内非正压间向室外泄压的途径通常有利用可开启的窗户、外墙上设置专用的自然排气口、自然排气竖井和利用排风机机械排气四种。

在机械防烟系统中，风量和风压的变化是密切相关的。为了维持一定的余压值，在泄漏气流通路不变的情况下，要么改变送风量的大小，要么改变排风量的大小。这种通过改变机械防烟系统的送风量或排风量来改变系统余压值的方法，称为机械防烟系统的余压调节。根据机械防烟系统中改变风量的方法，余压调节可分为稳压调节、旁通调节和变风量调节三种基本方式。

（一）稳压调节

如图 7-18 所示，在机械防烟系统中需要保持一定正压值的部位设置一稳压装置，如利用力矩平衡原理制成的稳压板或利用静压传感器和电动排气阀组合而成的自动控制排气阀等。当余压值超过限度时，稳压板或排气阀开启泄压；而当余压值降低到限定值以下时，稳压板或排气阀复位闭合，这样就可以使余压值稳定在一定的范围之内。稳压板一般

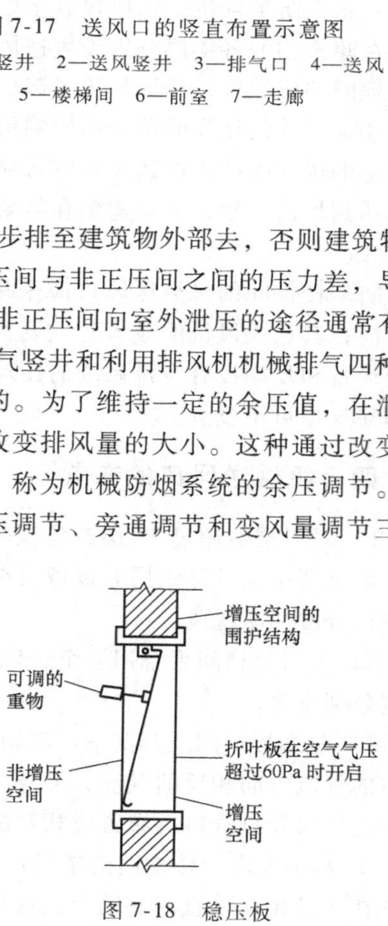

图 7-18　稳压板

由折叶板和可调的重物构成，由于机械动作不够灵敏，在电子技术高度发展的情况下有逐渐被淘汰的趋势，取而代之的是由静压传感器和电动排气阀组合而成的自动控制排气阀。

防烟楼梯间及其合用前室需要加压送风时，两者需要维持的正压值不同，不同楼层的防烟楼梯间与合用前室之间的门和合用前室与走道之间的门同时开启或部分开启时，气流的走向和风量的分配也较为复杂，为此，规范规定这两部位的机械送风系统应分别独立设置。如共用一个机械送风系统时，应在通向合用前室的送风支管上设置压差自动调节装置。

（二）旁通调节

如图 7-19 所示，在送风风机的送风管道上设置一旁通管道，在旁通管道上设有由静压传感器控制的电动阀门，根据压力控制点正压值的变化改变阀门的开度，从而改变送往机械防烟系统的送风量。例如：当楼梯间所有的门都关闭时，正压间的余压超过限定值，静压传感器控制旁通阀门开大，循环回到送风风机入口的风量增加，从而减少送入机械防烟系统的风量，使正压间不致超压；反之，当楼梯间中某些门开启时，正压间内的余压降低，静压传感器控制旁通阀门关小，直至关闭，使送入机械防烟系统的风量增加，以维持开门门洞处的气流速度达到最低风速值以上。

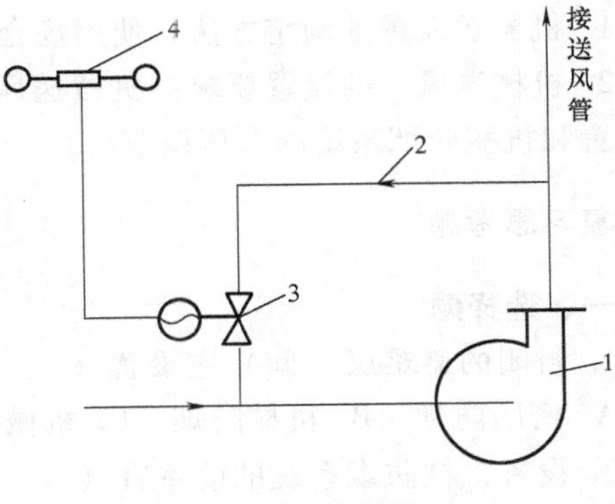

图 7-19　旁通调节示意图

1—送风风机　2—旁通管道　3—电动阀门　4—静压传感器

（三）变风量调节

变风量调节是直接改变送风量的大小，以适应不同情况的需要。变风量调节有总管路变风量和支管路变风量两种。总管路变风量是改变送风风机的电动机转速（如采用无级调速电动机）来改变送风风机的转速，从而改变整个系统的送风量。支管路变风量是在需要改变送风量部位的送风支管路上设置由静压传感器控制的电动阀门等压差自动调节装置，通过改变阀门开度来改变该支管路的送风量，如图 7-20 所示。

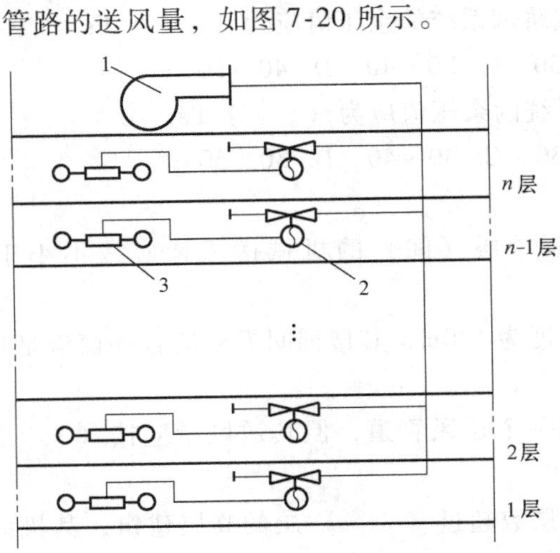

图 7-20　前室加压送风变风量调节

1—送风风机　2—电动阀门　3—静压传感器

自学指导

本章学习重点：机械防烟系统气流通路的基本形式；机械防烟的适用范围。

1. 机械防烟系统气流通路的基本形式：并列式、串列式和混合式。

2. 机械防烟的适用范围：不具备自然排烟条件的封闭式楼梯间；不具备自然排烟条件的防烟楼梯间及其可采用可开启外窗自然排烟的封闭前室；不具备自然排烟条件的防烟楼梯间及其前室；设置自然排烟设施的防烟楼梯间，其不具备自然排烟条件的前室或合用前室；特殊部位。

本章学习难点：机械送风量的确定方法；机械送风口的设置要求。

1. 机械送风量的确定方法、使用场合和工程应用。

2. 机械送风口的设置要求：机械送风口的有效面积、机械送风口的形式、机械送风口的布置和机械防烟系统的余压调节。

复习思考题

一、选择题

1. 封闭的避难层（间）应设置（　　）设施。

A. 密闭防烟　B. 机械防烟　C. 机械排烟　D. 自然排烟

2. 设置机械防烟系统的前室宜（　　）设一个加压送风口。

A. 每层　B. 每 2 层　C. 每 3 层　D. 每隔 2 ~ 3 层

3. 某一类高层建筑的防烟楼梯间前室设有两个不同朝向的可开启外窗，且开窗面积均符合自然排烟的要求，下列说法正确的是（　　）。

A. 该楼梯间必须设排烟设施　　B. 该楼梯间可不设防烟设施

C. 该楼梯间必须设防烟设施　　D. 该楼梯间必须设机械排烟设施

4. 送风口一般设置在墙壁面的（　　）。

A. 上部　B. 中部　C. 下部　D. 什么地方都可以

5. 防烟楼梯间内机械防烟系统的余压值应为（　　）Pa。

A. 10 ~ 15　B. 25 ~ 30　C. 30 ~ 40　D. 40 ~ 50

6. 前室内机械防烟系统的余压值应为（　　）Pa。

A. 10 ~ 15　B. 25 ~ 30　C. 30 ~ 40　D. 30 ~ 50

二、填空题

1. 规范中规定封闭避难层（间）的机械送风量应按不小于（　　）$m^3/(m^2 \cdot h)$ 计算。

2. 某高层居住建筑高度为 120m，其楼梯间靠外墙且外窗满足自然排烟的条件，因此楼梯间采用（　　）方式。

3. 剪刀楼梯间可合用一个送风管道，但其送风量应按（　　）楼梯间的送风量计算，送风口应分别设置。

4. 机械防烟设计中，层数超过（　　）层的高层建筑，其机械防烟系统及送风量应分段设计。

5. 某建筑高 98m，共 22 层，设计机械防烟系统时可同时开启（　　）个楼层的防火门。

6. 当高层建筑合用前室机械防烟系统运行时，关门情况下合用前室内的余压值为(　　) Pa 时，可说明此防烟系统满足规范要求。

三、简答题

1. 机械防烟方式的优缺点有哪些?

2. 简述机械送风口的设置要求。

3. 简述机械防烟系统的余压调节装置。

四、计算题

1. 有三个开口面积分别为 $1.8m^2$、$2.3\ m^2$、$3.2\ m^2$ 并互相串列的气流通路，总的流通面积为多少?

2. 某一类高层建筑，共 28 层，层高 3m，长 70m，宽 22m，东西两侧各有一防烟楼梯间，电梯共 4 部，合用前室 2 个。双扇防火门的尺寸为 1.5m×2.1m，标准层（11~28 层）平面图如图 7-21 所示。请回答下列问题:

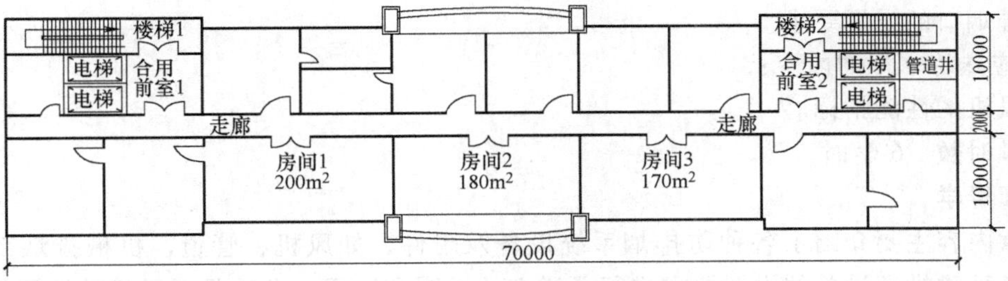

图　7-21

(1) 该建筑的哪些部位应设置机械防烟设施?

(2) 试用风速法计算该建筑防烟楼梯间 1 机械防烟所需的送风量。

第八章　防排烟系统设备及附件

学习目标

1. 应了解、知道的内容：

• 风机的命名方式。

• 防排烟设备的主要类型。

2. 应理解、清楚的内容：

• 风机的设置要求。

• 管道的设置要求。

3. 应掌握、会用的内容：

• 排烟防火阀的设置要求。

• 排烟口的设置要求。

4. 应熟练掌握的内容：

• 风机的性能指标。

自学时数　6 学时。

老师导学

本章内容主要介绍了各种防排烟系统设备及附件，如风机、管道、机械排烟系统阀门等，对各种防排烟设备的设置要求进行了详细的说明和解释，尤其是对风机的性能指标进行了重点分析。通过对本章的学习，应了解各类防排烟设备的设置要求，重点是灵活应用。

第一节　风机的设置与选型

防排烟系统的设备及附件包括风机、管道和机械排烟系统阀门，其中风机是主要设备，其余称为附属设备或附件。

一、风机的设置

防排烟工程中应用的风机按用途分类，有送风风机和排烟风机两种。

（一）送风风机的设置

鉴于机械防烟的要求不同，送风风机究竟设在哪里为好目前还没有定论。有的人认为设在建筑物底层较好，有的人认为设在建筑物顶层较好，还有人认为宜设在建筑物中间部位的设备层中。下面将通过分析着火建筑物的气体流动特性、送风风机的进风口位置和送风风机的安装施工三个方面来探讨送风风机位置的设置。

1. 着火建筑物的气体流动特性对送风风机设置的要求

当建筑物发生火灾时，火灾产生的高温烟气密度比室外空气小，会因浮力作用向上升起，整个建筑物内高温烟气和热量的分布规律是上部的烟气量大、空气温度高，下部的烟气量小、空气温度低。根据烟气上升流动的特点，送风风机一般设在建筑物的底层为好，如果在建筑物的底层设置送风风机有困难，也可以设在建筑物中间部位的设备层中。机械防烟机房应采用耐火极限不低于 2.5h 的隔墙和 1.5h 的楼板与其他部位隔开，隔墙上的门应为甲级防火门。

2. 送风风机的进风口位置对送风风机设置的要求

送风风机的进风口作为机械防烟系统采集建筑物外新鲜空气的入口，其位置应满足以下要求：

1）设在建筑物外空气比较洁净的地点。

2）为防止把从建筑物排到室外的烟气吸回机械防烟系统，进风口的位置应尽可能远离排烟口，布置在各种不利孔口的上风侧，即相对于室外自然风向而言，送风风机进风口应在上风向，各种排烟口、排气口应在下风向。从垂直方向看，进风口位置在下，排烟口位置在上，或者在送风机的进风口处设置自动关闭装置，当烟气回流时能自动关闭。

3）进风口下缘距室外地坪一般不低于 2m，以免吸入地面灰尘。

4）进风口如不与送风管道或其他设备连接，应装网孔直径为 20 ~ 25mm 的入口保护网。

根据送风风机进风口位置的要求，送风风机宜设置在建筑物的底层或中间部位的设备层中。

3. 送风风机的安装施工对送风风机位置的要求

由于送风风机质量较大，所以在平台或较高的基础上安装时，必须用滑轮或倒链进行吊装。目前使用最多的是 4-72 型№6 ~ 20 号的离心式送风风机。送风风机的轴和电动机的轴是分开的，采用弹性联轴器或 V 带传动，如送风风机和电动机两轴不同心，会引起送风风机振动及电动机和轴承过热。尽管联轴器内装有橡胶圈，但只能消除在正常运转下产生的微量变形，不能解决两轴不同心问题，因此在送风风机和电动机的安装过程中，对中精度要求较高。另外，送风风机在运转时，由于离心力的作用会引起振动。为了减少振动对其他精密设备和建筑结构的影响，通常在送风风机底座支架与楼板或基础之间放置减振器，或设置减振基础，一般是把送风风机装在型钢支架上或装在钢筋混凝土板上。因此，从相对地减少安装施工的难度和最大限度地减轻风机振动对建筑物结构的影响出发，送风风机以设置在建筑物的底层为最好，顶层次之，中间部位的设备层再次之。

综合以上三个方面的分析，送风风机宜设置在建筑物的底层。层数较多的高层建筑如果设置了避难层兼设备层，则可利用避难层兼设备层在垂直方向进行分区，而在每个分区设置单独的送风风机对其进行加压送风。例如，上海静安希尔顿工程大楼共 43 层，其中第五层和第二十二层为避难层兼设备层，因此把整个建筑物沿垂直方向划分为三个分区，即第一 ~ 四层为第一个分区，第六 ~ 二十一层为第二个分区，第二十三 ~ 四十三层为第三个分区。各分区的楼梯间与其前室分设独立的机械防烟系统，如图 8-1

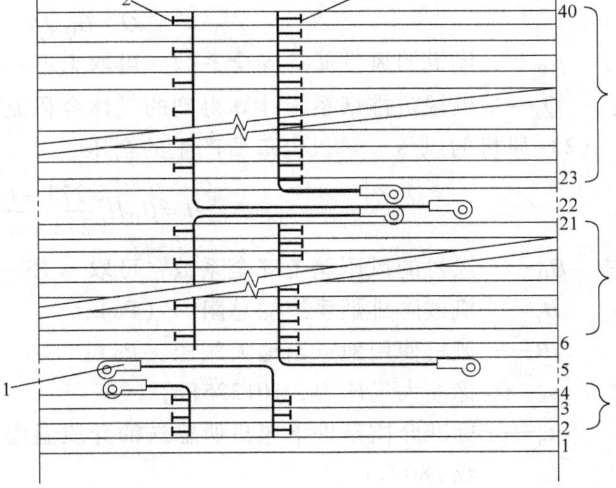

图 8-1　希尔顿工程大楼垂直分区示意图

1—送风风机　2—楼梯间送风　3—前室送风

所示，送风机分别布置在第五层和第二十二层中。

（二）排烟风机的设置

为了保障排烟风机本身不受火灾的威胁，并便于操作管理，在设置上应满足以下要求：

1）排烟风机应位于机械排烟系统最高排烟口的上部，并应设在用耐火极限不小于2～3h的隔墙隔开的机房内，机房的门应采用耐火极限1.2h的甲级防火门。

2）为了方便维修管理，排烟风机外壳至墙壁或其他设备的距离不应小于60cm。另外，排烟风机应设在混凝土或钢架基础上，但可不设置减振装置。

3）排烟风机与排烟管道的连接方式应合理，一是要采用渐扩或渐缩的接头，二是要注意旋转方向。总的要求是保证排烟风机进出口处气流顺畅，如图8-2所示。

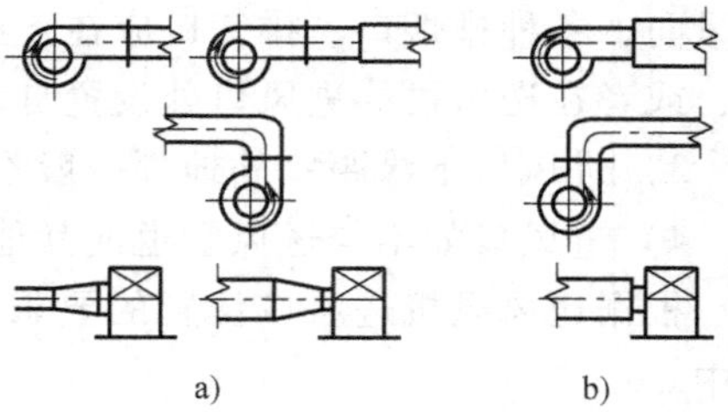

图8-2 排烟风机与排烟管道的连接

a）正确连接 b）错误连接

4）排烟风机与排烟口应设有连锁装置，当任何一个排烟口开启时，排烟风机能自动启动，即一经报警，确认发生火灾时，由手动或由消防控制室遥控开启排烟口，则排烟风机立即投入运行，同时能立即关闭着火区域的通风、空调系统，使非着火区域保持正压，以减少烟气的蔓延扩散。

二、风机的选型

风机选型的内容有两项：一是确定风机的性能指标，二是确定风机的具体型号规格。

（一）确定风机的性能指标

在确定了机械防排烟系统的阻力和流量之后，便可以确定所需风机的风量、风压和功率。鉴于实际运行条件和理论计算条件之间存在着一定的偏差，所以无论是风量、风压或功率都必须考虑一定的储备安全系数。

（1）风机的风量　风机在正常工作状态下所输送的介质的容积流量。

$$Q=\beta_{\mathrm{Q}}Q_j \tag{8-1}$$

式中　β_{Q}——风机的风量储备安全系数，可取1.1～1.25；

Q_j——机械防排烟系统计算得到的气体容积流量（m^3/s）。

（2）风机的风压　风机出口所产生的全压。

$$H=\beta_{\mathrm{H}}H_j\frac{273+t}{273+t_{\mathrm{b}}}\frac{p_{\mathrm{b}}}{B} \tag{8-2}$$

式中　β_{H}——风机的风压储备安全系数，可取1.15～1.2；

H_j——机械防排烟系统的总阻力（Pa）；

B——风机使用地点当地大气压（Pa）；

p_{b}——标准大气压力，101325Pa；

t_{b}——标准介质条件下风机所输送的介质温度，送风机一般为20℃，排烟机为200℃或280℃；

t——使用条件下风机所输送的介质温度（℃）。

（3）风机的轴功率　风机在正常工作状态下的输入功率。

$$N_z = \eta_c \frac{N_D}{K_N} \tag{8-3}$$

式中　η_c——风机传动效率，随不同的传动方式而异，一般取0.9～1；

K_N——电动机的功率储备安全系数，随着电动机功率的增大而减小，一般取1.15～1.5；

N_D——风机配用电动机所需功率（W）。

（4）风机的效率　风机的输出功率与输入功率的百分比

$$\eta_f = QH/N_z \tag{8-4}$$

式中　η_f——风机的输出功率与输入功率的百分比（%）。

（二）确定风机的具体型号规格

不论是送风风机还是排烟风机，按其工作原理可分为离心式风机和轴流式风机两种。

1. 离心式风机

离心式风机构造如图8-3所示，主要由叶轮、机壳、轴、轴承座、进风口、排气口、传动件及电动机等组成。叶轮是离心式风机的主要部件之一。叶轮上有若干叶片，叶轮轴通过传动件与电动机主轴相连，构成了风机的转动部件。机壳也是离心式风机的主要部件，常做成蜗壳形，机壳与进风口及排气口连成一体，与轴承座、底座等构成了风机的静止部件。当叶轮在机壳中旋转时，叶轮叶片间隙中的气体被带动旋转而获得离心力，气体由于离心力的作用被径向地甩向机壳的边缘，产生一定的正压力，并由蜗壳形机壳汇集沿切向引导至排气口排出；叶轮中则由于气体被甩离而形成负压，气体因而源源不断地由进风口轴向地被吸入，从而形成了气体被连续吸入、加压、排出的流动过程。这就是离心式风机的工作原理。在离心式风机中，实现了电能转换为机械能，然后再转换为气体的压能的过程。

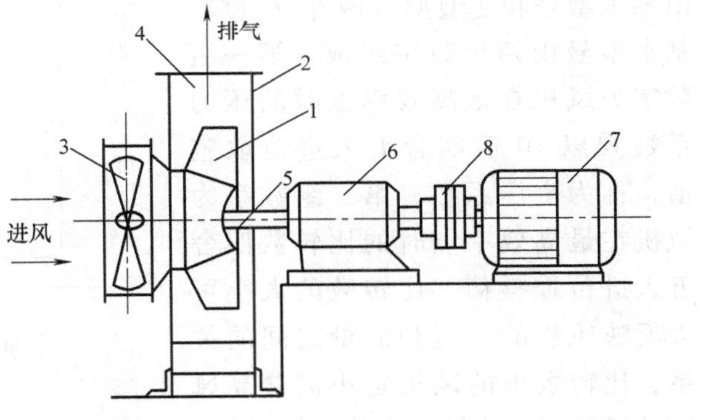

图8-3　离心式风机构造示意图
1—叶轮　2—机壳　3—进风口　4—排气口　5—轴
6—轴承座　7—电动机　8—联轴器

离心式风机可按叶轮上叶片的方向分为径向、后向（后弯）和前向（前弯）三种，径向 $\beta=90°$，后向 $\beta<90°$，前向 $\beta>90°$；按叶片形状可分为直线形和曲线形两种，综合起来共有如图8-4所示的六种形式。在其他条件相同的情况下，前向式叶片的风机压力最高，径向式次之，后向式最低；但风机的效率则恰恰相反，后向式最高，径向式次之，前向式最低。此外，后向式叶片的风机噪声较小，所以一般高效离心式风机多采用后向式叶片。

离心式风机还可按风机出口的全压值分为低压、中压、高压三类，低压离心式风机 $H<1000\text{Pa}$，中压离心式风机 $H=1000\sim3000\text{Pa}$，高压离心式风机 $H>3000\text{Pa}$。

离心式风机的命名，即铭牌标志如图8-5所示，国内规定包括六个部分：

（1）用途　采用汉字或汉语拼音字母的简写，如一般通风换气用风机采用汉字“通用”或汉语拼音字母的简写T（或省略）。

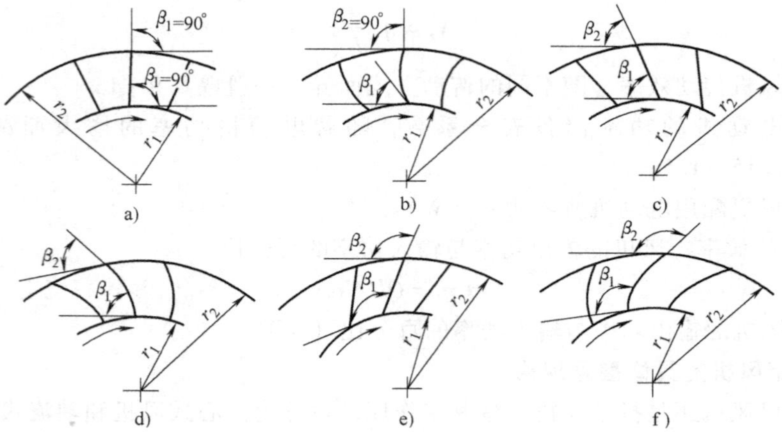

图 8-4　离心式风机叶片的形式

a）径向直线线　b）径向曲线形　c）后向直线形　d）后向曲线形　e）前向直线形　f）前向曲线形

(2) 型号　离心式风机的型号由基本型号和变型型号两部分组成。基本型号由两组数字组成，第一组数字为风机在最高效率点时的压力系数乘以 10 后四舍五入进位取整值，称为全压系数；第二组数字为风机在最高效率点时的比转数四舍五入进位取整值。比转数的大小可以反映风机的风压和流量之间的关系，比转数小的风机是小流量高风压的风机，而比转数大的风机是大流量低风压的风机。变型型号由两位阿拉伯数字组成，第一位数字为进风口的吸入形式，单吸式以 1 表示或不注数字，双吸式以 2 或 0 表示；第二位数字为产品设计顺序号。

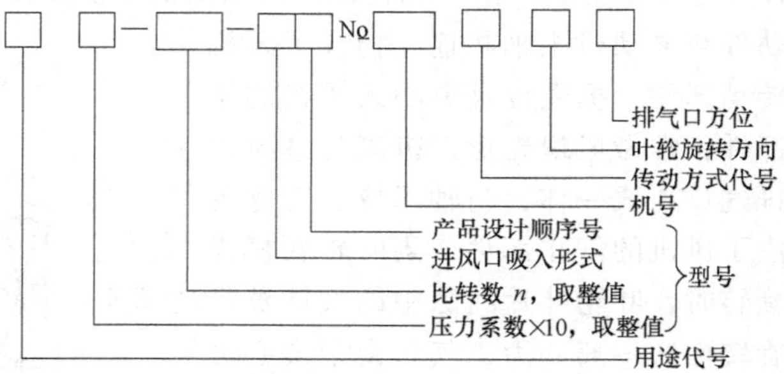

图 8-5　离心式风机的铭牌标志示意图

(3) 机号　离心式风机的机号为叶轮直径的毫米数除以 100，前面冠以№表示，如№10 号风机的叶轮直径为 1000mm。

(4) 传动方式　离心式风机的传动方式共有七种，见表 8-1。

表 8-1　离心式风机的传动方式

传动方式	代号	具 体 结 构
电动机直联	A	风机叶轮直接装在电动机轴上
带轮	B	叶轮悬臂安装,带轮在两轴承中间
	C	叶轮和带轮分别悬臂安装在轴的两端
	D	叶轮在两轴承之间,带轮悬臂安装
联轴器	E	叶轮悬臂安装
	F	叶轮安装在两轴承之间
齿轮	G	叶轮与电动机之间通过齿轮传动

(5) 叶轮旋转方向　离心式风机的叶轮旋转方向是从电动机位置看叶轮旋转方向而定，

顺时针为右旋，逆时针为左旋。离心式风机多为右旋。

（6）排气口方位　离心式风机排气口的方位由排气口轴线与水平的夹角表示，通常分为八个基本位置，各相差45°，如图8-6所示。在有些情况下，要求分得更细，共有24个位置，各相差15°。

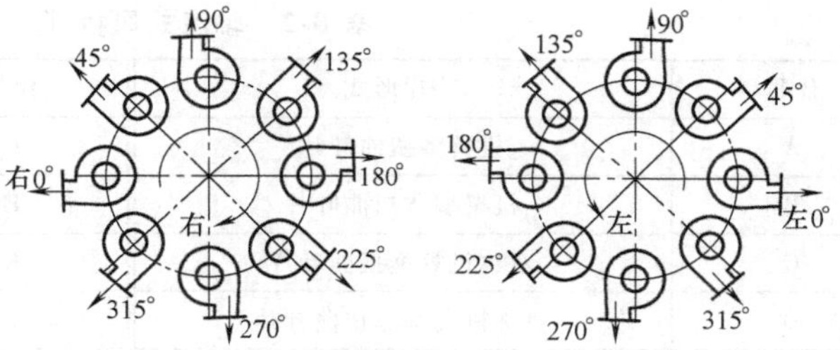

图8-6　离心式风机排气口方位示意图

例如，4-73-11 №8A 右 90°风机，表示通用风机，压力系数约为0.4，比转数为73，单吸式，第一次设计，叶轮直径为800mm，电动机直联传动，右旋，排气口方位为90°。

2. 轴流式风机

普通电风扇就是最简单的轴流式风机。如图8-7所示为大型轴流式风机的结构，主要由叶轮、机壳、入口导向叶片、前后整流罩、扩压筒、轴承座、电动机及底座等组成。叶轮是轴流式风机的主要部件之一。叶轮上的叶片为斜面形状，当叶轮由电动机带动而旋转时，气体受到叶片的推挤而升压，并形成轴向流动。入口导向叶片的作用是使旋转的气流变为轴向流动；前后整流罩的作用是引导进出气流，使其适应流通截面的突然变化。由于风机中的气流始终沿着轴向流动，故称为轴流式风机。

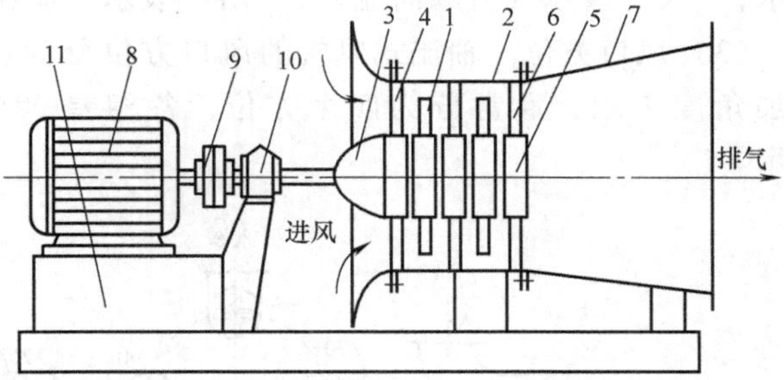

图8-7　大型轴流式风机结构示意图

1—叶轮　2—机壳　3—前整流罩　4—入口导向叶片
5—后整流罩　6—出口导向叶片　7—扩压筒
8—电动机　9—联轴器　10—轴承座　11—底座

轴流式风机按叶片的形式可分为板型和机翼型，同时还有扭曲叶片和非扭曲叶片之别。轴流式风机按出口的全压值可分为低压和高压两种：低压轴流式风机 $H<500\text{Pa}$，高压轴流式风机 $H\geqslant500\text{Pa}$。

轴流式风机的命名，即铭牌标志如图8-8所示。轴流式风机同离心式风机相比，其铭牌标志在型号、气流方向和风口方位上有所区别。

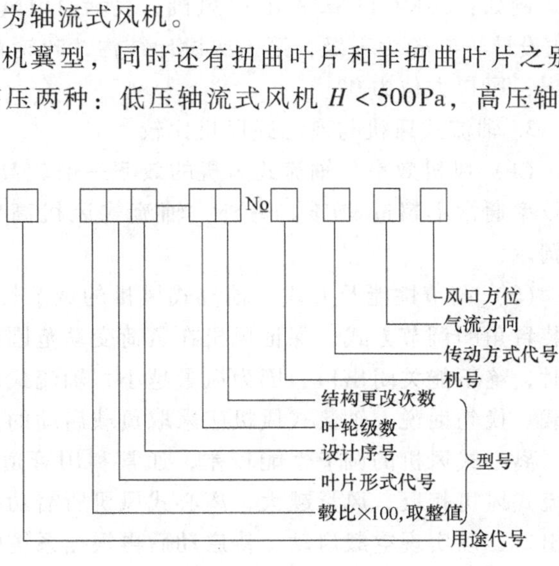

图8-8　轴流式风机的铭牌标志示意图

（1）型号　轴流式风机的型号也由基本型号和变型型号两部分组成，中间用横线隔开。基本型号由三组数字组成，第一组数字为毂比（叶轮轮毂直径与叶轮直径之比）乘100后取整值；第二组数字为叶片形式代号，见表8-2；第三组数字为设计序号。变型型号由两位阿拉伯数字组成，第一位数字为叶轮级数；第二位数字为结构更改次数。

表 8-2　轴流式风机叶片形式代号

代号	叶片形式	代号	叶片形式
A	机翼型扭曲叶片	G	对称半机翼型扭曲叶片
B	机翼型非扭曲叶片	H	对称半机翼型非扭曲叶片
C	对称机翼型扭曲叶片	K	等厚板型扭曲叶片
D	对称机翼型非扭曲叶片	L	等厚板型非扭曲叶片
E	半机翼型扭曲叶片	M	对称等厚板型扭曲叶片
F	半机翼型非扭曲叶片	N	对称等厚板型非扭曲叶片

（2）气流方向　轴流式风机的气流方向是指正对风口的气体流向，用“入”或“出”表示，“入”表示气流顺向流入；“出”表示气流迎面流出。

（3）风口方位　轴流式风机的风口方位分为进、出两种，在气流方向“出”或“入”后加角度表示，通常分为四个方位，各相差 90°，即为 0°、90°、180°、270°，如图 8-9 所示。

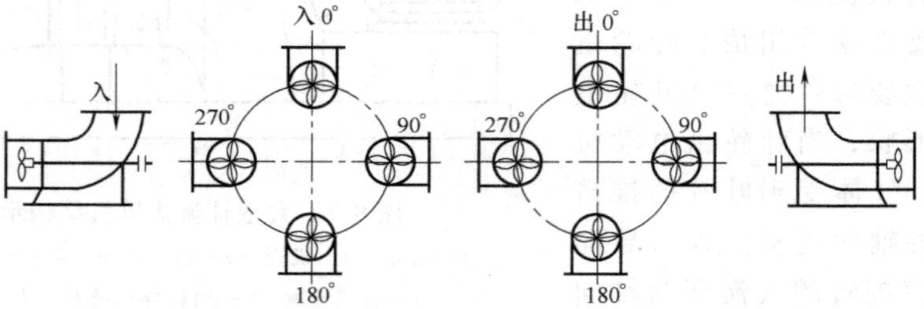

图 8-9　轴流式风机风口位置示意图

例如：30K4-11№3A 出 0°风机，表示通用风机，毂比约为 0.3，等厚板型扭曲叶片，第 4 次设计，叶轮为 1 级，第一次设计结构，叶轮直径为 300mm，电动机直联传动，气流迎面流出，风口方位为 0°。

3. 轴流式风机与离心式风机比较

（1）风机效率　轴流式风机的效率一般较高，可达 92% 甚至更高，而高效离心式风机的效率通常不超过 90%。另外，轴流式风机高效工况区域较宽广，所以，其工作范围更广阔。

（2）调节性能及方式　轴流式风机的调节性能较好，特别是可以通过改变入口导向叶片装置角的调节方式，保证风机在负荷变动范围内保持接近设计点的高效率。轴流式风机启动时，绝不能关闭出口，因为风量越小，轴流式风机所需功率反而越大，否则将造成电动机过载。换句话说，轴流式风机应采取负载启动的方式。

离心式风机的调节性能较差，通常利用管道上的阀门（如闸阀或旋板阀）来调节。与轴流式风机相反，风量越大，离心式风机所需功率越大，因此，离心式风机启动时，应该关闭出口，以实现空载启动，待启动后再根据系统的需要调节阀门的开度。

（3）风机出口风压　通常所说的风机出口风压是指风机出口全压。轴流式风机出口风压较低，特别是单级轴流式风机，其风压一般不超过300Pa，所以，轴流式风机一般应用在大流量低风压的场合，如在防排烟工程中用于防烟分区的机械排烟系统。离心式风机的出口风压较高，特别是高压离心式风机，其出口风压可达10kPa以上。随着风机出口风压的提高，叶轮的直径增大很快，所以，离心式风机的出口风压也是有限的。在防排烟工程的机械防烟系统中，离心式风机得到了较多的应用。

（4）风机体积和占地面积　轴流式风机的体积较小，特别是由于气流轴向流动，风机可直接与管道连通，无须设置弯头，因而布置紧凑，占地面积较小。离心式风机则不然，随着风量和风压的增大，离心式风机的体积增大很快，另外离心式风机的进出口始终相互垂直，管道布置上弯头较多，因而占地面积较大。特别是随着风机容量的增大，轴流式风机体积小、占地面积少的优点更加突出。

（5）风机的耐热性能　对于防排烟工程中所采用的排烟风机，有关防火设计规范只规定排烟风机应有备用电源，并应有自动切换装置，排烟风机应耐热、变形小，使其在排出280℃的烟气时连续工作30min仍能达到设计要求，但并没有明文规定必须采用耐高温的风机。为降低防排烟系统设备的投资，公安部四川消防科研所曾对普通离心式风机的耐高温性能进行了试验研究。试验选用4-72型离心风机，通以280℃的高温烟气，连续运行120min后，电动机钢芯温度仍停留在40℃，风机机壳发生了一定的变形，但叶轮和机壳之间并没有发生碰撞摩擦现象，风机运转情况正常。这说明在防排烟工程中，无论是送风系统还是排烟系统，采用普通离心式风机都是切实可行的。另外，日本的实验资料表明，在风机的耐热性能及变形等方面，离心式风机优于轴流式风机，其主要原因如下：

1）离心式风机的功率随温度升高而降低，轴流式风机则不然。

2）与风机配套的电动机温升在允许范围内，电动机温升的热量主要来自内、外两个方面，内部方面，主要是电流通过电动机线圈时热效应产生的热量；外部方面，主要是280℃的烟气通过风机的轴与壳体传递给电动机的热量。试验表明，280℃的烟气分别在30min、60min、90min、120min连续通过普通离心式风机，配套电机在管道外的离心式风机虽然产生了一定变形，但没有出现有碍于风机运转的严重变形。但应当指出，如必须使用轴流式风机作排烟用，其电动机应安装在管道外，或者采用冷却轴承的装置，不过较为复杂，也不一定经济，因此，最好还是采用离心式风机。

4. 风机的型号规格选用

目前国内离心式风机和轴流式风机的型号繁多，规格齐全，单从满足风量和风压的要求出发，可以选用很多型号和规格的风机。正确选用的风机，应该能在高效工况区域内工作。目前，国内提供的风机产品目录中，对每一转速下的风机性能是将最高效率90%范围内的性能按流量等分为7~11个性能点以供选用，相应于中间的流量，效率最高，超过该性能范围的风机不应选用。所以，借助风机产品性能选用表可大体选定工作点效率高的风机的型号规格。

如果要更加精确地从许多满足风量和风压要求的风机型号规格中选出工作点效率最高的风机的型号规格，这就要借助风机的工作特性来进行。在转速和介质密度一定的条件下，风机的出口风压H、轴功率N_z以及效率η_f与风量Q之间的关系称为风机的工作特性，分别称风压特性H-Q，功率特性N_z-Q，效率特性η_f-Q，风机的工作特性可在直角坐标系上以曲线表示，称为风机的工作特性曲线。如图8-10所示为4-72-11№5离心式风机的工作特性曲

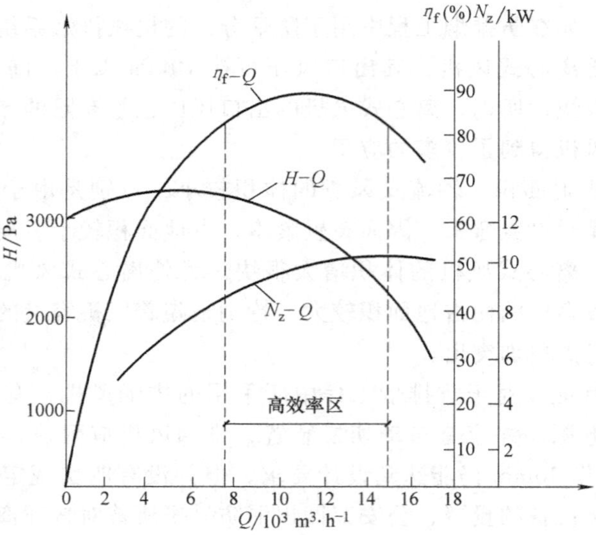

图 8-10 4-72-11№5 离心式风机的工作特性曲线

线，由图可见，这种离心式风机的出口风压 H 随着风量 Q 的增大而降低，而所消耗的功率 N_z 则随着风量 Q 的增大而增长；风机的效率 η_f 开始时随着风量 Q 的增大而提高，当风量达到某一定值时效率最高，其后，效率随着风量的继续增大而降低。

第二节 管道的设置及选型

在防排烟工程中，管道的设计是一个复杂的过程，包括选择管道材质、进行管道布置、确定管道结构形式和尺寸、进行管道的阻力计算、确定管道各部分的连接方式和管道的支撑方式，以及考虑其他特殊的技术要求等。对于防排烟工程中的管道系统，正确的设计方案一般应达到提高经济性、满足技术性、布置合理性、保证安全性和力求通用性五个基本要求。

一、管道的设置

所谓管道的设置就是将防排烟系统的各种设备及其附件按一定顺序连接起来组成一个整体。管段与管段、管段与变流向及变流股管件之间的装配密封方式通常有焊接、铆接和法兰连接三种。管道的设置要服从防排烟的技术要求和建筑物的总体布置，同时应便于安装、检修和维护；阀门要装设在便于操作、观测的位置，以方便运行操作。此外，还应注意管道的设置不能影响生产操作，不影响所通过场所的建筑美观，不影响通过区域的安全，并力求少占用建筑物的有效利用空间。

（一）送风管道的设置

当采用送风竖井对防烟楼梯间加压送风时，其具体布置方式有三种，如图 8-11 所示。

（1）单井独送　在楼梯间可单点送风的情况下，采用一座送风竖井单独对前室加压送风，如图 8-11a 所示。

(2) 单井同送　采用一座公共送风竖井同时对楼梯间及其前室加压送风，如图 8-11b 所示。

(3) 双井分送　采用两座送风竖井分别对楼梯间及其前室加压送风，如图 8-11c 所示。

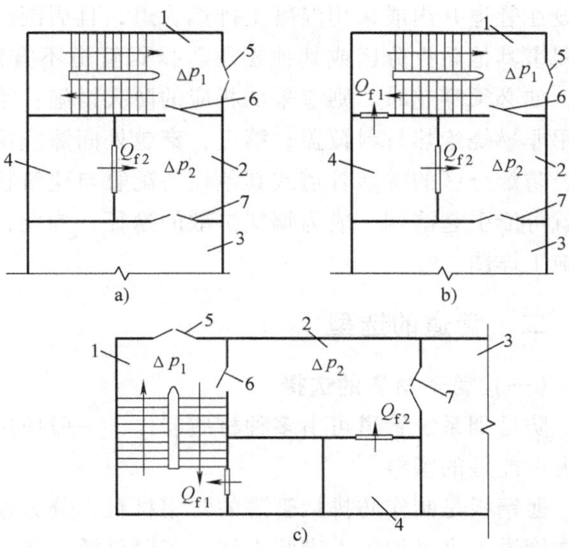

图 8-11　送风竖井的布置方式

a) 单井独送　b) 单井同送　c) 双井分送

1—楼梯间　2—合用前室　3—服务间　4—送风竖井

5—外门　6—一道门　7—二道门

（二）排烟管道的设置

1）排烟管道不允许和工业通风工程中用于排除易燃易爆气体、蒸汽或粉尘的管道合一，否则可能引起燃烧爆炸。另外，机械排烟系统宜与通风、空调系统分开独立设置，而独立设置的机械排烟系统平时可兼作通风排气使用。如果通风、空调系统符合下列条件，也可以利用进行排烟：

① 通风、空调系统的设计应按机械排烟系统的要求进行，如排烟量、管道尺寸、风机、电源等必须满足排烟要求。通风管道兼作排烟管道时，其安装要求如图 8-12 所示。

② 烟气不能通过空调器、过滤器等。

③ 排烟口处应设有作用温度等于和小于 280℃ 的遥控自动切换的排烟阀。

④ 钢制通风管道的壁厚要符合排烟管道要求，一般不小于 1.5mm，通风管道的保温材料（包括胶粘剂）必须采用非燃烧材料。

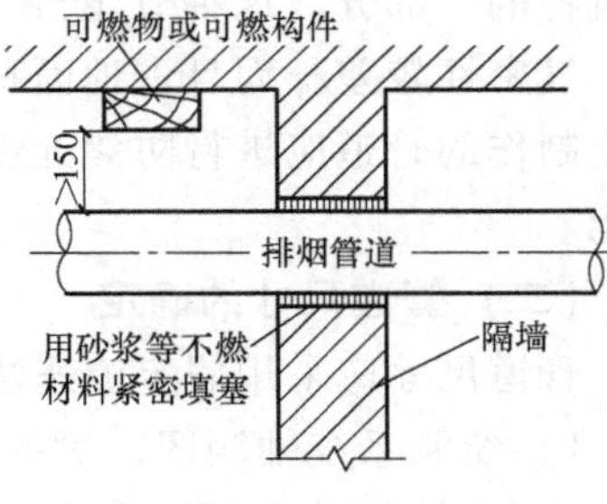

图 8-12　通风管道兼作排烟管道时的安装要求

2）走廊与房间的机械排烟系统宜分开布置。走廊的机械排烟系统宜竖向布置，但为防止排烟风机超负荷运转，竖直方向上可分成数个机械排烟系统，每个机械排烟系统设有排烟口的数量不宜超过 30 个，以降低漏风量对排烟效果的影响。不能采用将上层烟气引向下层的管道布置形式。房间的排烟系统宜按防烟分区布置，净空高度超过 12m 的室内中庭，竖直方向上的排烟口应每 2～3 层设置一个或者分段设置。需要排烟的地下室应同时设有进风系统，进风量不宜小于排烟量的 50%。

3）排烟管道敷设或穿越建筑物围护结构的部位必须采取一系列防火措施：

① 排烟竖井顶部应高出楼层面，排烟口下缘高出屋面不小于 1m。设在屋顶的排烟口距可燃构件和可燃物的距离不应小于 1m。

② 排烟管道敷设在屋架、顶棚、楼板内的部分，其外表面与木质等可燃构件应保持不小于 15cm 的距离，或在外表面用厚度不小于 10cm 的非燃烧绝热保温材料进行隔热或覆盖，如矿棉、玻璃棉、岩棉等材料。

③ 排烟管道不应穿越防火分区，竖直穿越各层楼板的竖井管道应用耐火材料制成，并

宜设在管道井内或采用混凝土排烟管道，且周围的缝隙必须用非燃烧材料填塞严密，以免烟气侵害其他防火分区或其他楼层。排烟管道不宜穿越防火墙和非燃烧体的楼板等防火分隔物，如必须穿越时，则应采取相应的防火措施：第一，设置防火阀；第二，穿越段2m长度内用非燃烧绝热材料覆盖；第三，穿越处间隙应用非燃烧材料填塞严密。如果穿越建筑物防火、防烟分区的排烟管道或其他设备配管与建筑物围护结构之间密封不严，那么在发生火灾时就可能引起漏烟，成为烟气扩散的途径。为此，有些国家要求在设计图样上绘出明确的局部施工详图。

二、管道的选型

(一) 管道材质的选择

防排烟系统管道可由多种材质制作，一般使用钢、砖及水泥混凝土等材料，但不宜采用耐火性能差的塑料。

薄钢板是制作防排烟管道的常用材料，分为普通薄钢板和镀锌薄钢板两种。采用薄钢板制作管道，容易加工，安装方便，布置灵活，能承受较高的温度，尤其是镀锌薄钢板还具有一定的防腐性能。因此，薄钢板管道在机械防排烟系统中广为应用。民用建筑中的防排烟管道可采用厚度为0.5～1.5mm的钢板制作；工业建筑和库房等，因为火灾烟气中常含有腐蚀性气体，则防排烟管道宜采用厚度为2～3mm的钢板制作。另外，防排烟管道厚度还可根据防排烟管道的风速不同选定。

砖和水泥混凝土等材料制成的防排烟管道，一般用于与建筑结构整体配合的场合，作为建筑物的一部分。这种管道经久耐用，能承受较高的温度，内表面粗糙，摩擦阻力系数较大，气密性较差，而且占地面积大。应当强调的是，作为机械防排烟系统中用的砖和水泥混凝土制作的管道应进行防渗处理，以提高其气密性，否则将影响整个机械防排烟系统的工作性能。

(二) 管道尺寸的确定

管道尺寸应采用假定流速法的计算步骤和方法来确定：

1）绘制系统轴测图，对各管段进行编号，标注长度和风量。

2）选择管道内空气流速　在工程上，一般是以限制管道内介质的流动速度来确定管道的尺寸。对机械防排烟系统来说，减小管道流动阻力的目的不是为了减少运行耗电量，而是为了减少设备（即送风风机）的投资费用，因为管道的流动阻力低，可选用风压较低的送风风机，因而设备投资较低。但是，管道阻力降低，管道截面较大，管道本身的投资较大，所以要进行综合技术经济比较，以确定最佳的管道直径，如图8-13所示。

对于机械防排烟系统中的气流速度，规范明文规定：采用金属管道时，不应大于20m/s；而采用内表面光滑的混凝土等非金属材料管道时，不应大于15m/s。至于下限，未作明确的规定。当选用较高的气流速度时，能减少管道的尺寸，但管道阻力相应增大；若选用较低的气流速度，管道阻力降低，但管道尺寸增大。所以设计时应进行技术经济比较，力求使管道系统的投资和运行费用的总和在有效的使用年限中最低。

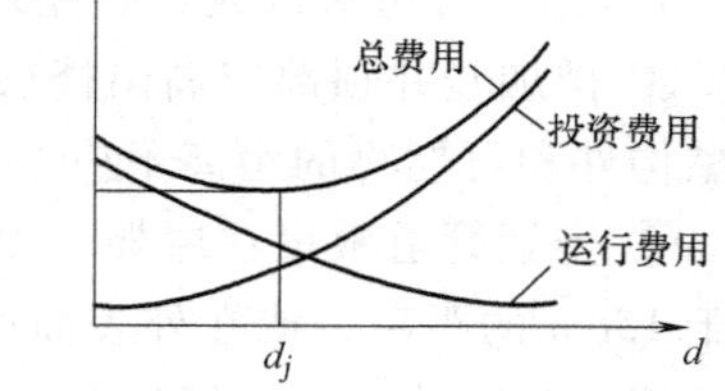

图8-13　管道的最佳管径确定

3）根据各管道的风量和选择的流速确定各管段的截面尺寸，计算摩擦阻力和局部阻力。

根据通过管道的气体流量和流速计算出管道的流通面积，然后按选定的管道横截面形状计算出其内径或边长。

管道流通面积为

$$F_{py} = Q/W \tag{8-5}$$

式中 Q——管道中通过烟气的容积流量（m^3/s）；

W——管道中的气流速度（m/s）。

常见的管道按其横截面形状可分为圆形、正方形及矩形三种，少数情况下还可采用其他形状的管道。各个国家都建立了本国的管道规格系列以供选用。

阻力计算应从最不利环路（即阻力最大的环路）开始。各管路的计算数据互相牵连，互相制约，一处变化，影响全局。这种牵制的关系服从并联管路的阻力相等，流体的质量流量叠加；串联管路中流体的质量流量相等，阻力叠加。

4）对并联管路进行阻力平衡，计算系统总阻力。各并联管路之间的计算阻力差值不宜大于15%。

以上计算内容可列表进行。

5）根据系统的总阻力和总风量确定管道尺寸。

（三）管道的压力分布

当气流通过一圆形截面管道时，其中心部分的流速较外圈要高，这是由于外圈气流与管壁粗糙表面之间存在着黏性剪应力，使其流速减缓。由于流动是连续的，所以气流的能量将减少。当气体压力因摩擦损失而降低时，气体将会产生膨胀。从宏观上看，气流的能量包括动能和势能两种形式，它们分别对应气流速度和静压。气体在管道中流动时，由于流动阻力和速度的变化，气体在管道各处的压力是不断变化的。通过计算确定管道的流动阻力之后，管道上各处的压力降或压力分布也随之确定。管道的压力分布是评价管道设计正确与否和制定运行操作规程的重要依据，与管道系统的布置形式、管道的结构特性等有密切关系。

管道中任何一点的全压等于该点的静压和动压之和，即

$$p_q = p_j + p_d = p_j + \rho W^2/2 \tag{8-6}$$

式中 p_q——全压（Pa）；

p_j——静压（Pa）；

p_d——动压（Pa）。

首先分析仅有摩擦阻力的管道内的压力分布情况，如图8-14所示。在直管道1—1截面至2—2截面的区段内，没有任何局部阻力件，1—1截面处的静压为p_{j1}，2—2截面处的静压为p_{j2}，那么，从1—1截面至2—2截面的压力降即静压差等于该管段的摩擦阻力，即在结构特性均匀和等温稳定流动的情况下，压力降与管段长度为直线形变化关系，这就是直管段摩

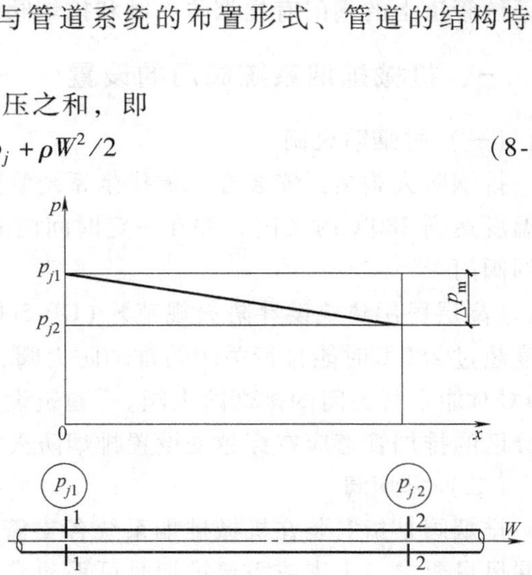

图8-14 直管段的压力分布曲线

擦阻力系数测定的基本原理。

当管道内有局部阻力或加压源时，管道内的压力分布就不是一条连续的直线，而是一条断续的折线。在各个直管段内，其压力分布仍然是一条连续的直线，但在出现局部阻力的部位，压力大幅度降低，而在有风机处，压力大幅度上升。图 8-15 所示为典型机械防烟系统的结构，只要计算出各点的静压、动压和全压值，并将其标在直角坐标系 P-X 上，然后把各点逐一连接起来，就得到该系统管道的压力分布图。图中实线为全压分布曲线，虚线为静压分布曲线，两条曲线之间的阴影部分为动压变化情况。

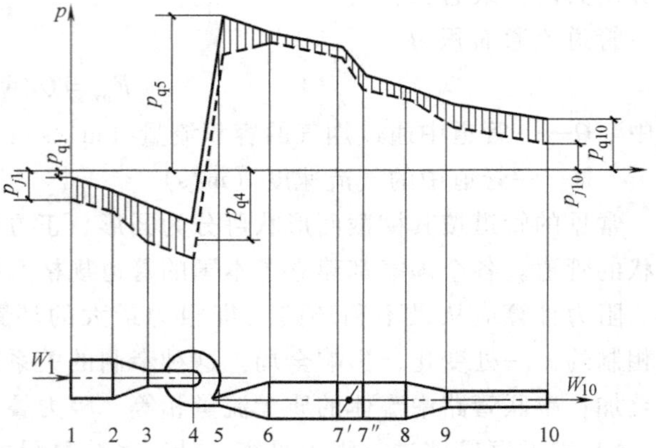

图 8-15　典型机械防烟系统结构和压力分布曲线

由此可知，风机的风压等于风机进出口的全压差，或者说等于管道的阻力与出口动压损失之和。另外，风机吸入段的全压和静压均为负值，在风机入口处负压最大；风机压出段的全压和静压一般情况下均为正值，在风机出口处正压最大，有时由于管道断面收缩得很小，致使气流流速大大增加，当动压大于全压时，该处的静压出现负值。应该指明的是，竖井的压力分布特性不仅与竖井中气流的流动状况，包括流速大小、竖井开门位置和送风口位置有关的气流方向等有关，而且还与热压作用有关。

第三节　机械排烟系统阀门的设置与选型

依据国家标准《建筑通风和排烟系统用防火阀门》（GB 15930—2007），安装在机械排烟系统管道上的阀门有排烟防火阀和排烟阀两种。

一、机械排烟系统阀门的设置

（一）排烟防火阀

排烟防火阀是指安装在机械排烟系统管道上，平时呈开启状态，火灾时当排烟管道内烟气温度达到 280℃时关闭，并在一定时间内能满足漏烟量和耐火完整性要求，起隔烟阻火作用的阀门。

《高层民用建筑设计防火规范》（GB 50045—1995）规定，在排烟支管上应设有当烟气温度超过 280℃时能自行关闭的排烟防火阀，在排烟风机机房入口处应设有当烟气温度超过 280℃时能自行关闭的排烟防火阀。《建筑设计防火规范》（GB 50016—2006）规定，穿越防火分区的排烟管道应在穿越处设置排烟防火阀，并与排烟风机联动。

（二）排烟阀

排烟阀是指安装在机械排烟系统各支管端部（烟气吸入口）处，平时呈关闭状态并满足漏风量要求，火灾或需要排烟时可手动或自动打开，起排烟作用的阀门。

二、机械排烟系统阀门的选型

(一) 机械排烟系统阀门的结构形式

排烟防火阀和排烟阀的主要零部件和工作原理基本是一致的，主要由阀体和执行机构组成。阀体由壳体、法兰、叶片及叶片联动机构等组成；执行机构由外壳、叶片调节机构、离合器等组成，如图8-16所示。执行机构通过易熔片和离合器来控制叶片的转动，当管道内的气体温度达到易熔片的熔化温度时，易熔片熔断，其芯轴上的压缩弹簧和弹簧销钉迅速打下离合器垫板，使离合器和叶片调节机构脱开。由于阀体上装有两个扭转弹簧，使叶片受到扭力作用而发生转动，从而关闭。由此可见，排烟防火阀的执行机构采用机械传动原理，不需电、气及其他能源，因而可保证在任何情况下均能起到隔烟阻火作用。

图8-16　排烟防火阀结构形式图

(二) 机械排烟系统阀门的规格

1）排烟防火阀和排烟阀按阀门控制方式分类，见表8-3。

表8-3　按阀门控制方式分类

代号		控制方式	
W		温感器控制自动关闭或开启	
S		手动控制关闭或开启	
D	Dc	电动控制关闭或开启	电控电磁铁关闭或开启
	Dj		电控电动机关闭或开启
	Dq		电控气动机构关闭或开启

注：排烟阀没有温感器控制方式。

2）排烟防火阀和排烟阀按阀门功能分类，见表8-4。

表8-4　按阀门功能分类

代号	功能
Y	具有远距离复位功能
K	具有阀门关闭或开启后位置信号反馈功能

3）排烟防火阀和排烟阀按外形分类分为圆形阀门和矩形阀门，圆形阀门常用规格见表8-5，矩形阀门常用规格见表8-6。

表8-5　圆形阀门常用规格　（单位：mm）

φ	120	140	160	180	200	220	250	280	320	360	400
法兰规格	扁钢20×4					扁钢25×4			角钢25×3		

φ	450	500	560	630	700	800	900	1000
法兰规格	角钢25×3				角钢20×4			

注：φ为阀门公称直径。

表 8-6　矩形阀门常用规格　（单位：mm）

W	H												
	120	160	200	250	320	400	500	630	800	1000	1250	1600	2000
120	√	√	√	√									
160		√	√	√	√								
200			√	√	√	√	√						
250				√	√	√	√	√	√				
320					√	√	√	√	√	√			
400						√	√	√	√	√	√		
500							√	√	√	√	√	√	
630								√	√	√	√	√	
800									√	√	√	√	√
1000										√	√	√	√
1250												√	√
法兰规格	角钢 25×3								角钢 30×3			角钢 40×3	

注：W 为阀门公称宽度，H 为阀门公称高度。

（三）机械排烟系统阀门的标记

排烟防火阀和排烟阀标记如图 8-17 所示。

具体标记示例如下：

PFHF WSDc-Y-ϕ1000 表示具有温感器控制自动关闭或开启、手动控制关闭或开启、电控电磁铁关闭或开启方式和远距离复位功能，公称直径为 1000mm 的排烟防火阀。

PYF SDc-K-400×400 表示具有手动控制关闭或开启、电控电磁铁关闭或开启方式和阀门关闭或开启后位置信号反馈功能，公称尺寸为 400mm×400mm 的排烟阀。

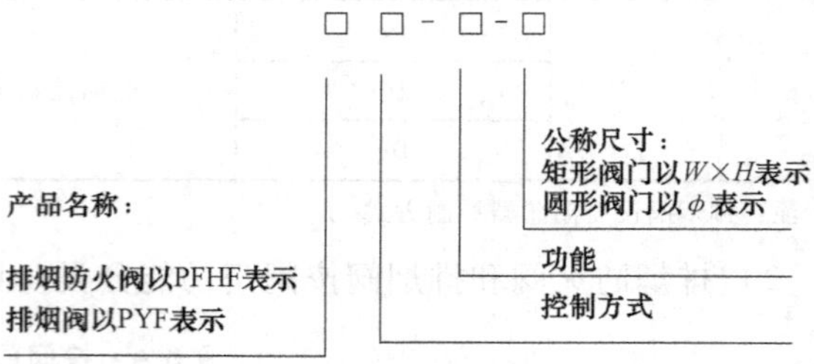

图 8-17　排烟防火阀和排烟阀标记示意图

自学指导

本章学习重点：排烟管道的设置要求；排烟防火阀的设置要求；风机的性能指标。

1. 排烟管道的设置要求：排烟管道埋设或穿越建筑物围护结构的部位必须采用一系列防火措施。

2. 排烟防火阀的设置要求：①在排烟支管上应设有当烟气温度超过 280℃时能自行关闭的排烟防火阀；②在排烟风机机房入口处应设有当烟气温度超过 280℃时能自行关闭的排烟防火阀；③穿越防火分区的排烟管道应在穿越处设置排烟防火阀。

3. 风机的性能指标：风量、风压、轴功率、效率。

本章学习难点：轴流式风机与离心式风机的比较

轴流式风机与离心式风机在性能上有较大区别：①风机效率，轴流式风机的效率一般较高，离心式风机相比于轴流式风机要低一些；②调节性能及方式，轴流式风机的调节性能较好，离心式风机的调节性能较差；③风机出口风压，轴流式风机出口风压较低，离心式风机的出口风压较高；④风机体积和占地面积，在风量和风压相同的情况下，轴流式风机的体积较小，离心式风机的体积较大；特别是随着风机容量的增大，轴流式风机体积小，占地面积少的优点更加突出；⑤风机的耐热性能，离心式风机优于轴流式风机。

复习思考题

一、选择题

1. 排烟口的设置要求有（　　）。

A. 排烟口应设在疏散出口正上方的顶棚处或墙面上

B. 防烟分区排烟口距最远点的水平距离不应超过35m

C. 排烟口应设在顶棚上或靠近顶棚的墙面上

D. 排烟口与附近安全出口沿走道方向相邻边缘之间的最小水平距离不应小于1.00m

2. 离心式风机优于轴流式风机的方面有（　　）。

A. 风机效率　　B. 调节性能

C. 出口风压　　D. 占地面积

3. 机械排烟系统的排烟管道应符合（　　）要求。

A. 管道应用非金属材料制作

B. 应在其机房入口处设有当烟气温度超过280℃ 时能自动关闭的排烟防火阀

C. 在排烟支管上应设当烟气温度超过70℃ 时能自行关闭的排烟防火阀

D. 吊顶内的排烟管道其隔热层应采用难燃材料制作，并应与可燃物保持不小于100mm的距离

4. 机械加压金属送风管道内的最大风速为（　　）。

A. 10m/s　B. 15m/s　C. 20m/s　D. 25m/s

5. 设在顶棚上的机械排烟口，距可燃构件或可燃物的距离不应小于（　　）m。

A. 1　B. 2　C. 3　D. 4

6. 当机械排烟系统采用镀锌薄钢板制作排烟管道时，其管道内的风速不应大于（　　）。

A. 7m/s　B. 10m/s　C. 15m/s　D. 20m/s

7. 当机械排烟系统采用内表面光滑的混凝土等非金属材料制作排烟管道时，其管道内的风速不应大于（　　）m/s。

A. 7　B. 10　C. 15　D. 20

8. 在一独立设置的机械排烟系统中，应与排烟风机连锁的有（　　）。

A. 排烟口　　B. 排烟窗

C. 防火调节阀　　D. 送风口

二、填空题

1. 设置机械排烟的地下室，应同时设置送风系统，且送风量不宜小于排烟量的(　　)%。

2. 排烟管道应与可燃物保持不小于（　　）mm的距离。

三、简答题

1. 风机的性能指标主要有哪些？
2. 排烟防火阀的设置部位有哪些？
3. 排烟管道穿越防火墙的措施有哪些？

四、论述题

试论述离心式风机与轴流式风机的异同点。

第九章　防排烟系统的安装、运行与维护

学习目标

1. 应了解、知道的内容：

- 知道防烟系统的组成。
- 知道排烟系统的组成。
- 知道防烟系统运行调节方式的确定。
- 知道防排烟系统安装的施工条件。
- 了解防排烟管道支、托、吊架的安装。
- 知道防排烟设施日常维护管理的一般要求。
- 知道防排烟设施日常巡查的一般要求。

2. 应理解、清楚的内容：

- 理解防烟系统的联动方式。
- 理解排烟系统的联动方式。
- 清楚防排烟系统的运行与控制注意事项。
- 清楚防排烟管道的安装。
- 清楚防排烟阀门的安装。
- 清楚防排烟系统排烟口、送风口的安装。
- 清楚挡烟垂壁、排烟窗等其他防排烟设施的安装。

3. 应掌握、会用的内容：

- 掌握防烟系统的各种控制程序。
- 掌握排烟系统的各种控制程序。
- 掌握防排烟设施检测的一般要求。
- 掌握防排烟阀门、风机等重要设施的检测项目及要求。

自学时数　6学时。

老师导学

本章首先介绍了防排烟系统设备的安装，并对防排烟系统设备的联动方式进行了分析，然后重点介绍了防排烟系统在设有消防控制室时，送风口、排烟口在常开、常闭不同情况下的控制程序。

本章对防排烟系统的支、托、吊架，管道，阀门，风机，排烟口，送风口以及挡烟垂壁、排烟窗等设施的安装要求进行了阐述，对防排烟设施的日常维护管理、日常巡查以及防排烟设施检测工作给出了一般要求。本章的学习重在应用，要掌握实际工程中阀门、排烟口、送风口等的安装要求，以及对防排烟设施的检测。

当建筑物发生火灾时，随着火灾的发展，必须明确掌握何时使防排烟设备动作以及在同一时间内使哪些设备动作。防排烟设备可以在火灾现场附近就地手动操作，也可以在消防控制室实现远程控制或联动控制。从全局来看，有必要使防排烟设备系统地动作，并且能局部

控制。如果把防排烟设备的动作顺序搞错，就有把烟气引入疏散通道或其他部位的危险。

第一节　防排烟设施的安装

防排烟设施主要包括风机、管道、阀门、风口及附属固定设施等，防排烟设施的安装也主要包括风机的安装、管道的安装、阀门的安装、风口的安装以及附属固定设施的安装等。

一、防排烟设施安装的施工条件

1）组成防排烟系统管路的各种管道、部件及配件均已加工完毕，并经质量检查合格。

2）与建筑施工密切配合，应预留的安装孔洞及预埋的支架构件均已完工，并经检查符合设计要求。

3）施工准备工作已做好，如施工工具、吊装机械设备、必要的脚手架等已齐备，施工用料能满足要求。

二、防排烟管道支、托、吊架的安装

防排烟管道常沿墙、柱、楼板或屋架敷设，安装固定于支、托、吊架上。支、托、吊架安装是防排烟管道安装的基础。支、托、吊架应按国家标准图集与规范选用强度和刚度相适应的形式和规格。支、托、吊架应按设计规定并结合工程的具体情况选择，可用圆钢、扁钢、角钢及槽钢等制作。

（一）支、托、吊架安装的一般要求

1）要保证支、托、吊架的强度，防止变形，同时也需符合设计图或国家标准图集的要求。

2）支、托、吊架的焊缝必须饱满，螺栓连接必须紧固可靠，以保证其具有足够的承载力。

3）支、托、吊架制作完毕后，应进行防腐、防锈处理。

4）支、托、吊架的预埋件或膨胀螺栓的位置应正确并牢固可靠。

5）当管道不能与支、托、吊架直接接触时，应垫上坚固的隔热材料。

6）当水平悬吊的管道长度较长时，应设置防止其摆动的固定点。

（二）支、托、吊架的安装

1. 管道托架在墙上的安装

沿墙安装的管道常用托架固定。管道托架横梁一般用角钢或槽钢制作。为保持管道的稳定性，用抱箍将管道固定在托架上，抱箍用扁钢制成，钻孔后用螺栓和管道托架结为一体。

2. 管道支架在柱上安装

管道用支架在柱上安装可用预埋件或预埋螺栓的方法固定，或用圆钢、角钢等型钢做抱柱式安装，均可使管道安装牢固。柱面有预埋件时，可将支架型钢焊接在预埋件上；如果是预埋螺栓，可将支架型钢紧固在上面，也可以用抱箍将支架夹在柱子上固定。

3. 管道吊架在楼板、屋面、梁上的安装

当管道需安装在楼板、屋面、梁上，且距墙、柱较远，不能采用托架安装时，可用吊架安装。圆形管道的吊架由吊杆和抱箍组成，矩形管道吊架由吊杆和托梁组成。根据建筑物的

实际情况，吊杆上部可用膨胀螺栓、抱箍或焊接固定在建筑物结构上。

三、防排烟管道的安装

（一）常用的防排烟管道的规格

防排烟管道按其截面形状可分为圆形和矩形两种。为便于设计和制作，国家制定了防排烟管道的统一规格，分为基本系列和辅助系列，在设计和施工中优先选用基本系列，其规格见表 9-1、表 9-2。

表 9-1　圆形防排烟管道规格　　（单位：mm）

基本系列	辅助系列	基本系列	辅助系列
100	80	500	480
	90	560	530
120	110	630	600
140	130	700	670
160	150	800	750
180	170	900	850
200	190	1000	950
220	210	1120	1060
250	240	1250	1180
280	260	1400	1320
320	300	1600	1500
360	340	1800	1700
400	380	2000	1900
450	420		

表 9-2　矩形防排烟管道规格　　（单位：mm）

风管边长(基本系列)				
120	320	800	2000	4000
160	400	1000	2500	
200	500	1250	3000	
250	630	1600	3500	

（二）防排烟管道的安装

1）防排烟管道的规格、尺寸、标高、安装位置、走向等应符合设计要求。

2）防排烟管道连接应平直、不扭曲。明装的水平管道，其水平度的允许偏差为 3/1000，总偏差不应小于 20mm；明装的垂直管道，其垂直度的允许偏差为 2/1000，总偏差不应小于 20mm。暗装的管道位置应正确，无明显偏差。

3）安装无机玻璃管道等非金属管道时，不得碰撞、扭曲，以防管道破裂、脱离。

4）防排烟管道沿墙面安装时，管道壁与墙面至少应保持 150mm 的距离，以方便安装。

5）防排烟管道与砖、混凝土管道的连接口应顺着气流方向插入，并应采取密封措施。

6）防排烟管道法兰的连接应平行、严密，法兰的密封垫材质应符合管道设计要求，其尺寸应与法兰相适应，厚度不小于3mm。

7）防排烟管道穿越楼板、防火墙等处时，管道穿越处的间隙应采用水泥砂浆等非燃烧材料填塞严密。

8）排烟管道的隔热层应采用厚度不小于40mm的矿棉、岩棉、硅酸铝等绝热材料制作。

9）排烟管道与风机的连接应采用非燃烧材料的柔性连接。柔性短管的安装应松紧适度，无明显扭曲。

10）防排烟管道与排烟口（阀）、送风口等的连接应严密可靠。

四、防排烟阀门的安装

防排烟阀门主要包括安装在排烟管道上的排烟防火阀、排烟阀，以及安装在通风、空调系统上的防火阀。其安装一般应遵循如下要求：

1）阀门安装时应严格按照所要求的方向安装，以保证阀板关闭的方向与气流流动的方向一致。

2）防火阀和排烟防火阀的易熔片应在系统安装完毕后再装设，以防止易熔片脱落。

3）安装前后要保证转动部件转动灵活，并应采用耐腐蚀材料制作，如黄铜、青铜、不锈钢等金属材料。

4）为防止脱落，排烟防火阀和防火阀安装时应有独立的支、托、吊架，不应让管道承受阀门的质量。

5）当阀门安装在吊顶内等隐蔽处时，要留出检查其开闭状态和进行手动复位的操作空间。

6）安装完毕后，应能通过阀体标示判断阀门的开闭状态。

7）安装完毕后，应保证其手动、电动以及复位装置灵活、可靠，阀板关闭应严密。

五、排烟口的安装

排烟口有板式排烟口和多叶排烟口，它们既可以直接安装在排烟管道上，也可以安装在墙壁上，与排烟竖井相连。

1）排烟口的型号、规格、尺寸应符合机械排烟系统及相关规范的设计要求。

2）安装板式排烟口时，用螺栓或自攻螺钉将排烟口固定在连接法兰或墙体的安装框架上。

3）安装多叶排烟口时，应先将百叶风口取下，用螺栓或自攻螺钉将排烟口固定在连接法兰或墙体的安装框架上，然后再装上百叶风口。

4）排烟口安装后，应保证其手动、电动及复位操作灵活、可靠，关闭应严密。

5）排烟口与可燃物的距离不应小于1.5m。

6）排烟口的手动控制装置应设在明显且便于操作的位置，距地面1.3～1.5m。

7）排烟口与管道的连接应严密、牢固。

8）同一厅、室、房间内的排烟口安装高度应一致，排列应整齐。

六、送风口的安装

送风口一般安装在防烟楼梯间及前室、消防电梯前室或合用前室以及避难层（间）的内墙面上。送风口一般采用两种形式：一种是自垂式百叶送风口，靠送风气流将其吹开；另一种是设有电动或手动控制装置的常闭百叶送风口，平时关闭，火灾时电动或手动开启。

1）送风口的型号、规格、尺寸应符合机械防烟系统及相关规范的设计要求。

2）送风口的安装位置应符合设计要求，一般安装在靠近地面的墙面上。

3）常闭百叶送风口的手动控制装置应设在便于操作的位置，电动、手动及复位装置操作应灵活、可靠。

4）安装自垂式百叶送风口时，可用螺栓或自攻螺钉将其直接固定在连接法兰或墙体的安装框架上。

5）安装常闭百叶送风口与安装自垂式百叶送风口基本相同，应先将阀体取下，用螺栓或自攻螺钉将阀体固定在连接法兰或墙体的安装框架上，然后再装上百叶风口。

七、防排烟风机的安装

防排烟风机分为用于机械排烟系统的排烟风机和用于机械防烟系统的送风风机。

1）安装前，应检查风机的型号、规格、叶轮的旋转方向等是否符合设计及相关规范的要求。

2）安装前，应对风机的安装基础及支、托、吊架进行检查验收，检查其尺寸、强度、标高、地脚螺栓等是否符合设计要求。

3）风机的中心线、标高、传动轴水平度等的偏差要符合相关规范的要求。

4）风机外壳与墙壁或其他设备的距离不应小于600mm。

5）固定风机的螺栓应拧紧，并有防松动措施，必要时还应设置减振装置。

6）排烟风机的出口方向应符合设计及相关规范的安全要求，必要时应加装弯管。

7）风机与电动机的传动装置外露部分应安装防护罩。送风风机的入口及排烟风机的出口处，应加装保护网或其他安全装置。

8）设置在屋顶的送风风机、排烟风机及阀门应设置防护设施，以防日晒雨淋。

八、其他设施的安装

（一）挡烟垂壁的安装

1）挡烟垂壁的型号、规格、尺寸、下垂长度、安装位置等应符合设计及相关规范的设计要求。

2）挡烟垂壁的表面应平整，不应有缝隙、裂纹、凹痕等缺陷。

3）挡烟垂壁的安装固定要牢固、可靠。

4）固定挡烟垂壁与墙壁、楼板、顶棚等建筑结构的表面不应留有间隙。

5）活动挡烟垂壁的手动操作装置应固定安装在距地面1.3～1.5m的位置，且明显可见、便于操作。

6）活动挡烟垂壁与建筑结构表面的缝隙不应大于20mm。

7）由两块及两块以上挡烟垂壁组成的连续性活动挡烟垂壁，各块之间不应有缝隙，卷帘式挡烟垂壁的搭接宽度不应小于100mm，翻板式挡烟垂壁的搭接宽度不应小于20mm。

8）活动挡烟垂壁应设置限位装置，且应保证其运行到上、下限位时，能自动停止。

9）系统断电时，活动挡烟垂壁应能自动下降，且其下降高度不应小于500mm。

（二）排烟窗的安装

排烟窗的安装应注意以下问题：

1）排烟窗的型号、规格和安装位置等应符合设计及相关规范的要求。

2）自动排烟窗的手动控制装置应固定在距地面1.3～1.5m的位置，且明显可见、便于操作。

3）自动排烟窗的驱动装置应灵活、可靠。

4）自动排烟窗的底边高度不应低于储烟仓的下沿。

5）排烟窗安装方向要正确，其开启方向应与火灾烟气流动的方向相同。

第二节　防烟系统的运行与控制

一、防烟系统的组成

机械防烟系统主要由送风风机、送风管道、送风阀、送风口、进气口及控制系统组成，如图9-1所示。

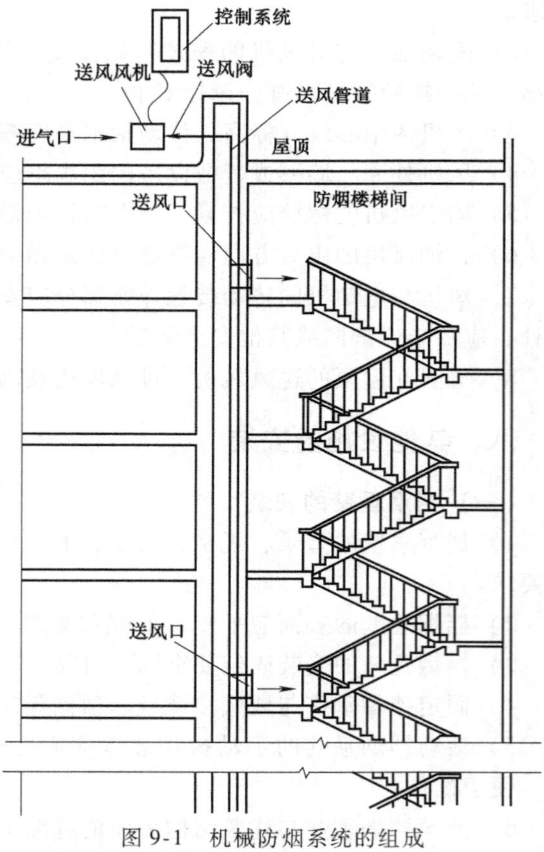

图9-1　机械防烟系统的组成

在机械防烟系统中设置送风阀，主要是防止火灾烟气进入机械防烟系统。送风阀一般采用70℃时能够自动关闭的防火调节阀，当送风温度达到70℃时，送风阀自动关闭，说明进气口已遭到火灾烟气的危害，应停止送风。

二、防烟系统的联动方式

防烟系统的联动方式有多种，采取哪种方式主要由其控制设施来决定。这里，以是否设有消防控制室来分别讨论防烟系统的联动方式。

（一）直接联动

当建筑物不设消防控制室时，其防烟系统的运行控制主要是把火灾报警信号传到送风风机控制柜，由控制柜直接开启送风口和送风风机。

（二）消防控制中心联动控制

当建筑物设有消防控制室时，火灾报警信号通过总线传到消防控制室，由消防控制中心的主机发出相应的指令程序，通过控制模块开启送风口和送风风机。

三、防烟系统的控制程序

当火灾发生时，机械防烟系统应能够及时开启，防止火灾烟气侵入作为疏散通道的防烟楼梯间及其前室、消防电梯的前室或合用前室以及封闭的避难层（间），以确保疏散通道的安全可靠、畅通无阻和安全疏散所需的时间。因此，要及时正确地控制和监视机械防烟系统的运行，通常采用手动、自动、手动和自动控制相结合的方式。

火灾发生时，各种消防设施是否联动、联动程序的不同，以及是有人发现火灾还是由火灾监控设施探测到火灾，其防烟系统的运行方式也不同。

（一）不设消防控制室

1）当有人发现火灾发生，可手动开启常闭送风口，送风口打开，送风风机与送风口联动，送风风机开启，即可向防烟楼梯间及前室等部位进行加压送风；此时也可在控制柜上直接开启送风口和送风风机，使其运行，其控制程序如图 9-2a 所示。如果送风口常开，送风口与送风风机无法实现联动运行，只能在控制柜上直接开启送风风机，其控制程序如图9-2b 所示。

2）如果火灾由火灾探测器发现，火灾探测器开启常闭送风口，送风口打开，送风风机

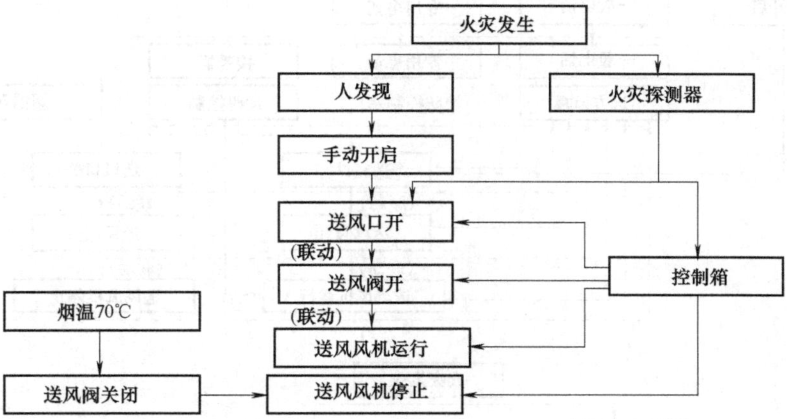

a)

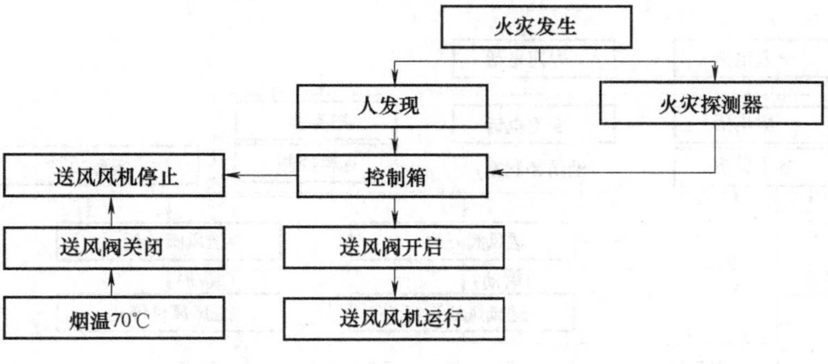

b)

图 9-2 不设消防控制室的机械防烟系统控制程序

a）送风口常闭 b）送风口常开

与送风口联动，送风风机开启，即可向防烟楼梯间及前室等部位进行加压送风；此时也可直接在控制柜上直接开启送风口和送风风机，使其直接运行，其控制程序如图 9-2a 所示。如果送风口常开，送风口与送风风机无法实现联动运行，只能由火灾探测器通过控制箱直接开启送风机，其控制程序如图 9-2b 所示。

（二）设消防控制室

1）当有人发现火灾发生，可手动开启送风口，送风口打开，其开启信号反馈到消防控制室，消防控制室发出指令程序，开启送风机，该过程即称为送风口联动控制送风机，其控制程序如图 9-3a 所示。消防控制室接到电话报警或通过监控系统发现火情后，可在消防控制室直接开启送风机，或开启送风口，使其联动控制送风机运行，其控制程序如图 9-3a 所示。

2）如果火灾由火灾探测器发现，火灾探测器将信号反馈到消防控制室，由消防控制室通过联动控制程序开启送风口和送风机，向防烟楼梯间及前室等部位进行加压送风，其控制程序如图 9-3b 所示。

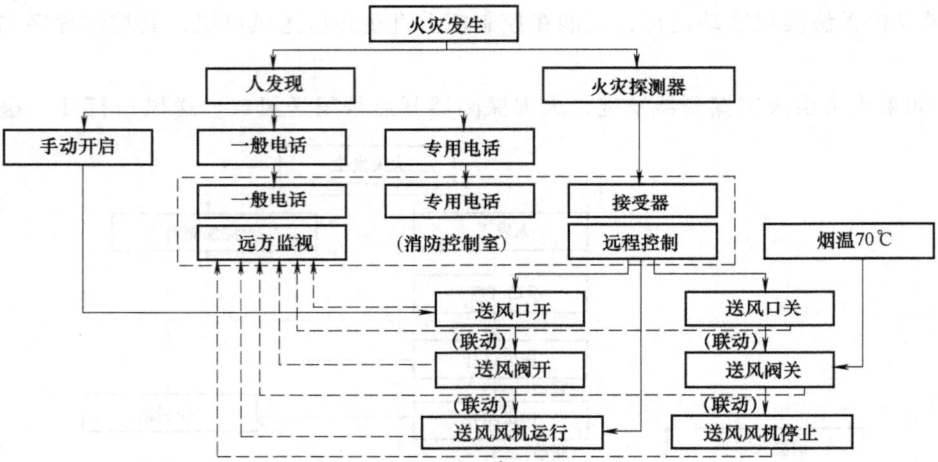

a)

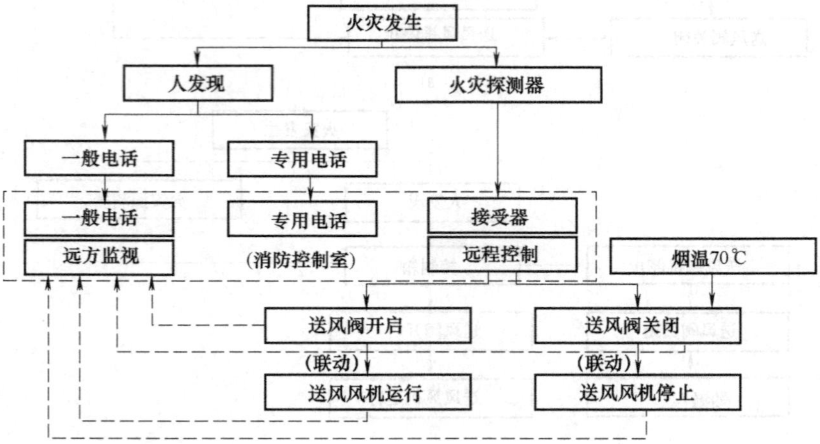

b)

图 9-3　设消防控制室的机械防烟系统控制程序

a）送风口常闭　b）送风口常开

火灾发生时，如果建筑物内的通风、空调系统正在运行，消防控制室在发出指令程序开启送风口和送风机的同时，也应发出指令程序，停止通风、空调系统的运行。在送风风机的运行过程中，如果火灾烟气危害到进气口，使送风温度达到70℃，送风阀会立即自动关闭，送风风机停止运行，停止送风。

四、防烟系统运行调节方式的确定

一个性能良好的机械防烟系统在设计条件下运行时，应该满足设计参数的要求，即关门正压间应保持一定的正压值，而开门门洞处的气流应维持高于最低流速值的速度。当系统在非设计条件下运行时，如施工质量较差、开门工况变化等，也应能保证关门正压间不超压、不泄压，并维持开门门洞处的风速不低于最低流速。这就意味着机械防烟系统必须有良好的应变能力，这除了在计算系统的加压送风量时充分考虑各种最不利的因素和风量储备安全系数等之外，还有一个系统的运行调节方式问题。此处应着重指出的是，前室加压时，通常只加压着火层及其上下邻层的前室，如果着火层前室设有独立的机械防烟系统，每层前室内设送风口，送风口为常闭。当火灾发生时，火灾报警信号传至消防控制，消防控制中心立即指令送风风机开启，并同时指令火灾层及其上下邻层前室送风口打开，对前室进行加压。但着火层是随机的，实现着火层及其上下邻层的前室同时进行加压，控制线路设计上较为繁杂，在实际工程中较难实现。前室的正压值与楼梯间正压保持一定压差，并在前室设置泄压装置，当出现超压时，可自动泄压。近年来有防火工程人员提出前室不设加压系统，仅对楼梯间加压，走廊内设机械排烟系统。在楼梯间通往前室和前室通往走廊的隔墙上分别设泄压阀，保证各处之间的压差梯度，从而简化压力控制的方法。

五、防烟系统运行与控制注意事项

1）防烟系统应采用消防电源，且应采用双回路供电，以保证其在火灾紧急情况下正常运行。

2）要尽量保证送风口处于当地常年主导方向的上风向。

3）进风口要远离排烟口，以免遭到烟气的侵害。

4）要根据相关规范的要求，对防烟系统的各零部件及控制设施定期进行检查、维护、更新。

5）保证控制设施处于自动控制状态，特别是与火灾探测器的联动控制。

6）在火灾情况下运行时，要采取一定的措施，防止烟气进入送风系统，以防进风口受到烟火危害。

第三节　排烟系统的运行与控制

一、排烟系统的组成

机械排烟系统主要由排烟风机、排烟管道、排烟防火阀、排烟口及控制系统组成，如图9-4所示。当建筑物内发生火灾时，由人员手动控制或由火灾探测器将火灾信号传递给消防控制室，开启活动挡烟垂壁，将烟气控制在发生火灾的防烟分区内，并开启排烟口及与排烟口联动的排烟防火阀，同时关闭空调系统和送风管道内的防火阀，防止烟气从通风、空调系统蔓延到其他非着火区，最后由设置在屋顶的排烟风机将烟气通过排烟管道排至室外。

二、排烟系统的联动方式

排烟系统的联动方式有多种，采取哪种方式主要由其控制设施来决定。这里，以是否设有消防控制室来分别讨论排烟系统的联动方式。

（一）直接联动

当建筑物不设消防控制室时，其排烟系统的运行控制主要是把火灾报警信号传到排烟机控制柜，由控制柜直接开启排烟口和排烟风机。

（二）消防控制中心联动控制

当建筑物设有消防控制室时，火灾报警信号通过总线传到消防控制室，由消防控制中心的主机发出相应的指令程序，通过控制模块开启排烟口和排烟风机。

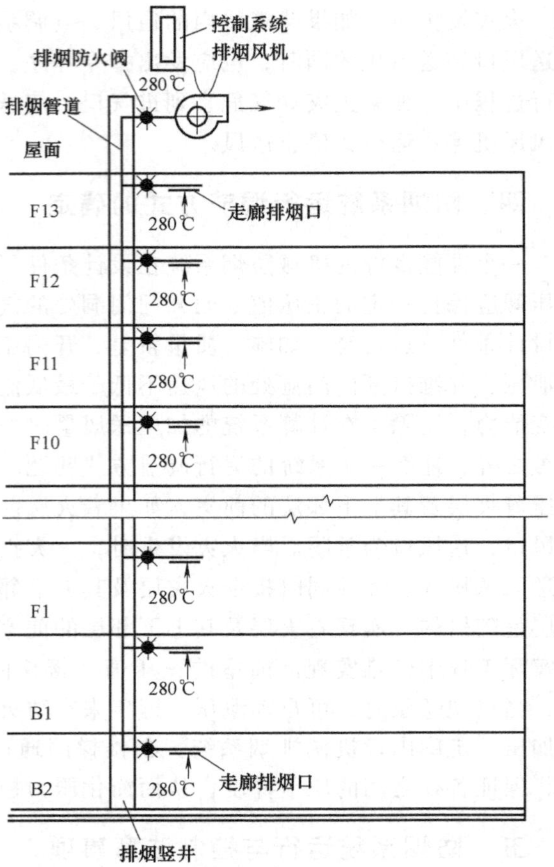

图 9-4 机械排烟系统的组成

三、排烟系统的控制程序

火灾发生时，机械排烟系统的快速启动运行，对于人员的疏散起着至关重要的作用。机械排烟系统可以采用手动启动、烟感探测器联动控制及消防控制室远程控制的方式。火灾发生时，各种消防设施是否联动、联动程序的不同，以及是有人发现火灾还是由火灾监控设施探测到火灾，其排烟系统的运行方式也不同。

（一）不设消防控制室

1）当有人发现火灾发生，可手动开启常闭排烟口，排烟口打开，排烟口与活动挡烟垂壁、排烟风机、空调机等联动，活动挡烟垂壁下降，形成防烟分区，同时空调系统停止运行，排烟风机开启，即可对房间、走廊、中庭等部位进行排烟；此时也可在控制柜上直接开启排烟口和排烟风机，使其直接运行，其控制程序如图 9-5a 所示。如果排烟口常开，排烟口与排烟风机无法实现联动运行，只能在控制柜上直接开启排烟风机，并关闭空调系统，其控制程序如图 9-5b 所示。

2）如果火灾由烟感探测器发现，烟感探测器开启常闭排烟口，排烟口打开，排烟口与活动挡烟垂壁、排烟风机、空调机联动，活动挡烟垂壁下降，形成防烟分区，同时通风、空调系统停止运行，排烟风机开启，即可对房间、走廊、中庭等部位进行排烟；此时也可直接在控制柜上直接开启排烟口和排烟风机，使其直接运行，关闭通风、空调系统，其控制程序如图 9-5a 所示。

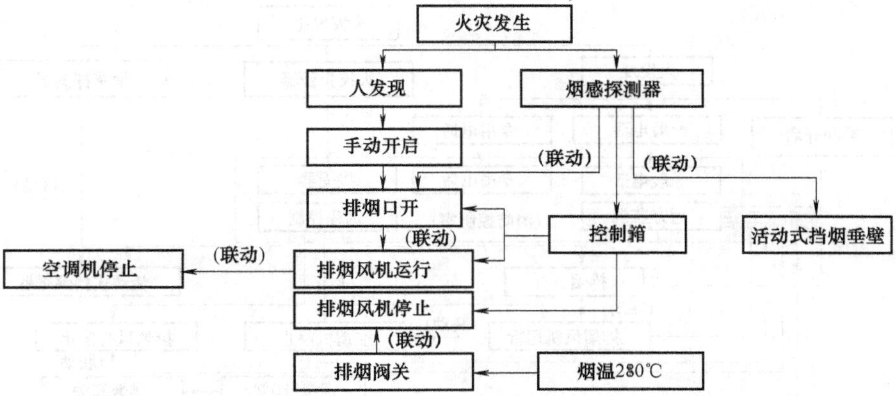

a)

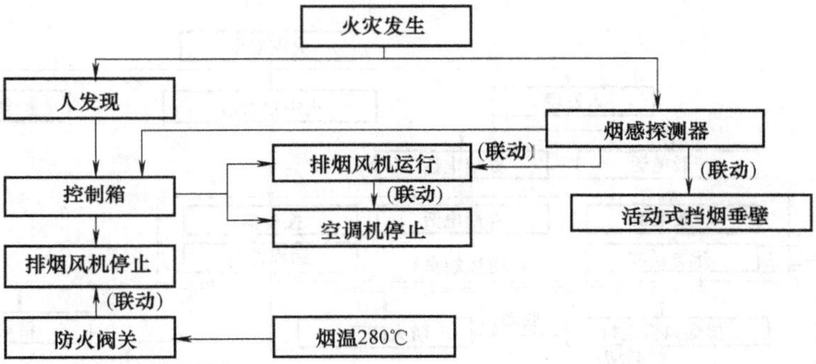

b)

图 9-5　不设消防控制室的机械排烟系统控制程序

a）排烟口常闭　b）排烟口常开

如果排烟口常开，排烟口与排烟风机无法实现联动运行，只能由烟感探测器通过控制箱直接开启排烟风机，同时联动活动挡烟垂壁下降，排烟风机联动控制通风、空调系统，使其停止运行，其控制程序如图 9-5b 所示。

（二）设消防控制室

1）当有人发现火灾发生，可手动开启排烟口，排烟口打开，其开启信号反馈到消防控制室，消防控制室发出指令程序，关闭空调系统，开启排烟机，该过程即称为排烟口联动控制排烟机，其控制程序如图 9-6a 所示。消防控制室接到电话报警或通过监控系统发现火情后，可在消防控制室直接开启排烟机，或开启排烟口，使其联动控制排烟机运行，其控制程序如图 9-6a 所示。

2）如果火灾由火灾探测器发现，火灾探测器将信号反馈到消防控制室，由消防控制室通过联动控制程序开启排烟口和排烟机，对房间、走廊、中庭等部位进行排烟，同时关闭空调系统，其控制程序如图 9-6b 所示。

不管是排烟口、排烟风机、活动挡烟垂壁的启闭，还是空调系统停止工作以及防火阀的启闭，其动作信号都会反馈到消防控制室。当火灾烟气温度达到 280℃时，排烟防火阀自动关闭，同时联动排烟风机停止排烟，排烟系统关闭。

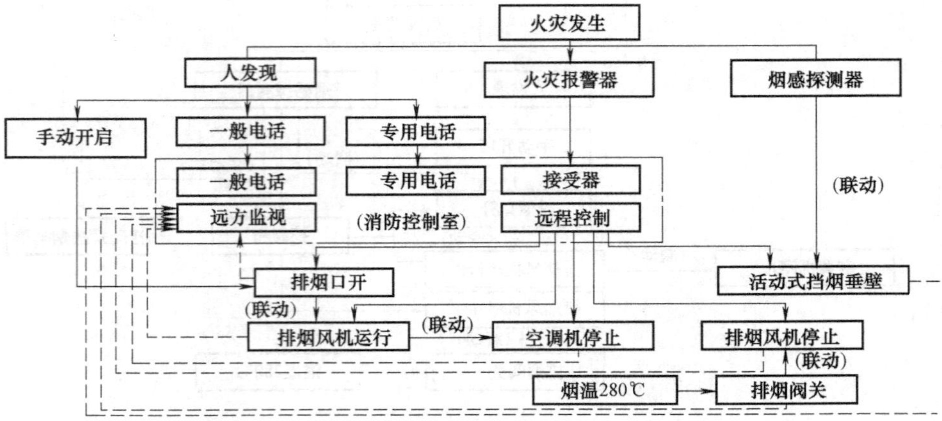

a)

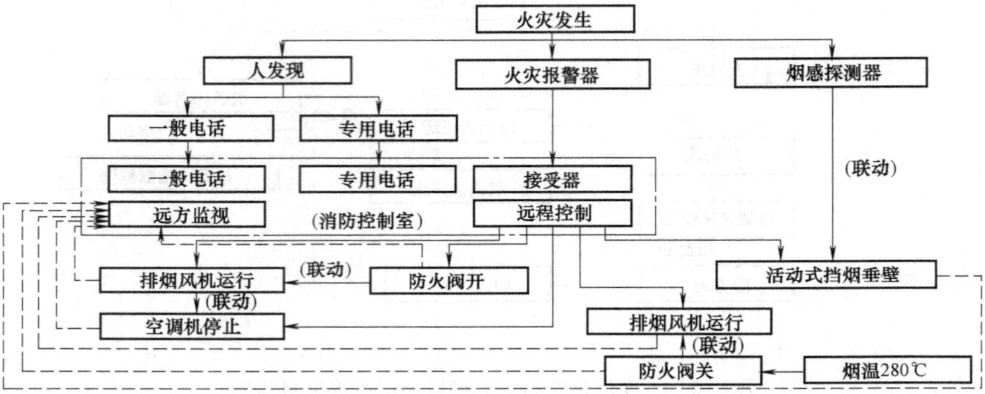

b)

图9-6 设消防控制室的机械排烟系统控制程序

a) 排烟口常闭 b) 排烟口常开

四、排烟系统运行与控制注意事项

1）排烟系统应采用消防电源，而且应采用双回路供电，以保证其在火灾紧急情况下正常运行。

2）排烟口要尽量远离机械防烟系统的进风口。

3）排烟口及排烟管道要与可燃物保持一定的距离，以防造成火势蔓延扩大。

4）要根据相关规范的要求，对排烟系统的各零部件及控制设施定期进行检查、维护和更新。

5）保证控制设施处于自动控制状态，特别是与烟感探测器的联动控制。

6）要保证排烟口、排烟防火阀、排烟风机与活动挡烟垂壁、防火卷帘等挡烟设施之间动作的协调配合。

实际上，对于一座建筑物来说，它不是仅设有机械防烟系统或机械排烟系统，一般是既设有机械防烟系统又设有机械排烟系统。在火场上，机械防烟系统和机械排烟系统的运行并不是相互独立的，而是有机地联系在一起，共同构成一个防排烟系统。在消防控制室程序的控制下，在排烟风机开启，开始对房间、走廊、中庭等需要排烟的部位进行排烟的同时，送风风机也开始向防烟楼梯间及其前室、消防电梯前室或合用前室等需要防烟的部位进行加压送风。

在排烟风机和送风风机开启的同时，通风、空调系统应停止工作。如果机械排烟系统与通风、空调系统合用，当发生火灾时，消防控制室在发出指令程序开启排烟风机和送风风机的同时，也应发出指令程序，停止通风、空调系统的运行，并应能够顺利实现系统功能的转换，即从日常的通风、空调功能转换为火灾紧急情况下的排烟功能，同时应严禁火灾烟气通过通风、空调系统的通风机、过滤器等重要设施。

第四节　防排烟设施的维护与管理

为了确保防排烟设施完好有效，并能够在火灾中发挥作用，必须对防排烟设施实施维护管理。

一、日常维护管理的一般要求

1）首先应当明确主管部门和相关人员的责任，建立完善的岗位责任制度、日常巡查制度、交接班制度、防排烟设施的维护保养制度等管理制度。

2）确立防排烟设施的日常巡查、检测、检验、维护管理等规程，确保防排烟设施的正常运行。

3）维护管理人员应经过消防专业培训，应熟悉防排烟设施的原理、性能和操作维护规程。

4）防排烟设施发生故障时，应及时组织修复。因故障维修等原因需要暂时停用防排烟系统的，应确保具有其他消防安全的有效措施，并经单位消防安全责任人批准。

5）消防控制室、防排烟机房等重要的消防设施操作控制场所，应确保火灾情况下有人能按操作规程及时、正确地操作防排烟设施。

二、日常巡查的一般要求

1）建立完善的防排烟设施日常巡查制度。

2）包括防排烟设施在内的全部消防设施应保证每日至少巡查一次。

3）坚持防排烟设施的日常巡查制度，并如实填写《防排烟设施日常巡查记录表》（表9-3）的相关内容。

三、检测的一般要求

（一）建立完善的防排烟设施检测制度

防排烟设施应保证每年至少检测一次，检测对象包括系统全部设备、组件等。

（二）检测方法

依据《建筑消防设施检测技术规程》（GA 503—2004）开展检测。

1. 机械防烟系统检测

（1）控制柜　查看控制柜标志、仪表、指示灯、开关和控制按钮；用按钮启停每台风机，查看仪表及指示灯显示。

表 9-3　防排烟设施日常巡查记录表

巡查内容	巡查情况					
	部位	数量	正常	故障及处理		
				故障描述	当场处理情况	报修情况
送风阀外观						
送风风机及控制柜外观及工作状态						
挡烟垂壁及其控制装置外观及工作状况						
排烟阀及其控制装置外观						
电动排烟窗、自然排烟设施外观						
排烟风机及控制柜外观及工作状况						
送风、排烟机房环境						

（2）风机　查看风机外观和标志牌；控制室远程手动启停风机，查看运行及信号反馈情况。

（3）送风阀　查看送风阀外观；手动、自动开启，手动复位，查看动作和信号反馈情况。

（4）系统功能

1）自动控制方式下，分别触发两个相关的火灾探测器，查看相应送风阀和送风风机的动作和信号反馈情况。

2）采用微压计，在防烟部位的顶层、中间层及最下层，测量防烟楼梯间及前室或合用前室的余压。检查是否满足送风口的风速不大于7m/s，防烟楼梯间的余压值应为40～50Pa，前室、合用前室的余压值应为25～30Pa。

3）全部复位，恢复到正常警戒状态。

2. 机械排烟系统检测

（1）控制柜　查看控制柜标志、仪表、指示灯、开关和控制按钮；用按钮启停每台风机，查看仪表及指示灯显示。

（2）风机　查看风机外观和标志牌；控制室远程手动启停风机，查看运行及信号反馈情况。

（3）排烟阀、排烟防火阀、电动排烟窗　查看排烟阀、排烟防火阀、电动排烟窗外观；手动、自动开启，手动复位，查看动作和信号反馈情况。

（4）系统功能

1）自动控制方式下，分别触发两个相关的火灾探测器，查看相应排烟阀、排烟风机、送风风机的动作和信号反馈情况。通风、空调与机械排烟合用的系统，应同时查看风机运行状态的转换情况。

2）采用风速仪，按下列方法测量排烟口的风速：

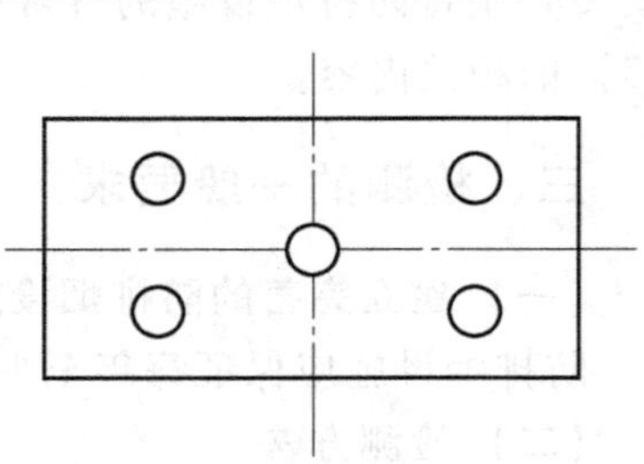

图 9-7　小截面排烟口测点布置

小截面排烟口（排烟口面积小于 $0.3m^2$）可采用 5 个测点，如图 9-7 所示。

当排烟口面积大于 $0.3m^2$ 时，对于矩形排烟口，按排烟口断面的大小划分成若干个面积相等的矩形，测点布置在每个小矩形的中心，小矩形每边的长度为200mm左右，如图9-8所示；对于条缝形排烟口，在高度方向上，至少安排2个测点，在长度方向上，可取4～6个测点，如图9-9所示；对于圆形排烟口，至少取5个测点，测点间距≤200mm，如图9-10所示。

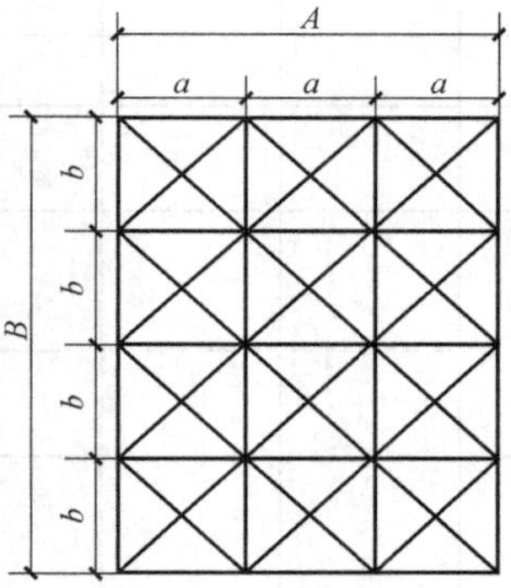

图9-8　矩形排烟口测点布置

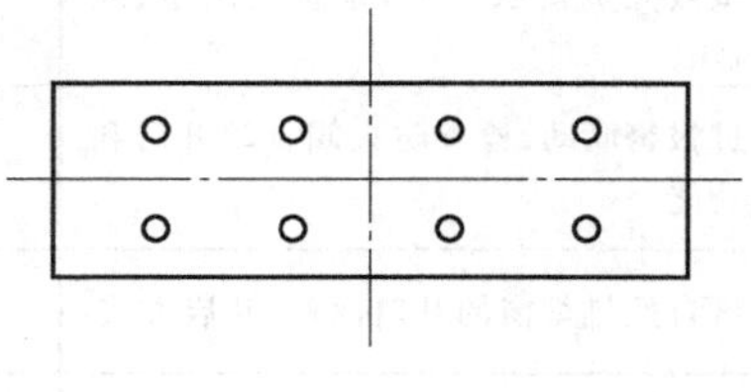
图9-9　条缝形排烟口测点布置

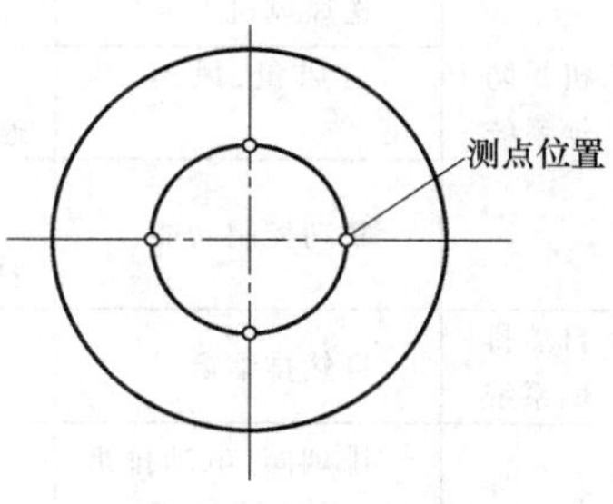

图9-10　圆形排烟口测点布置

若排烟口气流偏斜，可临时安装一段长度为0.5～1m，断面尺寸与排烟口相同的短管进行测定。

3）按下列公式计算排烟口的平均风速（排烟口的风速不宜大于10m/s）：

$$V_p = (V_1 + V_2 + V_3 + \cdots + V_n)/n \tag{9-1}$$

式中　V_p——风口平均风速（m/s）；

V_1、V_2、V_3、…、V_n——各测点风速（m/s）；

n——测点总数。

4）按下列公式计算排烟量（排烟量应符合设计要求）：

$$L = 3600 V_p F \tag{9-2}$$

式中　L——排烟量（m^3/h）；

V_p——排烟口平均风速（m/s）；

F——排烟口的有效面积（m^2）。

5）分别触发两个相关的火灾探测器或触发手动报警按钮，查看相应区域电动排烟窗动作情况及反馈信号。

6）全部复位，恢复到正常警戒状态。

3. 电动防火阀检测

1）查看外观。

2）手动开启后复位。

3）分别触发两个相关的火灾探测器，查看动作情况和反馈信号后复位。

（三）填写检测记录表

防排烟设施的检测应按《建筑消防设施检测技术规程》（GA 503—2004）的要求进行，并如实填写《防排烟设施检测记录表》（表9-4）的相关内容。

表 9-4 防排烟设施检测记录表

<table>
<tr><th colspan="2" rowspan="2">检测项目</th><th rowspan="2">检测内容</th><th rowspan="2">实测记录</th><th colspan="3">故障记录及处理</th></tr>
<tr><th>故障描述</th><th>当场处理情况</th><th>报修情况</th></tr>
<tr><td rowspan="4">机械防烟系统</td><td>送风口</td><td>测试手动、自动开启功能</td><td></td><td></td><td></td><td></td></tr>
<tr><td>送风风机</td><td>测试手动、自动启动、停止功能</td><td></td><td></td><td></td><td></td></tr>
<tr><td>送风量、风速、风压</td><td>测试最大负荷状态下,系统送风量、风速、风压</td><td></td><td></td><td></td><td></td></tr>
<tr><td>联动控制功能</td><td>通过报警联动,检查防火阀自动开启和启动功能</td><td></td><td></td><td></td><td></td></tr>
<tr><td>自然排烟系统</td><td>自然排烟窗</td><td>测试自然排烟窗的开启面积、开启方式</td><td></td><td></td><td></td><td></td></tr>
<tr><td rowspan="4">机械排烟系统</td><td>排烟阀、电动排烟窗、活动挡烟垂壁、排烟防火阀</td><td>测试排烟阀、电动排烟窗手动、自动开启功能,测试活动挡烟垂壁的释放功能,测试排烟防火阀的动作性能</td><td></td><td></td><td></td><td></td></tr>
<tr><td>排烟风机</td><td>测试手动、自动启动、排烟防火阀联动停止功能</td><td></td><td></td><td></td><td></td></tr>
<tr><td>排烟风量、风速</td><td>测试最大负荷状态下系统排烟风量、风速</td><td></td><td></td><td></td><td></td></tr>
<tr><td>联动控制功能</td><td>通过报警联动,检查活动挡烟垂壁、排烟阀、电动排烟窗的功能,检查排烟风机的性能</td><td></td><td></td><td></td><td></td></tr>
</table>

自学指导

本章学习重点：防排烟阀门的安装；防烟系统的控制程序；排烟系统的控制程序；防排烟设施的检测项目及要求。

1. 防排烟阀门的安装：安装在排烟管道上的排烟防火阀、排烟阀，以及安装在通风、空调系统上的防火阀。

2. 防烟系统的控制程序：不设消防控制室、送风口常闭时，防烟系统的控制程序；不设消防控制室、送风口常开时，防烟系统的控制程序；设消防控制室、送风口常闭时，防烟系统的控制程序；设消防控制室、送风口常开时，防烟系统的控制程序。

3. 排烟系统的控制程序：不设消防控制室、排烟口常闭时，排烟系统的控制程序；不设消防控制室、排烟口常开时，排烟系统的控制程序；设消防控制室、排烟口常闭时，排烟系统的控制程序；设消防控制室、排烟口常开时，排烟系统的控制程序。

4. 防排烟设施的检测项目及要求：排烟量、风速等的检测。

本章学习难点：设消防控制室时，防烟系统的控制程序；设消防控制室时，排烟系统的控制程序。

1. 防排烟阀门的安装：安装在排烟管道上的排烟防火阀、排烟阀、安装在通风空调系统上的防火阀。

2. 设消防控制室时，防烟系统的控制程序：设消防控制室、送风口常开时，防烟系统的控制程序；设消防控制室、送风口常闭时，防烟系统的控制程序。

3. 设消防控制室时，排烟系统的控制程序：设消防控制室、排烟口常开时，排烟系统的控制程序；设消防控制室、排烟口常闭时，排烟系统的控制程序。

4. 防排烟阀门、风机等重要设施的检测项目及要求：排烟量、风速等的检测。

复习思考题

一、选择题

1. 排烟管道与排烟风机的连接应采用（　　　　）连接。

A. 法兰　B. 焊接　C. 铆接　D. 非燃烧材料的柔性

2. 关于防排烟设施的安装，下列说法正确的是（　　　　）。

A. 排烟风机与排烟管道应采用柔性管道连接

B. 系统断电时，活动挡烟垂壁应能自动停止下降

C. 排烟机与送风机可并行安装，且其水平间距不大于 10m

D. 防火阀阀板关闭的方向应与气流流动的方向相反

3. 与活动挡烟垂壁联动的是（　　　　）。

A. 排烟口　B. 排烟机　C. 送风口　D. 烟感探测器

4. 能与排烟机联动的是（　　　　）。

A. 防火阀　B. 挡烟垂壁　C. 送风机　D. 排烟防火阀

5. 火灾发生时，排烟系统开始运行，下列说法不正确的是（　　　　）。

A. 排烟风机运行　B. 空调机停止　C. 送风风机运行　D. 空调机运行

二、简答题

1. 防排烟阀门安装应注意哪些问题？
2. 防排烟风机安装应注意哪些问题？
3. 排烟口安装应注意哪些问题？
4. 防烟系统的组成。
5. 排烟系统的组成。
6. 设有消防控制室、送风口常闭情况下，防烟系统的程序控制图。
7. 设有消防控制室、排烟口常闭情况下，排烟系统的程序控制图。
8. 设有消防控制室、送风口常开情况下，防烟系统的程序控制图。
9. 机械防烟系统一般应重点检测哪些项目？
10. 机械排烟系统一般应重点检测哪些项目？

第十章　地铁车站烟气控制技术

学习目标

1. 应了解、知道的内容：

- 地铁火灾的特点。
- 《地铁设计规范》（GB 50157—2003）中地下车站站厅、站台的防烟分区面积。

2. 应理解、清楚的内容：

- 地铁火灾的类型。
- 区间隧道火灾时的防排烟运作模式。
- 设备管理用房火灾工况运作模式。

3. 应掌握、会用的内容：

- 站厅层公共区火灾工况运作模式。
- 站台层公共区火灾工况运作模式。

4. 应熟练掌握的内容：

- 地铁车站防排烟系统的选择。

自学时数　5 学时。

老师导学

本章通过介绍地铁火灾的类型和特点，了解地铁车站火灾的危险性，通过对《地铁设计规范》（GB 50157—2003）的学习，加深理解地铁车站防排烟系统的设计原则，并熟练掌握地铁车站防排烟系统的选择方法，进而学会应用地铁防排烟系统的运作模式。

地铁是现代城市不可或缺的交通工具。1863 年世界上第一条地铁线路在英国伦敦建成，100 多年来世界各地已有百余座城市先后建成地铁。我国第一条地铁 1969 年在北京建成，目前我国已有多座城市建有地铁或已开工建设地铁。地铁交通系统在改善城市交通问题的同时，其火灾安全方面也存在着不容忽视的危险性。地铁是构筑于地下的大容量轨道交通系统，内部结构较为特殊，连通地面的出口少，空间相对密闭，人员流动量大且密集度高。一旦地铁内部发生火灾事故，乘客紧急逃生极其困难，群死群伤的可能性极大，而地铁火灾研究的核心问题之一就是地铁火灾中烟气的控制。

第一节　地铁车站火灾危险性

地铁是一种独立的轨道交通系统，其建筑结构主要由地铁车站和区间隧道两部分组成。地铁车站是乘客上下列车和中转的主要场所，区间隧道则是车站之间列车运行的通道。由于发生火灾时的火源位置及参与燃烧的可燃物形式存在多种情况，加之地铁列车是在运动当中，从而使得地铁火灾的形式比较繁多。

一、地铁火灾的类型

地铁火灾按火源位置可以分为站厅火灾、站台火灾和区间隧道火灾，见表 10-1。

表 10-1 地铁火灾的类型

序号	地铁火灾类型	情形描述
1	站厅火灾	站厅电气设备、售货亭、乘客携带行李发生火灾
2	站台火灾	站台电气设备、乘客携带行李发生火灾(站台无列车)
3		停在站台的列车发生火灾
4	区间隧道火灾	区间隧道内电气设备发生火灾
5		列车在区间隧道发生火灾,维持运行至就近车站后停车
6		列车在区间隧道发生火灾,无法运行,在区间隧道内燃烧

在地铁运营过程中，设备故障或人为的原因都可能会使车辆、电气设备和旅客行李等着火而引起火灾。国外地铁运营历史从 19 世纪 60 年代开始至今，在此期间建有地铁的国家许多都发生过不同原因引发的地铁火灾，并造成了巨大的人员伤亡和财产损失。如美国纽约地铁仅 1980 年、1981 年两年间就发生 8 次火灾，重伤 50 人，死亡 53 人，经济损失重大。据调查资料显示，1970 年 ~2004 年国外地铁火灾事故案例共有几十例，其中人员伤亡比较严重的有：1987 年 11 月 8 日英国伦敦国王十字街地铁站起火，造成 32 人丧生（包括 1 名消防员），100 余人受伤；1991 年 8 月 28 日美国纽约地铁列车在运行中脱轨并引起火灾，造成 5 人死亡，155 人受伤；1995 年 10 月 28 日阿塞拜疆巴库地铁因车辆电气设备故障诱发火灾，浓烟毒雾造成 558 人死亡（包括 3 名消防员），269 人受伤；2003 年 2 月 18 日韩国大邱市地铁站发生人为纵火案，造成 135 人死亡，137 人受伤，318 人失踪。

二、地铁火灾的特点

地铁深埋地下，建筑结构复杂、出入口少、疏散路线长、通风照明条件差、电气设备种类多且人员高度集中，因此一旦发生火灾，扑救任务非常艰巨，往往会造成重大的人员伤亡和财产损失。地铁火灾的特点主要体现在以下几个方面：

（一）发烟量大，排烟排热差

由于地铁位于地下，通风条件差，新鲜空气供给不足，火灾时易发生不完全燃烧反应，导致 CO 等有毒有害气体大量产生，不仅降低了站内的能见度，同时也加大了人员窒息的可能性。另外，地下车站和隧道与外界空间隔绝，热交换十分困难，火灾时大量的热量和烟气聚集在建筑物内，无法扩散，容易使温度骤升，较早出现爆燃。这些流动性很强的高温烟气和有毒气体若不加以控制或及时排除，会在地下通道内四处流窜，短时内充满整个地下空间，给站内人员和救援人员带来生命威胁。

（二）客流量大，逃生困难

地铁是人流高度集中的场所，运营线路长，垂直高度大，逃生路径少，逃生距离长且没有紧急避难场所，一旦突发火灾事故，高温烟气运动方向与人员疏散方向一致，狭窄的通道和楼梯中人员仅凭体力往地面逃生，既耗时，又耗力，再加上恐慌、焦虑等因素，安全逃生的把握不大，对老弱病残的乘客而言，更是凶多吉少。试验证明，地铁火灾中允许乘客逃生时间只有 5min 左右。

（三）火情侦察和扑救困难

扑救地铁火灾比扑救地面建筑的火灾要困难得多。地面建筑发生火灾时，可以根据建筑物产生的火光和烟气直接判断火场的位置。而地铁发生火灾，无法直接观察火场，难以找到着火点，需要详细研究工程图样，分析可能发生火灾的部位和可能出现的情况。同时，地铁车站内通道狭窄，灭火工作面小，进攻和撤离路线单一，消防人员难以接近着火点，加上通信联络困难，扑救工作难以展开。

第二节　地铁车站防排烟系统的设计原则

我国《地铁设计规范》（GB 50157—2003）规定，在远期高峰小时客流量时发生火灾的情况下，6min 内要将一列车乘客和站台上的乘客及工作人员安全撤离站台。如果不能及时组织乘客疏散和迅速排除烟气，有可能造成重大伤亡。因此，地铁车站防排烟系统设计必须保证着火和有烟区域的排烟量，同时控制站内的气流通路，为乘客疏散路径上提供一定的新鲜空气和迎面风速，有效控制烟气流动，疏导人员撤离。

一、地铁车站防烟分区的设计

《地铁设计规范》（GB 50157—2003）中规定地下车站站厅、站台的防火分区应划分防烟分区，每个防烟分区的面积不宜超过 $750m^2$。防烟分区可采用挡烟垂壁等设施实现，挡烟垂壁等设施的耐火极限不应小于 0.5h。但是地下车站站厅、站台公共区吊顶后净高均在 3m 左右，在低矮空间中再设置下垂 500mm 的挡烟垂壁，会将大部分标志遮挡，难以处理。

上海市地方建设标准《城市轨道交通设计规范》（DGJ 08-109—2004）规定公共区防烟分区建筑面积不宜大于 $2000m^2$；但地下车站的站厅、站台公共区楼梯洞之间必须设置挡烟垂壁，设备管理区每个防烟分区仍保持不大于 $750m^2$。同时要求站台至站厅公共区楼扶梯孔洞四周应设挡烟垂壁，挡烟垂壁下缘至楼梯踏步面的垂直距离不应小于 2.3m，换乘车站内排烟系统分线设计时，防烟分区不应跨线设计。

二、地铁车站防排烟系统的选择

由于地铁处于地下空间，对外连通的出入口相对较少，一旦发生火灾，依靠自然对流排烟无法及时将烟气控制和排除。《地铁设计规范》（GB 50157—2003）中规定，地下车站及区间隧道内必须设置防排烟与事故通风系统。由于地下空间有限，实际工程中往往将防排烟与事故通风系统和正常的通风、空调系统合用。这种情况下，为安全起见，确保火灾时能及时有效地满足防排烟和事故通风的要求，就需要通风、空调系统采取可靠的防火措施，符合防排烟系统所需达到的各项要求，且必须设计一套可靠的控制系统，确保发生火警时能从正常的通风、空调模式快速转换为防排烟模式运行。地铁车站内可能发生火灾的主要区域为站厅、站台和车站设备及管理用房，因此，《地铁设计规范》（GB 50157—2003）规定：

1）当站厅或站台发生火灾时，应能组织机械排烟，并保证出入口为正压进新风，乘客迎风向地面疏散。

2）设备及管理用房发生火灾时，应能组织机械排烟。对用气体灭火的房间设排风及送风系统。

3）同一个防火分区内的地下车站设备及管理用房的总面积超过 $200m^2$，或面积超过 $50m^2$ 且经常有人停留的单个房间应设置机械排烟设施。

4）最远点到地下车站公共区的直线距离超过 20m 的内走廊，连续长度大于 60m 的地下通道和出入口通道应设置机械排烟设施。

5）当区间隧道发生火灾时，工作人员要通过通信系统向控制中心和车站报告列车灾情和多数乘客的疏散方向，控制中心根据多数乘客的疏散方向、列车火灾位置和列车所在区间位置确定相应的隧道通风系统火灾运行模式，启动相应模式进行火灾通风。隧道内的防排烟与事故通风系统应能背着乘客疏散方向排烟，迎着乘客疏散方向送新风，当列车阻塞在区间隧道时，应能对阻塞区间进行有效通风。列车在隧道内发生阻塞及火灾时的气流组织如图 10-1 所示。对防排烟与事故通风系统的具体要求有：

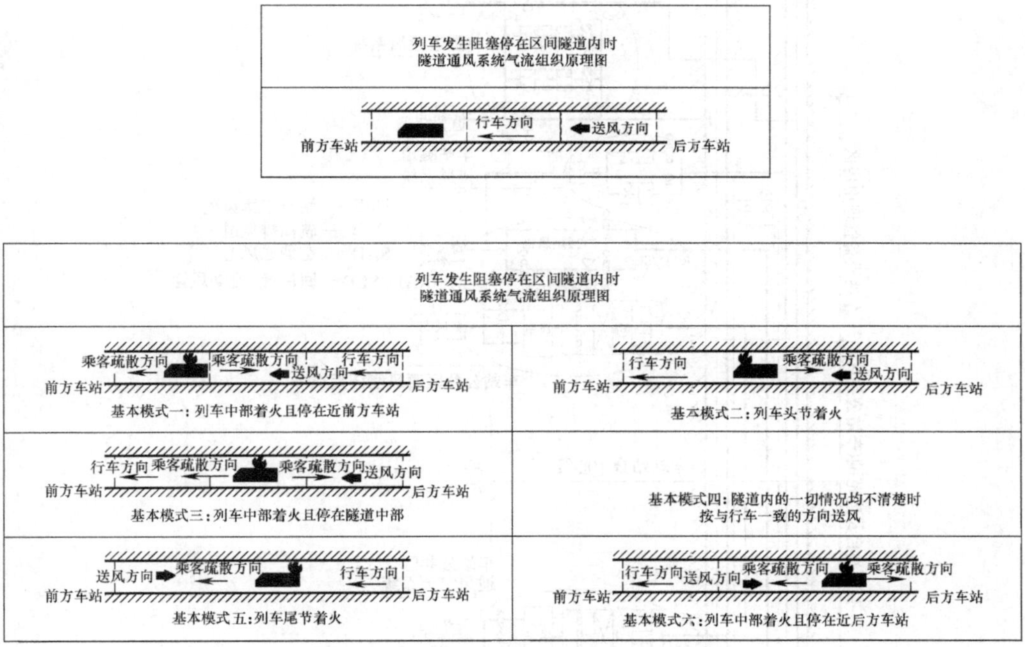

图 10-1　列车在隧道内发生阻塞及火灾时的气流组织

1）区间隧道火灾的排烟量，按单洞区间隧道断面的排烟流速不小于 2m/s 计算，但排烟流速不得大于 11m/s。

2）区间隧道排烟风机及烟气流经的辅助设备如风阀及消声器等，应保证在 150℃时能连续有效工作 1h。

3）列车阻塞在区间隧道时的送风量，按区间隧道断面风速不小于 2m/s 计算，并按控制列车顶部最不利点的隧道温度低于 45℃校核确定，但风速不得大于 11m/s。

在区间隧道内利用风机防排烟时，在满足以上要求的同时，还应该满足列车处在坡段时能够有效控制烟气逆流，控烟效果如图 10-2 所示。

三、地铁车站防排烟系统应用

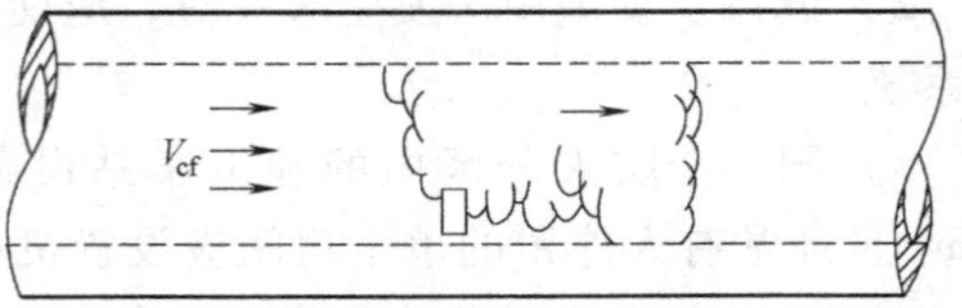

图 10-2 列车处于坡段时的控烟效果

地铁车站内部空间有限，为了节省空间，防排烟系统与通风、空调系统通常共用通风管道，形成一个系统。通风、空调系统在正常运营期间为乘客和工作人员提供舒适的候车和工作环境，为设备正常安全运行提供所需的运行环境；当发生事故时，通风、空调系统能迅速切换到防排烟与事故通风模式，如火灾时能迅速排除烟气，为乘客提供新鲜空气并引导乘客向安全区疏散。全线的区间隧道、站厅及站台在同一时间内只考虑一处发生火灾。在设计车站的防排烟系统时，通常在车站两端分别设置一个通风机房，以车站站台中心线为中心，两边的通风系统、风亭等对称布置。典型地铁车站防排烟系统如图 10-3 所示。

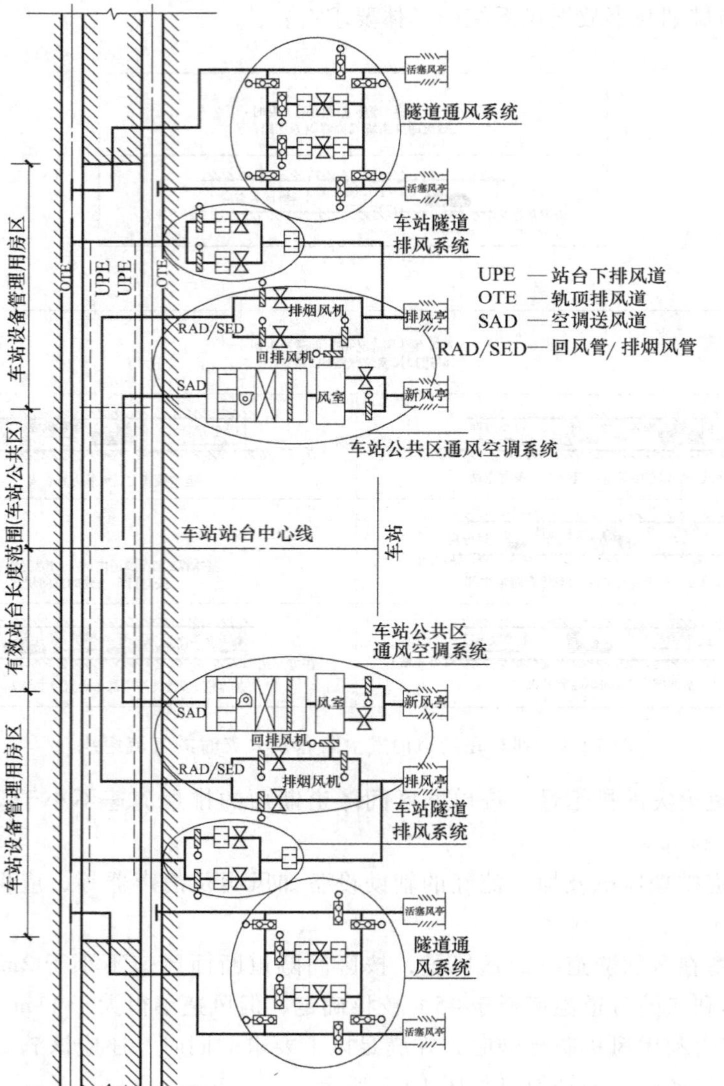

图 10-3 典型地铁车站防排烟系统（屏蔽门系统）

根据使用场所的不同，地铁通风排烟系统可分成如图 10-4 所示的几个部分。

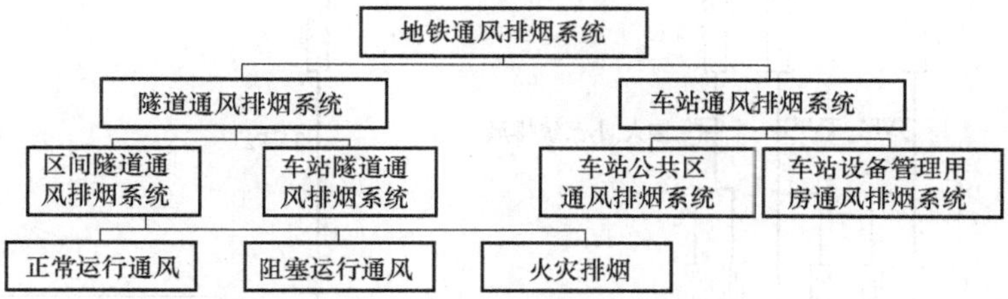

图 10-4　地铁通风排烟系统分类

(一) 区间隧道通风排烟系统

区间隧道通风排烟系统主要负责两个车站之间隧道的通风与排烟，包括自然通风和机械通风，其通风的主要形式包括活塞竖井通风和机械通风两种。根据区间隧道通风排烟系统的要求以及节能要求，在条件允许的情况下，车站两端上下行线路应各设一个活塞风道以及相应的风井，作为正常运行时依靠列车活塞作用实现隧道与外界通风换气的通道；同时，在隧道与其相对应的活塞风井之间还应设置一套隧道风机系统，在无列车活塞作用时对隧道进行机械通风。在设置上，要求车站每端上下行线的两套隧道风机可互为备用，如图 10-5 所示，图中所有表示风流的箭头均可逆。区间隧道机械通风一般为纵向的送排风系统，同时具备排烟功能。当区间隧道较长时，宜在中部设置中间风井。

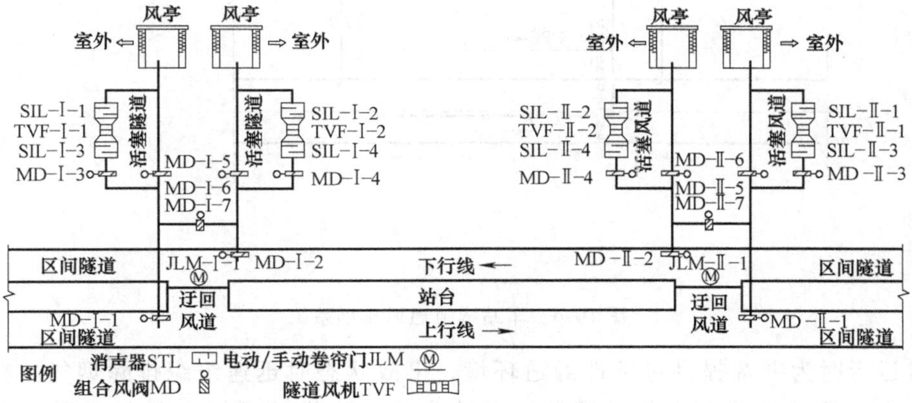

图 10-5　区间隧道机械通风系统

(二) 车站隧道通风排烟系统

地铁列车由于高速运行而消耗大量电能，继而产生热量，同时摩擦刹车等运动又将产生大量的热能。列车产热的 67% 分布于站台，使车站温度升高。因此，地下车站宜在列车停靠在车站时的发热部位设置通风排烟系统。车站隧道通风排烟系统简称 UPE/OTE 系统，由列车轨顶排风系统和轨底排风系统组成。列车轨顶排风系统布置在车行道上方，与列车空调冷凝器位置对应，火灾时兼排烟风管；轨底排风系统为站台下排风道，与列车下发热位置对应。轨顶排风量与轨底排风量之比通常为 6:4。通过局部排风的方法，有效地阻止热空气扩散，并将其排出，如图 10-6 所示。

(三) 车站公共区通风排烟系统

根据地铁运营环境要求，在车站站厅站台的公共区部分设置通风、空调和防排烟系

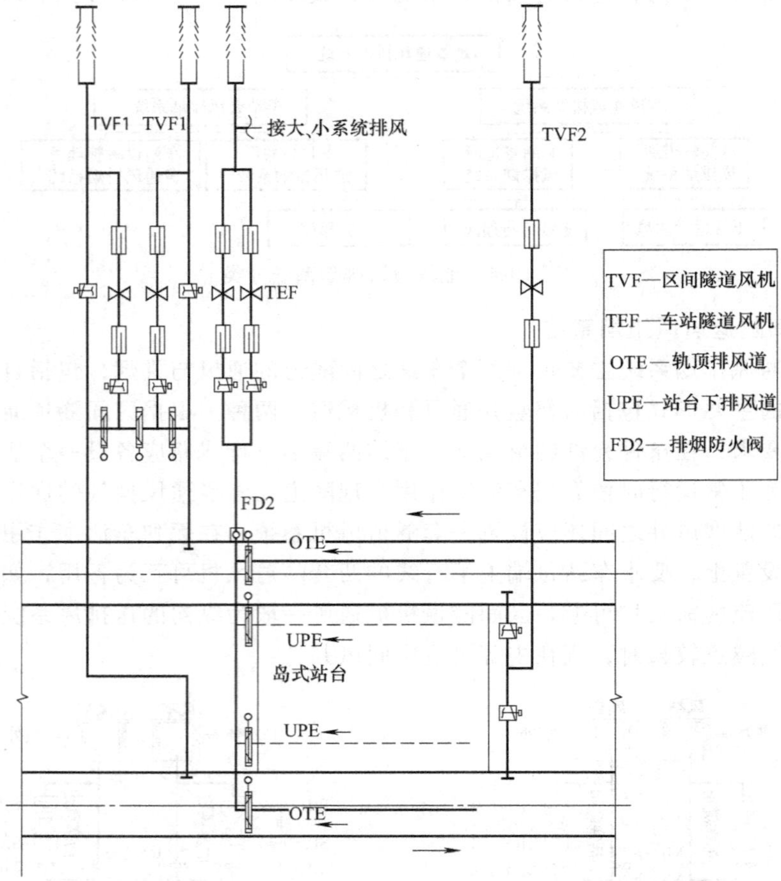

图 10-6　车站隧道通风排烟系统

统，正常运行时为乘客提供过渡性舒适环境，事故状态时迅速组织排除烟气。在实际的工程设计中，受地铁建筑空间的限制，车站公共区防排烟系统一般与通风、空调系统合设。

由于车站火灾时，人员疏散方向与烟气流动方向一致，站台层疏散条件最差，必须仔细考虑发生火灾时的烟气控制。《地铁设计规范》（GB 50157—2003）中规定当车站站台火灾时，应保证站厅到站台的楼梯和扶梯口处具有不小于 1.5m/s 的向下风速。这股迎面气流会为疏散人员提供疏散条件，并对站台火灾产生的烟气起到很大的控制作用，使人员能够安全地撤离到站厅层。因此，车站公共区通风排烟系统进行设计时，首先应根据工程的实际情况选择车站的环境控制系统。开式系统一般采用横向送排风，也可将车站与区间隧道连成一体进行纵向通风；闭式系统通常将送风管沿车站长度方向布置在站台两侧，风口向下均匀送风，在站台和轨顶设置排风系统；屏蔽门系统中，车站成为独立的空调场所，一般将送风管沿车站长度方向布置在站台和站厅上方两侧，风口向下均匀送风，回风管设置在车站中间上部，也可采用在车站两端集中回风的形式。

图 10-7 给出了典型车站公共区通风排烟系统（广州市晓港站）。在正常情况下，该系统对车站公共区进行通风换气，并实现温度调节功能。火灾时启动防排烟系统，进入火灾工况的工作模式。为保证系统在火灾时正常运行，应根据地铁通风系统操作控制表进行操作，确保电动组合风阀和风量调节阀的正确动作，使防排烟系统有效运行。

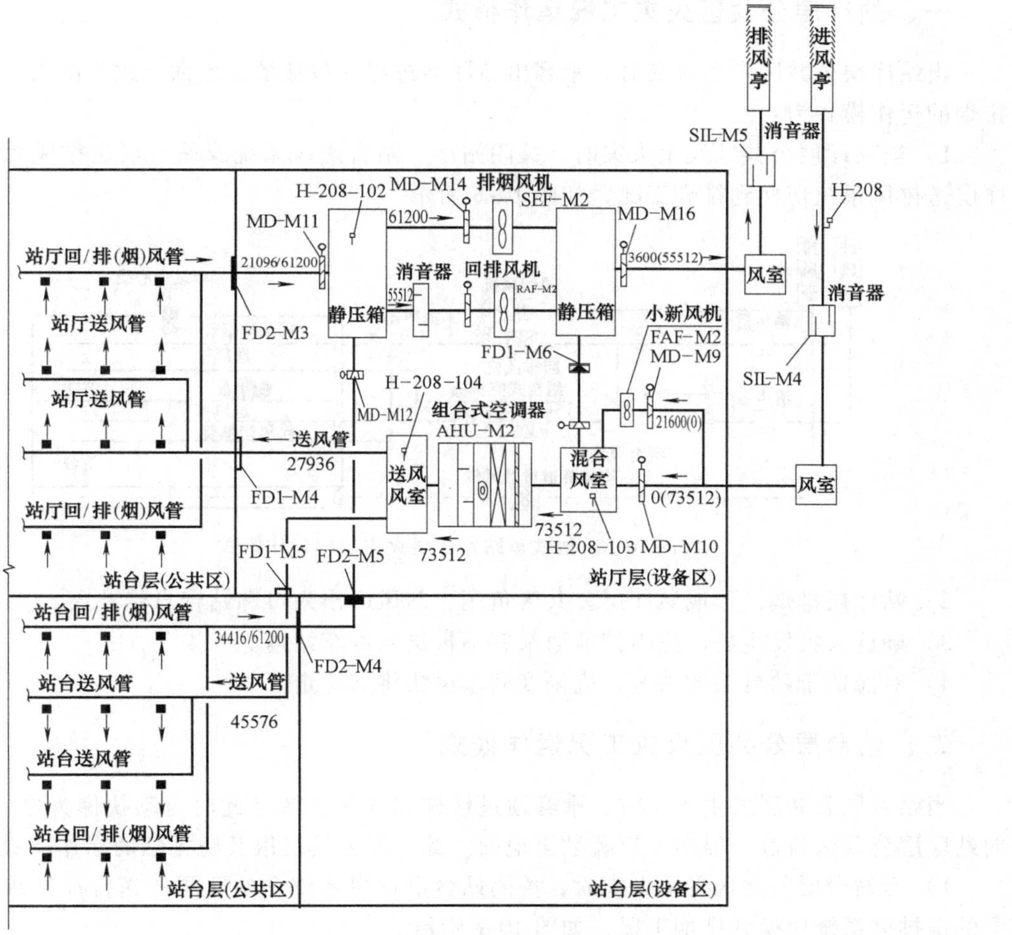

图 10-7 典型车站公共区通风排烟系统（广州市晓港站）

（四）车站设备管理用房通风排烟系统

地铁车站的设备管理用房是车站正常运行的心脏部位，一旦火灾时不能迅速有效地进行排烟，将危及其他房间的安全，造成设备区混乱和人员恐慌。根据地铁车站设备管理用房的工艺要求和运营管理要求，在设备管理用房内必须设置通风、空调和防排烟系统，正常运行时为运营管理人员提供舒适的工作环境和为设备正常工作提供必需的运行环境，事故状态时迅速组织排除烟气，通常也将其简称为小系统。

由于设备管理用房空间较小，各房间的使用功能和火灾燃烧性能差别很大，在实际设计中一般将平时的通风、空调系统与火灾时的防排烟系统合用，采用耐高温的双速风机或并联独立排烟风机的方法来满足火灾时的防排烟要求。对于比较重要的电气设备用房，一般需设置气体灭火装置。火灾扑灭后，由该房间的通风空调系统进行排风换气。

第三节　地铁防排烟系统的运作模式

一、站厅层公共区火灾工况运作模式

当站厅层公共区发生火灾时，乘客由站厅通过出入口疏散至地面。此工况人员疏散及防排烟的运作模式为：

1）当站厅层公共区发生火灾时，关闭站厅、站台送风系统及站台层送排风系统，将站厅层送排风系统切换到排烟工况，如图 10-8 所示。

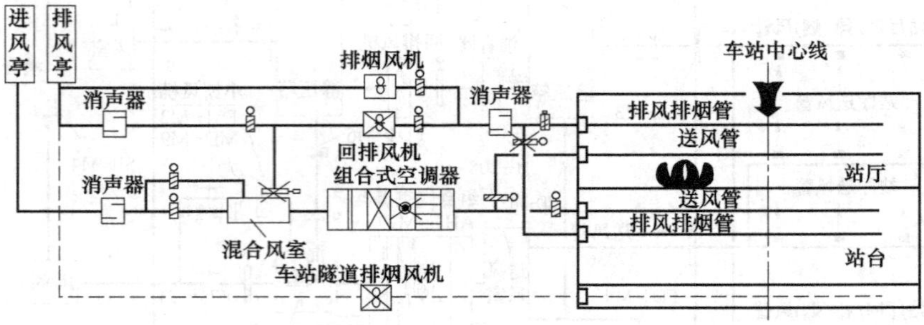

图 10-8　地铁车站站厅层火灾工况运作模式

2）站厅层排烟，形成站厅层公共区负压，新风由出入口和站台自然补入。

3）确认火灾发生后，应阻挡地面乘客不再进入本车站内。

4）对滞留于站台层的乘客，应调度列车尽快将其送走。

二、站台层公共区火灾工况运作模式

当站台层公共区发生火灾时，乘客通过楼梯和自动扶梯（此时自动扶梯为停止或上行）向站厅层公共区疏散，经出入口疏散至地面。此工况人员疏散及防排烟的运作模式为：

1）当站台层公共区发生火灾时，关闭站台层送风系统和站厅层的送排风系统，将站台层的送排风系统切换到排烟工况，如图 10-9 所示。

2）开启站台层公共区排烟系统，应尽可能开启所有站台层排风风机从站台层排烟，形成站台层负压；开启站厅层送风风机送风，使楼梯口形成 1.5m/s 的向下气流，使站台层烟气经排风管道及风井排至地面，不至于蔓延至站厅。

3）在确认上、下行线列车已经越行本站后，打开屏蔽门，开启车站两端的区间隧道风机和排热风机，辅助站台层公共区排烟系统进行排烟，以保证楼梯口有不小于 1.5m/s 的向下气流。

4）位于站厅的自动检票机门处于常开，同时打开位于非付费区和付费区之间的所有栏栅门，使乘客无阻挡地通过出入口疏散到地面。

5）确认本站火灾后，应通过显示、广播或人员管理等措施阻挡地面出入口处乘客进入车站。

6）确认本站火灾后，控制中心调度应使其他列车不再进入本站或快速通过、不停站。

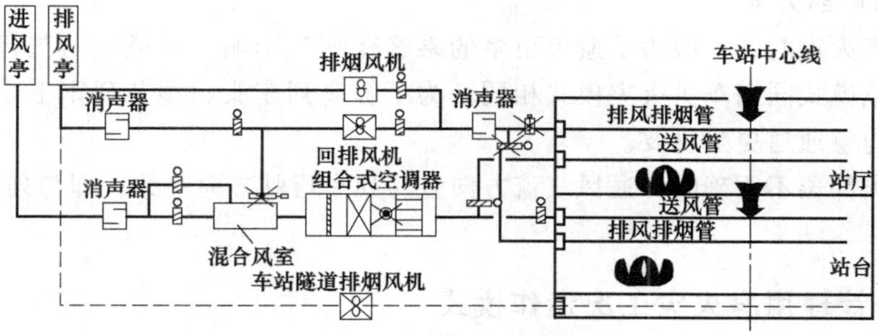

图 10-9 地铁车站站台层火灾工况运作模式

三、区间隧道火灾工况运作模式

当列车在车站轨行区发生火灾时，列车滞留在车站内。此时的排烟量应采用羽流模型进行计算，火源功率不应小于10MW。此工况人员疏散及防排烟的运作模式为：

1）当站台层设有屏蔽门时，停车侧屏蔽门应自动打开（如有故障，可开启应急门）。

2）开启车站站台层相关排烟系统，尽可能排除烟气。

3）典型的地下车站一般设有大型事故风机，轨行区上部设有排风管，均应启动相关风机，尽所能排除该车轨区烟气，形成轨行区负压，并开启站厅层送风风机补风。

4）轨行区排烟除了满足与列车火灾规模匹配的排烟量外，还应满足站厅至站台楼扶梯口向下气流的速度不小于1.5m/s。

5）乘客从列车下到站台层后经楼梯和自动扶梯到达站厅，再经过检票机口和栅栏门等通道，从出入口到达地面。

6）确认车站火灾后，应阻挡地面出入口处乘客不再进入本站，控制中心调度应使其他列车不再进入本站或快速通过不停站。

区间隧道内排烟的原则是沿乘客安全疏散方向相反的方向送风，这样既可以阻止烟气与人流同向流动，又给疏散逃生人员送去新鲜的空气。地铁隧道内起火部位与列车的位置关系决定了乘客的疏散方式，而乘客的疏散方式又决定了隧道内的排烟方向。因此，隧道内发生火灾时，起火部位与列车的位置关系既决定了乘客的疏散方向，又决定了区间两端站台风机和区间风机的送风排烟方向。发生火灾时，起火部位与列车大致有三种位置关系，即起火部位位于头节、中部或尾节。

（一）列车头节火灾

此工况下人员疏散及防排烟的运作模式具体如下：

当火灾位于列车头节时，为保证大多数乘客的安全，列车尾节端门打开，乘客鱼贯而出到达轨道面层，向列车尾端侧车站疏散。此时，列车尾端侧车站送风，列车头端侧车站排风，形成2～11m/s的气流量，通风方向与疏散方向始终相逆。设有纵向应急通道的区间隧道，此时应打开列车侧门，使乘客通过端门疏散的同时也利用应急平台进行疏散，方向也朝向列车尾端侧车站。应充分利用位于疏散区间段内上、下行区间的联络通道，从火灾区间进入非火灾区间。此时，非火灾区间应停止列车运行，方能作为疏散通道使用。

（二）列车尾节火灾

此工况与列车头节火灾工况相同，疏散与防排烟运作模式与前述反向运作。

（三）列车中部火灾

当列车中部火灾时，一般为了避免更多的乘客受烟气影响，通风方向与行车方向一致，疏散路径、通风模式同列车头火灾模式相同。为了提高列车头、尾节列车上乘客生还机会，充分利用纵向应急通道更显重要。

当列车火灾部位不明确时，通风气流方向宜与列车行驶方向一致，即与列车头节火灾运作模式相同。

四、设备管理用房火灾工况运作模式

1）当车站设备及管理用房发生火灾时，防排烟系统的火灾工况运作模式为：配置气体保护的电气用房，灭火时该区域通风系统关闭，灭火完毕后开启通风系统通风换气。

2）非气体保护的设备用房，根据相关规范，当火灾达一定规模时需要排烟，并补充50%的新风。

3）位于设备管理防火分区内的人员，可通过设备管理区直通地面的消防专用通道疏散至地面，或疏散至相邻车站公共区。

自学指导

本章学习重点：地铁车站防排烟系统的设计原则。

1.《地铁设计规范》（GB 50157—2003）中地下车站站厅、站台的防烟分区面积。

2. 地铁车站防排烟系统的选择：站厅或站台通风排烟方式；设备及管理用房通风排烟方式；区间隧道通风排烟方式。

本章学习难点：地铁防排烟系统的运作模式。

1. 站厅层公共区火灾工况运作模式。

2. 站台层公共区火灾工况运作模式。

3. 区间隧道火灾工况运作模式。

4. 设备管理用房火灾工况运作模式。

复习思考题

一、选择题

1.《地铁设计规范》（GB 50157—2003）中地下车站站厅、站台的防烟分区面积规定为（　　）m^2。

A. 500　B. 750　C. 1000　D. 2000

2. 地铁火灾烟气控制的主要方式是（　　）。

A. 自然通风　B. 横向通风　C. 纵向通风　D. 机械排烟

二、简答题

1. 简述地铁火灾的类型。

2. 简述地铁车站防排烟系统的选择。

3. 简述地铁防排烟系统的运作模式。

第十一章　中庭建筑烟气控制技术

学习目标

1. 应了解、知道的内容：

- 中庭的概念。
- 中庭的火灾危害性。
- 中庭建筑排烟系统设计目标。

2. 应理解、清楚的内容：

- 中庭的分类。
- 中庭自然排烟的设置要求。
- 中庭机械排烟系统的设置要求。

3. 应掌握、会用的内容：

- 自然排烟窗净面积的计算。
- 机械排烟量的计算。

4. 应熟练掌握的内容：

- 中庭排烟的设计计算。
- 中庭的排烟方式。

自学时数　4学时。

老师导学

本章通过介绍中庭的概念及分类，了解中庭的火灾危险性，清楚和理解中庭建筑排烟系统设计目标，学会应用规范解决中庭排烟的设计计算问题，并能熟练掌握中庭不同排烟方式的主要控烟原理和适用范围。

第一节　中庭的分类

中庭是指短边长度或半径不小于6m，横截面面积不小于$100m^2$，且共享层数不少于3层的带有顶盖的室内庭院。因其具有采光、通风、节能、室内景观等功能，近年来越来越多地赢得了国内外建筑师的青睐。

根据中庭与室内建筑的关系以及其围封的形式，中庭建筑大致可划分为如下四类。

一、长廊式中庭

长廊式中庭实际上是一种加了盖的街道，有许多现代商业步行街采用的就是这种形式，也可称之长廊道、连拱廊。图11-1是长廊式中庭的示意图和实景图。

二、封闭式中庭

封闭式中庭一个显著的建筑特点是除中庭的首层与主体建筑相连通外，建筑主体的其他

图 11-1　长廊式中庭示意图和实景图

楼层与中庭是具有外墙分隔的，甚至有的只是相邻于建筑物的一侧。从宏观上讲，相对于整个建筑物而言，这类中庭只不过是建筑物一个宏伟而别致的室内化的门厅或四季花园。它与建筑室内房间的联系与其他类型的中庭比较相对较少，只是起到一个窗外人造景观的作用。图 11-2 是封闭式中庭的示意图和实景图。

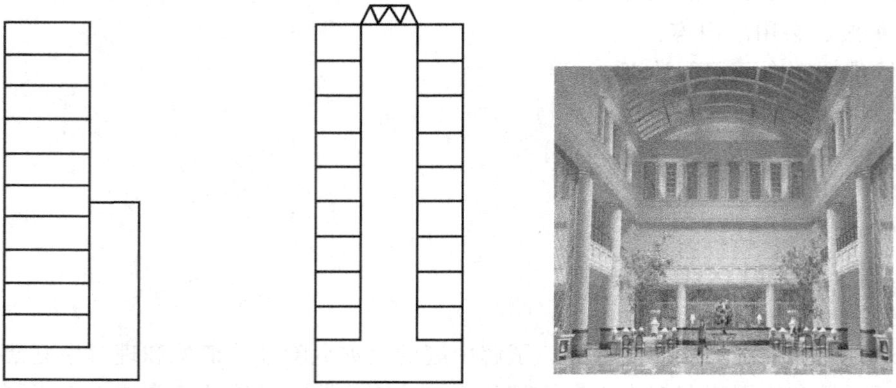

图 11-2　封闭式中庭示意图和实景图

三、回廊式中庭

回廊式中庭通过层层的回廊与周围的房间发生空间上的联系。这类中庭是宾馆、办公楼、公寓等设计中建筑师们较为喜爱的方案。图 11-3 是回廊式中庭的示意图和实景图。

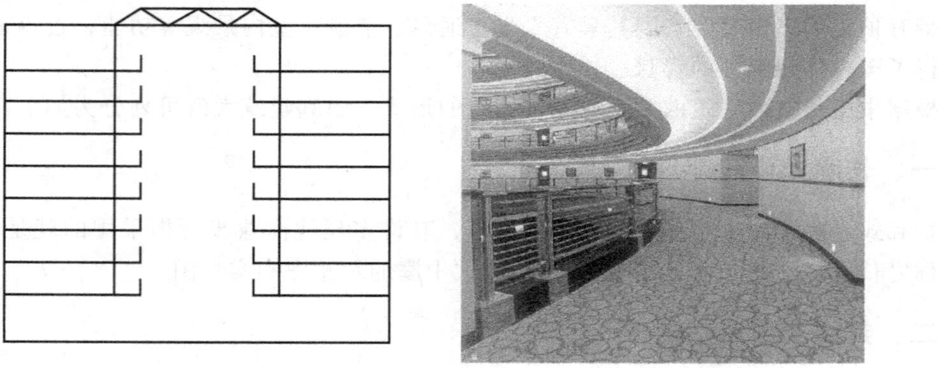

图 11-3　回廊式中庭示意图和实景图

四、互通式中庭

互通式中庭空间与供人员使用的楼层空间直接相互贯通，在空间上的统一是这类中庭最大的特点。这种敞开式的中庭在现代商业建筑中随处可见。图 11-4 为互通式中庭示意图和实景图。

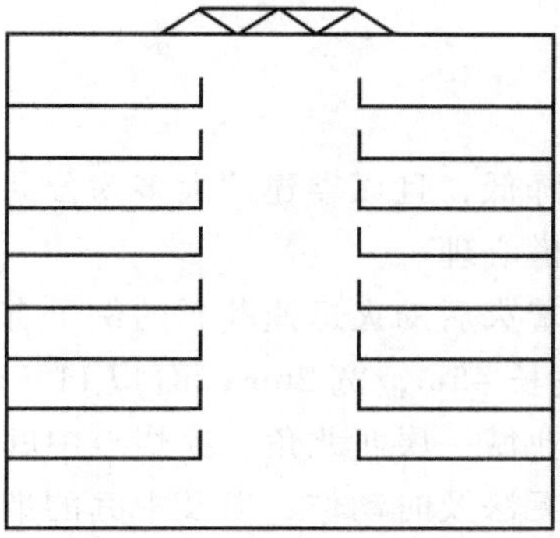

图 11-4　互通式中庭示意图和实景图

以上四类中庭并不是完全独立的，它们之间也有相互组合的情况，如互通式中庭与回廊式中庭组合、封闭式中庭与回廊式中庭相组合等。由于中庭组合形式的多样性，给中庭建筑的烟气控制造成了很大的困难。

第二节　中庭的火灾危险性

中庭建筑大多采用大量的聚合材料等可燃材料作为室内装修，其结构布局大都设计为开敞平面形式，这样使更多可燃材料成为火灾隐患。同时，在这类建筑物内人员较集中，大大超过了在紧急时刻建筑物内的安全设施所能保护的人数。由于建筑物中的中庭一般设计成能从四周相邻房间观赏的共享空间，房间和中庭通常由玻璃隔开或完全相通，一旦发生火灾，高温有毒烟气伴随巨大的火舌卷流通过房间开口，顷刻间就会充满整个中庭，以致影响到其他相邻区域，给人员的生命安全造成极大的危害。中庭建筑火灾主要具有以下特点：

一、燃料控制性燃烧

由于中庭的体积比较大，具有充足的氧气供应，使得火灾不受限制地急剧扩大，成为类似室外环境下的燃料控制性燃烧，只要有可燃物就极有可能发展为重大火灾，造成巨大的人员伤亡和经济损失。

二、烟气扩散迅速

中庭内没有分隔物，无法有效地进行防烟防火分区。若在中庭下层发生火灾，烟气进入中庭后，会在浮力的作用下向上层迅速蔓延；若在中庭上层发生火灾，中庭内的烟气不能向外排出，会向周围楼层扩散，并进而侵入整座建筑。

三、早期探测和初期灭火较难实现

因为中庭的顶棚比较高，且空间比较大，烟气在上升的过程中卷吸了大量冷空气，在空气的冷却和稀释作用下，烟气的温度和浓度大大降低，达不到烟感或温感探测器和自动喷水灭火装置所需要的启动值，不能将火灾控制在初期阶段；即使启动，火灾往往也已经发展到难以控制的地步，错过了最佳灭火时机。

四、安全疏散困难

由于烟气扩散迅速，使建筑物内的能见度很快降低，且该类建筑大多为公共建筑，人员对逃生路线不熟悉，难以找到安全出口，易产生恐慌心理。

在国内中庭建筑的火灾案例中，中庭在建筑物着火后助火迅速蔓延的例子有很多，例如1996年4月发生在沈阳商业城的火灾，商业城中庭长45m，宽26m，面积1170m^2，整个中庭贯穿6层，顶部为半圆形玻璃罩。火灾起源于商业城一层西北角，火烧至中庭后，高温烟气很快到达中庭顶部并将玻璃烤裂，由于防火卷帘无法及时动作，以及中庭的烟囱效应，使中庭很快变成一个巨大的火柱，火势向各层迅速蔓延，给扑救工作带来了很大的困难。

第三节　中庭排烟的设计计算

一、中庭建筑排烟系统设计目标

中庭建筑防排烟系统设计目标包括及时排除和减少着火层的热量，当围护结构局部破坏时阻止烟气蔓延进入中庭；排除中庭内的高温烟气，以减少着火层以上各层由于分隔措施被破坏而造成的危险。因此，《建筑设计防火规范》（GB 50016—2006）中明确规定中庭应设置排烟设施。

当火灾发生时，中庭是烟气较易聚集的部位，烟气一旦进入中庭，就会一边向上升腾一边自由扩散。一般情况下，在高度为20m左右的中庭内，烟气可自行上升并从顶层排烟窗中排出；而在高度较高的中庭里，升腾的烟气会因高度的变化逐渐冷却，最终失去浮力而停止升高，并沿中庭的边墙下降或扩散，这样，烟气将不会自动排出中庭，如图11-5所示。此时，使用动力装置进行排烟是十分必要的。为此，《建筑设计防火规范》（GB 50016—2006）中对中庭进行自然排烟的极限高度定位为12m，高度超过12m的中庭应进行机械排烟。对于中庭自然排烟的排烟面积和机械排烟的排烟量，规范都进行了详细规定。

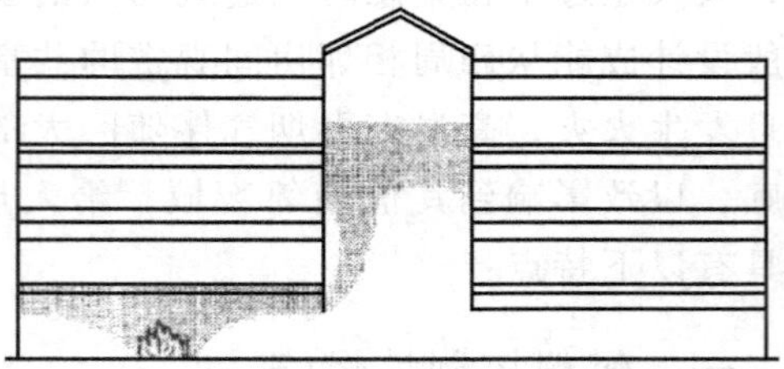

图11-5　中庭烟气分层现象示意图

二、自然排烟

中庭采用自然排烟时，防火规范对自然排烟窗面积进行了明确规定，净空高度小于12m的中庭可开启天窗或高侧窗的净面积不应小于中庭地面面积的5%。

三、机械排烟

中庭采用机械排烟时，防火规范中按换气次数法对排烟量进行计算：中庭体积小于或等于 17000m^3 时，其排烟量按每立方米 6 次/h 换气计算；中庭体积大于 17000m^3 时，其排烟量按每立方米 4 次/h 换气计算，但最小排烟量不应小于 102000m^3/h。

中庭建筑防排烟不但要防止烟气蔓延，而且要控制烟气浓度，从而保证一定时间内人员疏散的安全。由于未考虑火灾强度及中庭高度等因素，也未考虑建筑结构形式的影响，中庭排烟系统的排烟量简单地按照换气次数或开窗面积比来计算是不全面的。

第四节　中庭的排烟方式

中庭烟气控制方法有三种途径：从着火层排烟、从回廊排烟、从中庭排烟。前两种方法为分散式排烟，后一种为集中式排烟。

一、从着火层排烟

这种排烟方式是指火灾烟气不通过中庭而直接从着火层设置的排烟系统排出建筑，通常对于火灾发生于中庭周围房间时适用。发生火灾时，着火层排烟系统投入运行，其他楼层空调机组转入加压送风状态工作，从室外直接抽入空气对中庭加压，阻止烟气进入中庭空间。该方法对中庭周围房间的排烟有利，但却不能排除中庭着火时产生的烟气及中庭四周各层房间着火后蔓延到中庭的烟气，如图 11-6 所示。

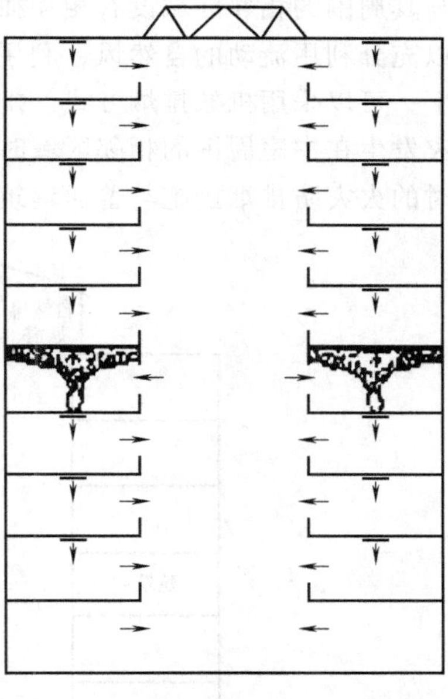

图 11-6　火灾发生在中庭周围房间时从着火层排烟示意图

二、从回廊排烟

火灾发生在中庭周围的相邻区域时，火灾生成的高温烟气很难控制在起火房间这一小范围内，高温烟气将向包括中庭在内的四周扩散。这种情况下，在开启起火房间排烟系统的同时应开启相连回廊内的排烟系统，这样既可以保证回廊的安全，又可以防止烟气进入中庭，如图 11-7 所示。

三、从中庭排烟

在中庭顶部设置排烟口，进行自然排烟或机械排烟。该方法运行可靠，易于控制，维护管理方便，但当中庭周围房间着火且火势很大时，该方法的排烟效果不佳。

（一）长廊式中庭排烟

由于有顶盖的长廊式中庭两面是敞开的，部分长度较长的长廊式中庭在其中部按照一定的间距也设有敞开的进出口，因此长廊式中庭的一个显著特点便是在其内部空间具有对流的自然风，也就是说这样的中庭是半室外化的。与其他类型的中庭相比，长廊式中庭并不强调建筑物在垂直方向上的贯通。一般情况下，长廊式中庭采用自然排烟的方式，按一定面积比例在屋顶的玻璃棚设置可自动开启的排烟窗，以防止烟气在中庭内积聚，为人员疏散和消防救援提供有利条件，如图 11-8 所示。

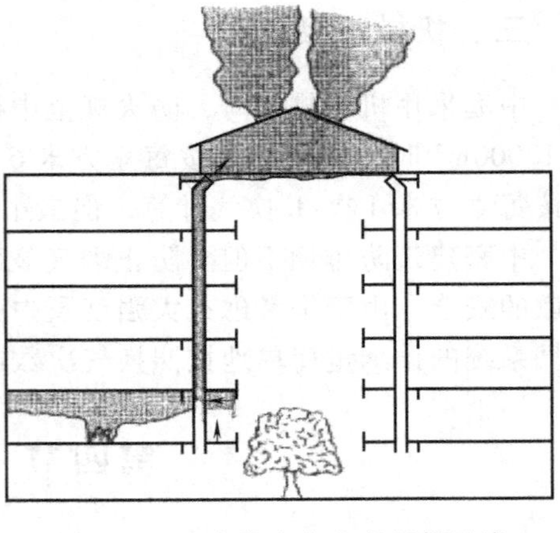

图 11-7　火灾发生在中庭相邻区域时从回廊排烟示意图

（二）封闭式中庭排烟

封闭式中庭的特点是中庭与周围的建筑物之间相对独立，即使中庭发生火灾，火灾烟气也难以进入周围的相邻区域。封闭式中庭因为只在个别楼层（通常是建筑的首层）与建筑主体相通，而在其他层面有外墙加以分隔，虽然中庭是一个竖向共享空间，但火灾情况下各楼层间通过中庭相互影响的可能性较小。一般情况下，封闭式中庭与其周围的相邻区域设有相互独立的防排烟系统。当火灾发生在中庭内部时（图 11-9），可以充分利用流动的自然风，利用“烟囱效应”进行排烟；在自然排烟无法满足要求的情况下，可以采用机械排烟方式。排烟风机平时可用于中庭的换气，发生火灾时用于排烟。当火灾发生在中庭周围的相邻区域时，由于周围的相邻区域与中庭相对独立，没有空气流动，此时的火灾防排烟措施与普通建筑的火灾防排烟措施一致。

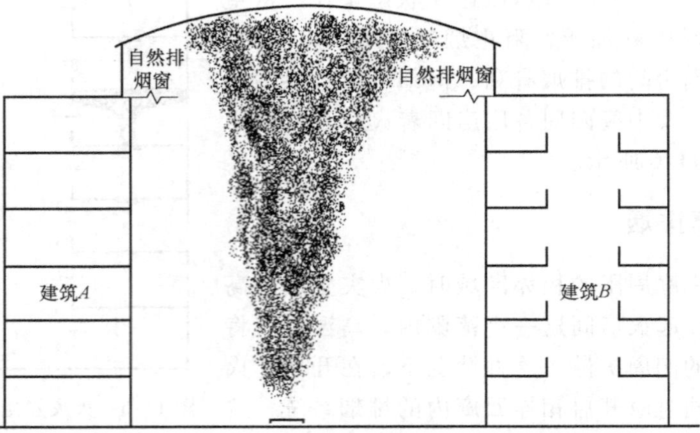

图 11-8　长廊式中庭排烟示意图

（三）回廊式中庭排烟

回廊是这类中庭建筑非常重要的部位。在火灾情况下，如果回廊里的防火墙分隔不合理或耐火极限达不到要求，就可能使烟气和火焰蔓延到整个空间中；同时，回廊就不可能起到有效疏散人群的作用。在回廊式中庭的防排烟设计中，应充分利用回廊这个重要区域，在中庭与其周围区域之间形成一道屏障，使之成为烟气扩散和火焰蔓延的“缓冲区”。对于回廊，除了进行合理的防火分隔（防火分区之间应有防火墙或防火卷帘及水幕分隔），还应在各楼层的回廊边缘设置由烟感探测器启动的活动挡烟垂壁或做成建筑内永久构件的固定式垂壁。回廊式中庭一般可设置集中排烟系统，排烟方式可采用自然或机械排烟，排烟风机和排烟口由消防控制室集中控制。排烟风机平时可用于中庭的通风换气，当火灾发生在中庭时（图 11-10），可以通过中庭顶部的排烟口自然排烟，或开启排烟风机进行强制排烟；同时，开启回廊内的排烟系统排除回廊区域的烟气，保证回廊这一重要疏散通道的安全。

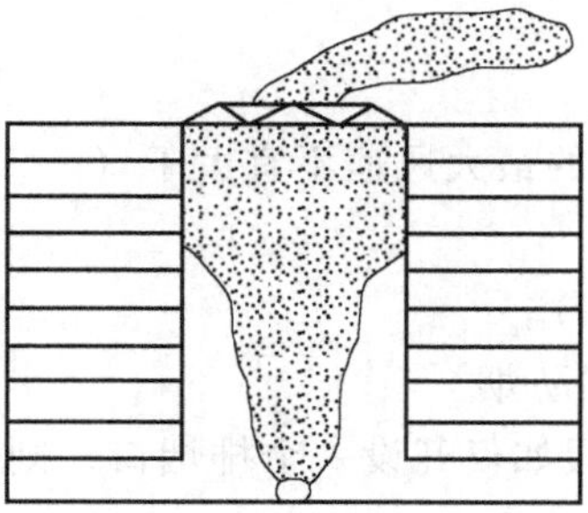

图 11-9　封闭式中庭排烟示意图

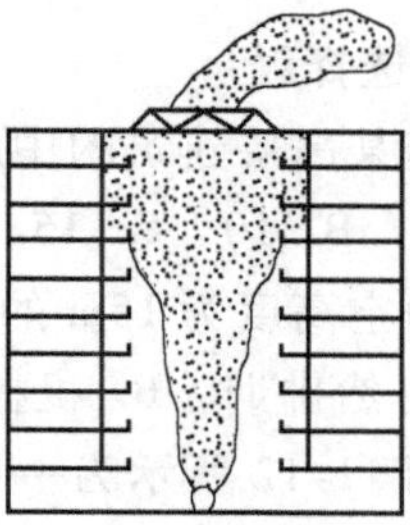

图 11-10　回廊式中庭排烟示意图

（四）互通式中庭

互通式中庭与其周围区域之间通常设有水幕系统和防火卷帘，尽管如此，这类中庭建筑在发生火灾时，控制烟气以及防止火焰的蔓延都是很不容易实现的。互通式中庭是各种类型的中庭中火灾情况下最不利于烟气及火焰控制的一种形式。当火灾发生在中庭的地面时，为了防止中庭内上升的烟气窜入中庭周围的楼层区域，应对中庭周围的楼层加压送风；当火灾发生在中庭周围楼层时，为了防止烟气进入未着火层区域，应对中庭周围的未着火层加压送风，如图 11-11 所示。

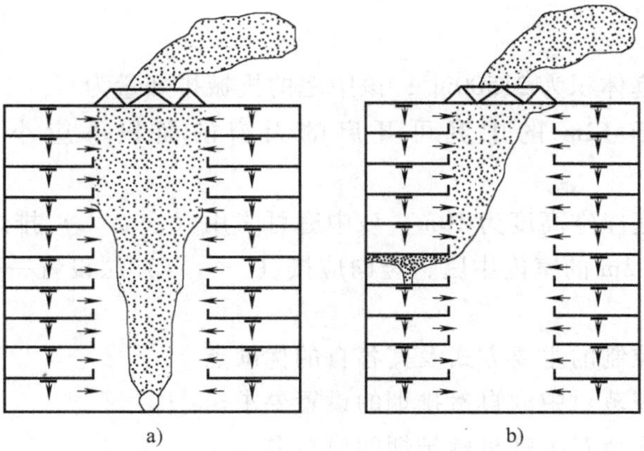

图 11-11　互通式中庭排烟示意图

a）火灾位于楼层开敞型中庭内的防排烟　b）火灾位于楼层开敞型中庭邻室的防排烟

自学指导

本章学习重点：中庭排烟的设计计算。

1. 中庭自然排烟的设计计算：自然排烟口的设置；自然排烟口的有效面积。

2. 中庭机械排烟的设计计算：机械排烟量的计算。

本章学习难点：中庭的排烟方式。

1. 从着火层排烟。

2. 从回廊排烟。

3. 从中庭排烟。

复习思考题

一、选择题

1. 当某高层建筑的中庭采用机械排烟时，其排烟口的最大风速不宜大于（　　）m/s。

A. 7　B. 10　C. 15　D. 20

2. 净空高度为 15m 的中庭，其排烟方式应为（　　）。

A. 自然排烟　B. 机械排烟　C. 机械防烟　D. 密闭防烟

3. 图 11-12 所示为一层高 7m 的建筑中庭平面图，假如仅开设一个排烟口，则排烟口可布置在（　　）。

A. *A* 点　B. *B* 点　C. *C* 点　D. *D* 点

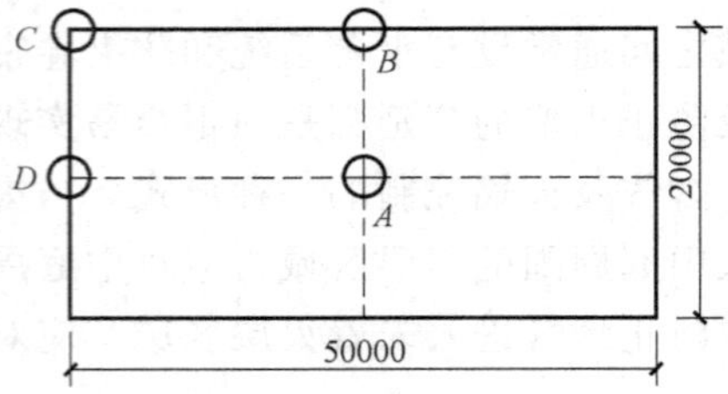

图　11-12

二、填空题

1. 某高层建筑中庭体积为 21500m^3，该中庭的机械排烟量为（　　　　）m^3/h。

2. 净空高度小于 12m 的中庭可开启的天窗的面积不应小于该中庭地面面积的（　　　）%。

3. 某高层酒店中庭净空高度为 10m，该中庭可采用（　　　）排烟方式。

4. 净空高度超过 12m 的室内中庭，竖向应按（　　　）层设置一个排烟口进行排烟。

三、简答题

1. 简述中庭烟气控制的主要方式及其各自的优缺点。

2. 简述防火设计规范对中庭自然排烟的设置要求。

3. 简述防火设计规范对中庭机械排烟的设置要求。

4. 简述中庭排烟方式的分类及特点。

四、计算题

1. 某一面积为 150m^2 的中庭，采用自然排烟方式进行排烟，其可开窗面积应不小于多少？

2. 有一个高度为 30m 的中庭，地面面积为 500m^2。若该中庭设置了机械排烟系统，根据规范，确定中庭排烟风机的最小机械排烟量值。

第十二章　隧道烟气控制技术

学习目标

1. 应了解、知道的内容：

• 隧道分类和结构特点。

• 隧道火灾的危害性。

2. 应理解、清楚的内容：

• 隧道火灾烟气流动的特性。

• 理解浮力效应和热阻效应的概念。

• 隧道通风排烟系统设置相关规范要求。

3. 应掌握、会用的内容：

• 临界风速的概念。

• 纵向通风排烟方式的主要原理和适用范围。

• 全横向通风排烟方式的主要原理和适用范围。

• 半横向通风排烟方式的主要原理和适用范围。

4. 应熟练掌握的内容：

• 隧道内烟气控制的主要方式及各自的优缺点。

自学时数　4 学时。

老师导学

本章主要介绍隧道火灾特点、烟气流动的特性、隧道烟气控制主要方式以及临界风速的确定等内容，重点掌握隧道纵向通风排烟方式和横向通风排烟方式的主要烟气控制原理和适用范围。

第一节　隧道火灾特点及烟气流动特性

由于交通事故或车辆起火等原因引发的交通隧道火灾，尽管发生的频率很低，但其造成的影响及损害程度是巨大的。1949 年美国纽约—新泽西州霍兰（Holland）公路隧道火灾，1977 年 3 月 8 日上海打浦路隧道火灾，1979 年日本造贺（Nihonzaka）公路隧道火灾，1979 年日本大阪公路隧道火灾，1982 年美国加利福尼亚州卡尔德科特（Caldecott）公路隧道火灾以及 1999 年法国和意大利间的勃郎峰（Mont Blanc）公路隧道火灾等，均造成了重大的人员伤亡和结构破坏。

隧道结构的特殊性使得其消防安全工作非常重要。隧道的外围是土壤或岩石，只有内部空间，发生火灾时，高温烟气不能及时排除，热量聚集，内部温度上升快，可能较早出现轰燃。日本消防研究所进行的模型隧道火灾试验结果表明，隧道内燃料的燃烧速度是开放空间的 3 倍，火灾时隧道内的温度最高可达到 1000℃。并且，由于隧道内通风不足，燃料燃烧不充分，CO、CO_2 及其他有毒气体浓度也会迅速增加。如何在逃生、紧急救援及消防人员进入路径上提供一个安全可靠的环境，隧道通风排烟系统的设计及其紧急运作模式，将对人员伤亡数量以及隧道损坏程度具有关键性的影响。

一、隧道火灾特点

隧道结构和设施复杂、出入口少、疏散路线长、通风照明条件差，隧道内一旦发生火灾，危害极为严重。

（一）烟气产生量大，温度高，蔓延速度快

在火灾燃烧开始，隧道内温度的变化有一个急剧增加的过程。一般来说，在起火后的2~10min内，最高温度即可达到1000℃以上，这与隧道外露天火灾是不同的。隧道是近乎封闭的空间，在其中发生的火灾多为不完全燃烧，会产生大量的烟气和有毒气体如CO等。同时，由于很难进行自然排烟，热量不容易散发，烟气在高温产生的浮力和机械通风的作用下，会沿隧道纵向迅速蔓延。

（二）车辆多，通道容易堵塞

隧道发生火灾时，如果交通控制不及时，大量车辆鱼贯而入，难以疏散，易造成严重堵塞；加之隧道内高温烟气蔓延速度快，极易造成火势顺着车辆蔓延，使事故损失扩大。

（三）人员疏散困难

当火灾发生时，由于隧道内径一般较小，加之障碍物（车辆、隧道壁上分布的电缆架、消防箱等）多、能见度低，惊慌失措的逃难者从车辆中逃出后，极易因无法辨别方向而乱冲乱撞，严重影响疏散速度，甚至造成跌倒踏伤的后果。

（四）扑救难度大

隧道出入口少，内部障碍物多、能见度低，能深入火场内部的消防人员有限；隧道内壁经长时间的烘烤，辐射出大量热量，消防人员将面临高温考验；加之隧道发生火灾后，隧道控制中心因断电不能正常运行，消防队员也不能从外部直接观察起火点的燃烧情况，这些都大大增加了扑救难度。

（五）通信困难，指挥不畅

隧道内一旦断电，有线应急电话和无线电话的使用有可能受到影响；同时，消防通信头盔等装备的缺乏，也会造成隧道内外通信联系困难。

二、隧道火灾烟气的浮力效应和热阻效应

发生火灾时，随着温度的升高，空气密度会逐渐减小，热空气将会不停地向上浮动，因此产生的高温烟气会迅速升腾，当遇到顶棚或其他障碍物时，则会改变向上运动的特性而改向水平方向扩散。当一个区域在一定时间内保持一个稳定的状态，则高温烟气就会与周围的冷空气明显地形成分离的层流，即热气在上层、冷气在下层的两个层流流动。但是，在一般情况下，烟气与周围墙面接触后就会慢慢冷却，加上外部冷空气的混入，均会促使烟气温度下降、浓度降低。由于隧道一般仅有两个洞口，其火灾烟气流动的特性主要表现在以下两个方面：

（一）火灾烟气的浮力效应

当隧道内无纵向通风时，由于高温烟气的浮力效应，火灾烟气会上升到着火隧道区段的上部流动，形成一定厚度的高温烟气流层，并随着火灾烟气的不断产生而迅速膨胀，向两侧

扩充，同时下部冷空气流向火源，此时火场两侧烟气的状况为两端对称的循环风流，如图 12-1a 所示。当隧道内有纵向通风时，着火点两侧的烟气流将不对称。当纵向风速较小，不足以克服反向的上层高温烟气流时，将产生逆流现象（backlayering），即火源上部的烟气会逆着风向流动，如图 12-1b 所示，这对于防止火灾蔓延、乘客逃生和消防队员救火是很不利的。为防止火灾烟气逆流，隧道纵向通风风速应大于一定的值，当大于该值后，烟气将不会逆流，这个速度称为临界风速（Critical Velocity），如图 12-1c 所示，临界风速对于隧道火灾烟气控制非常重要。

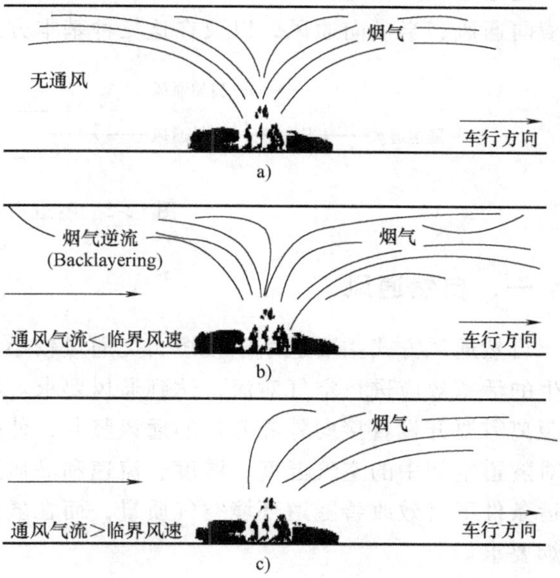

图 12-1　隧道火灾烟气浮力效应

临界风速是指在应急通风情况下，为避免产生逆流现象，通风系统在隧道内火灾发生地所应形成的最小排烟通风风速。当采用纵向通风模式的时候，只有纵向通风风速增大到刚好可以克服烟气热压作用时，才有可能阻止隧道上层高温烟气的逆流。临界风速的确定是纵向通风的关键环节。如果控制不好通风量，无法满足临界风速的要求，就无法有效控制烟气的蔓延，最终烟气将充满整个隧道。实际上，临界风速的影响因素很多，包括火灾强度、燃料类型、隧道坡度、断面形状、送风温度等，对不同的隧道，临界风速不是一个确定的值，实践过程中只能通过经验公式确定。

（二）火灾烟气流动的热阻效应

隧道常规通风要求风速应大于 2m/s，因而空气的流动处于紊流状态，而且隧道火灾烟气的流动符合阻力平方定律。在火灾烟气流经的隧道中，由于空气流温度的升高和燃烧生成物的加入，高温烟气体积会迅速膨胀而使隧道中通风阻力增加，这种现象称为热阻效应。随着隧道火灾烟气流温度的升高，在空气流流量不变时，隧道的通风阻力增加，相当于在隧道中增阻，对空气流起到“节流”作用。

第二节　隧道火灾烟气控制方式

隧道通风是隧道火灾防治过程中一个重要的考虑因素，良好的隧道通风设计能在很大限度上减少隧道火灾的发生及其危害。火灾中，隧道通风系统与其他安全设施结合后需要达到以下目的：提供避难的安全空间；提供清晰明确且安全的疏散通道；提供消防人员、设施、车辆接近火源的通道。因此，消防人员必须详细了解隧道营运通风设施火灾时排烟的工作原理和设计标准。隧道内的防排烟系统与消防给水排水系统、火灾自动报警系统等独立的体系不同，隧道防排烟系统一般与营运通风设施合设，即隧道营运通风方式也就是火灾时的通风排烟方式。

隧道通风方式包括自然通风和机械通风两种形式。机械通风方式通常可分为纵向通风、全横向通风、半横向通风，以及在这三种基本方式基础上的组合通风方式，如图 12-2 所示。

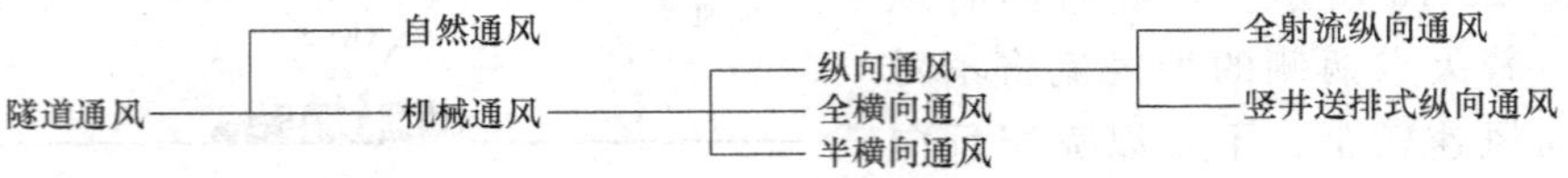

图 12-2　隧道主要通风方式

一、自然通风

自然通风方式主要适用于较短、交通量较小的隧道，利用自然风和车辆行驶时在隧道内产生的活塞效应进行空气对流，达到通风要求。在自然通风方式中，区间隧道的顶部每隔一段距离需要开设直接向外界开口的通风竖井，使外界的空气与隧道内的空气进行交换，以达到对隧道空间中的空气温度、湿度、流速和品质进行控制的目的。自然通风方式主要用于在营运条件下有效改善隧道环境空气质量，而在隧道发生火灾的情况下，自然通风则很难满足排烟要求。

二、机械通风

（一）纵向通风方式

纵向通风方式需要在隧道适当位置安装风机，靠风机产生的通风压力迫使隧道内空气沿隧道轴线流动，达到通风的目的。纵向通风方式一般适用于单向行驶的隧道，可以充分利用自然风和活塞风的作用，但隧道内自然风较大且流向不稳定时，一般不宜采用纵向通风方式。纵向通风方式具有可以充分利用隧道空间、不需要另设通风道及风机房、建筑和设备费用低，以及通风方向与交通风方向一致、可充分利用交通风等优点。由于纵向通风方式工程造价低，是目前隧道中使用较多的一种通风方式。纵向通风方式主要包括全射流纵向通风方式和竖井送排式纵向通风方式两大类。

1. 全射流纵向通风方式

全射流纵向通风方式是以隧道主洞为风道，顺着隧道连续排列射流风机，利用射流风机所产生的高速气流推动前方空气流动，在后方形成一个负压区，带动后方空气流动，从而形成空气沿隧道纵向的定向流动，将隧道内的废气“接力”式排出，如图 12-3 所示。

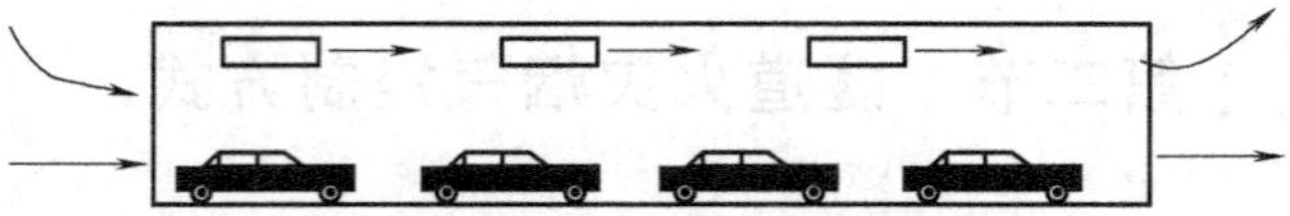

图 12-3　全射流纵向通风方式

2. 竖井送排式纵向通风方式

竖井送排式纵向通风方式是利用通风竖井将隧道分成几个通风区间，在竖井井口或井底设置风机机房，新鲜空气由隧道口入口吸入，废气从中间的竖井排风道抽出，并由竖井送风道重新压入新鲜空气，从隧道出口将废气排出，如图 12-4 所示。

纵向通风方式通过通风防止烟气回流，即通过射流风机的推力将烟气吹向某个方向。在

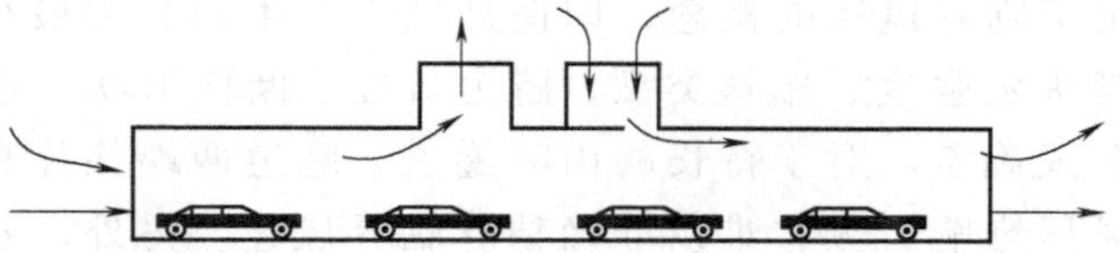

图 12-4 竖井送排式纵向通风方式

单向交通隧道中，通常将烟气吹向行车方向，因为通常可以认为火源下游的车流已经驶离隧道，而火源上游方向则有一定数量的车辆和人员阻塞。因此，在单向交通隧道内，不考虑二次事故火灾的情况下，利用纵向通风方式排烟是非常有效的，如图 12-5 所示。但是，这种通风方式也有其缺陷，决定了其适用范围的局限性。

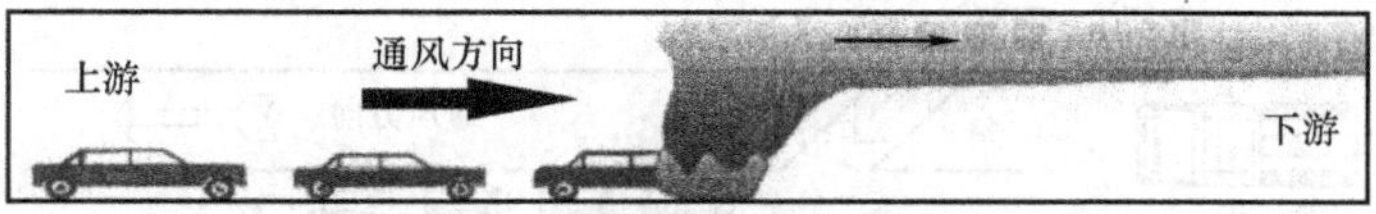

图 12-5 纵向通风方式排烟示意图

（1）仅适合于单向行车隧道 在双向行车隧道，起火点的上下游方向均有停滞车辆，由于车辆和人员要从火场向隧道两端疏散，纵向排烟方式将很难确定烟气流向，如图 12-6 所示。因此，对于双向行车的隧道，纵向通风方式不能起到延缓烟气蔓延的作用。

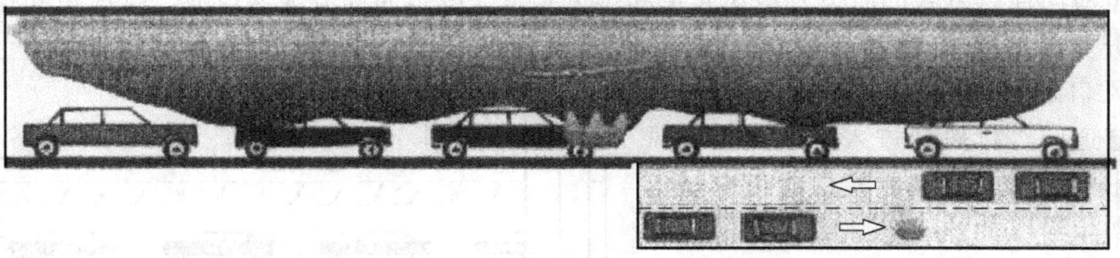

图 12-6 双向交通隧道内的火灾烟气示意图

（2）纵向通风区段不宜过长 在纵向通风过程中，烟气一直沿火灾下游方向移动，直到下一个排风出口排出，使得隧道较大范围成为受灾区域。若发生堵塞或二次事故，火场下游的车辆无法自由离开隧道，同时受灾人员也难以步行穿过通风区段，如图 12-7 所示。因此，在车流拥堵发生几率高的长隧道内不宜采用纵向式通风，如城市过江隧道等。同时，对于特长隧道，需要缩短通风区段来保护区段的通风安全，这也会导致工程造价的提高。

图 12-7 隧道二次事故火灾示意图

(3) 通风风速控制受隧道的特征因素影响较大　采用纵向通风方式的目的就是防止烟气回流，这就引出了临界风速的概念，即使烟气不发生回流的最小风速。临界风速的影响因素很多，包括火灾强度、燃料类型、隧道坡度、断面形状、送风温度等，实践过程中只能通过经验公式确定。对于特长的山岭隧道，隧道两端往往高差较大，存在明显的烟囱效应，自然风压影响较大，难以准确估算临界风速。另外，若通风速度过大，将会影响下游烟气的层化效应，在火灾下游较远处的烟气层高度将会迅速降低至地面，对人员疏散造成威胁。

(4) 火灾救援灭火路径单一　在纵向通风方式中，消防人员只能从起火点上游进入灭火，如图 12-8 所示，火灾上游处可能有部分车辆不能通过横通道疏散，致使消防车辆无法接近。

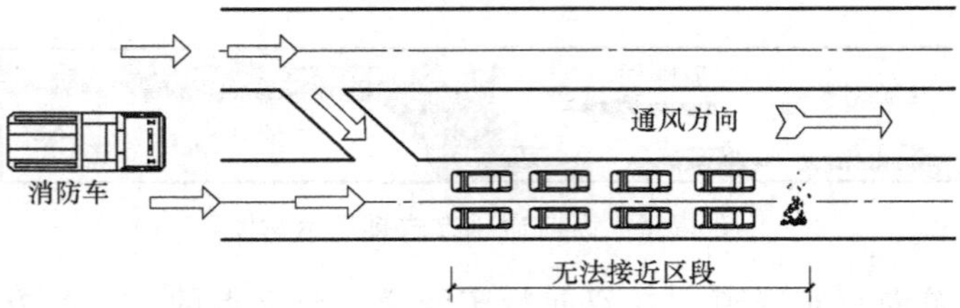

图 12-8　纵向通风下的消防救援路线示意图

(二) 全横向通风方式

全横向通风方式同时设置送风管道和排风管道，隧道断面分为送风道、排风道和行车道三部分。新鲜空气由风机送入送风道，经送风口进入行车道，与废气混合后，横穿隧道，经排风口进入排风道，由风机排出。全横向通风方式中隧道内基本上不产生沿纵向流动的风，只有横向流动的风，废气浓度的分布沿全隧道大致上均匀，如图 12-9 所示。

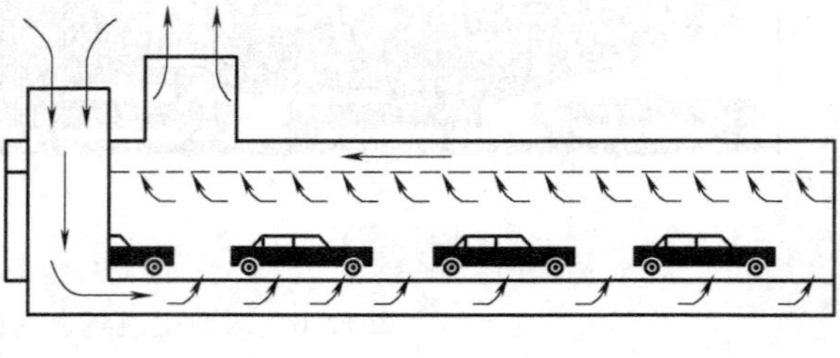

图 12-9　全横向通风方式示意图

全横向通风方式适用于长隧道，是各种通风方式中最可靠、最舒适的一种。此种通风方式能保持整个隧道全程均匀的废气浓度和最佳的能见度，不受通风长度的限制，但是设备投资和运行费用最高。

火灾发生时，全横向通风方式立即转入火灾控制工况，将着火点附近的送风口和排风口闸门全部打开，其他的送风口和排风口闸门则关闭，这样，空气只能从着火点附近的送风口进入隧道，并很快经排风口排出，可以有效地抽排火灾烟气，从而防止火灾蔓延。

(三) 半横向通风方式

半横向通风方式只需设置一个送风道或排风道，隧道断面被分成送风道或排风道和行车道两部分。半横向通风方式分为送风型半横向通风方式和排风型半横向通风方式两种。送风型半横向通风方式是半横向通风的标准形式，新鲜空气经送风管直接吹向汽车的排气孔高度附近，直接稀释汽车尾气，将废气控制在隧道上部扩散，经两端洞口排出隧道，如图 12-10a 所示。

排风型半横向通风方式则相反，新鲜空气从两端洞口吸入，如图 12-10b 所示。

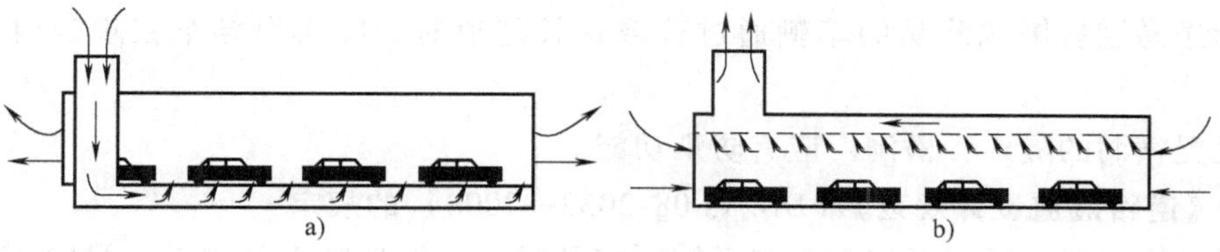

图 12-10　半横向通风方式示意图
a）送风型半横向通风方式　b）排风型半横向通风方式

半横向通风方式主要适用于双向交通隧道，但是送风型半横向通风方式因为可以有效利用活塞作用，也适用于单向交通隧道。排风式半横向通风方式在过去仅有个别工程实例，现在几乎不再使用，因为除了废气浓度非常不均匀外，其通风效率也较差。

全横向及半横向通风方式的排烟效果受隧道内的风速、坡度、断面形状影响小，容易实现烟气的控制。同时，火灾烟气直接进入排烟风道，能有效限制烟气蔓延，实现就地排烟。另外，发生火灾时救援途径多，消防救援力量可以从起火点上下游同时进行灭火行动，消防救援策略可供选择性多。但是，横向通风方式对隧道吊顶安全保障要求高，因为火灾过程中，隧道吊顶直接受火，隧道火灾温度可能达到 1000℃以上，所以对隧道吊顶材料的耐火要求较高；同时对设备的控制要求高，在火灾通风排烟过程中，需根据火灾情况控制排烟口的开闭，因此需要完善的通风排烟控制系统。

（四）组合通风方式

通过纵向和横向通风方式的有机组合，可以形成一种符合相应隧道运营要求的通风系统。目前主要的组合通风方式有三种：纵向和半横向式组合通风方式、纵向与全横向组合通风方式及纵向通风顶部排风道通风方式。

以上几种方式均考虑到横向及半横向通风方式防灾的优越性，但这种组合通风方式的运营费用较为昂贵。一般来说，组合通风方式在正常营运阶段采用纵向通风方式，在长隧道中也可以增设竖井分段，可以充分利用纵向通风方式的经济性；在火灾发生时，则利用独立排风道就近集中抽排火灾烟气，从而将烟气控制在较短的长度范围内，增加人员可用的逃生时间。

三、隧道通风排烟设置规范相关要求

（一）《公路隧道通风照明设计规范》（JTJ 026.1—1999）的规定

1）长度大于 1500m 且交通量较大的隧道应考虑设置排烟设施。

2）火灾时排烟风速可按 2～3m/s 取值。这是按一般隧道火灾产生 20MW 的热量控制的排烟风速取值；对汽油车相撞产生 500MW 以上的热量，排烟风速要求在 5m/s 以上，如以此设计很不经济，故建议特殊车辆通过隧道可定时并由引导车开道。

3）火灾时排烟应按长度分区，分区长度可取 1000m，各分区应有相应的火灾排烟要求及人车逃离方案。

4）火灾时，半横向和全横向通风方式应通过主风道排烟，纵向通风应视隧道内着火点的位置确定通风机的正反转，尽量缩短火灾烟气在车道内的行程。

5）运送易燃易爆危险品的车辆通过长或特长隧道时，应由引导车在规定时间内引导通过。

6）设置横洞的隧道，横洞门应有防烟功能。

（二）《道路隧道设计规范》（DG/TJ 08-2033—2008）的规定

1）隧道火灾时，通风系统和控制系统应能及时有效地控制烟气流动、排除烟气、减少烟气在隧道内的影响范围。

2）隧道火灾排烟应结合隧道的通风方式、疏散设施和通风控制统一考虑。当与正常通风系统合用时，应具备在火灾工况下快速转换的功能，并符合排烟系统的要求。

3）隧道烟气控制方式应符合以下规定：长、中、短隧道及交通畅通的隧道，宜采用纵向通风方式控制烟气流动；特长、超长隧道及阻塞率发生较高的隧道，宜采用重点排烟方式。

4）当隧道采用纵向通风排烟方式时，纵向气流的速度应高于临界风速，但不应小于2m/s。

5）当隧道采用重点排烟方式时，排烟口应设置在隧道顶部，间距不宜超过60m，连续开启的排烟口数量不宜小于3个。

6）隧道内应结合隧道建筑结构和通风系统设计进行合理的火灾排烟分区，使隧道内的烟气尽快排出，减少烟气影响范围，并分别对各区域进行烟气控制设计。

7）隧道安全通道宜设置独立的机械加压送风防烟设施，安全通道与隧道行车道之间的压差应为25～30Pa。

（三）《建筑设计防火规范》（GB 50016—2006）的规定

1）机械排烟系统可与隧道通风系统合用，且通风系统应符合机械排烟系统的有关要求，并应符合下列规定：

① 采用全横向和半横向通风方式时，可通过排风管道排烟；采用纵向通风方式时，应能迅速组织气流、有效排烟。

② 采用纵向通风方式的隧道，其排烟风速应根据隧道内的最不利火灾规模确定。

③ 排烟风机必须能在250℃环境条件下连续正常运行不小于1.0h。排烟管道的耐火极限不应低于1.0h。

2）隧道火灾避难设施内应设置独立的机械防烟系统，其送风的余压值应为30～50Pa。

自学指导

本章学习重点：隧道火灾烟气特性；隧道火灾烟气控制。

1. 隧道火灾烟气特性：隧道火灾特点；隧道火灾烟气浮力效应；隧道火灾烟气热阻效应；临界风速概念。

2. 隧道火灾烟气控制：纵向通风排烟方式；全横向通风排烟方式；半横向通风排烟方式。

本章学习难点：临界风速概念；隧道烟气控制主要方式及优缺点。

复习思考题

一、选择题

1. 目前，隧道中使用最多的一种通风方式是（　）。

A. 自然通风　B. 纵向通风　C. 横向通风　D. 半横向通风

二、简答题

1. 简述隧道内烟气控制的临界风速的定义。

2. 简述隧道烟气控制的主要方式及其各自的优缺点。

参考文献

[1] 杜红. 防排烟工程 [M]. 北京：中国人民公安大学出版社，2003.

[2] 赵国凌. 防排烟工程 [M]. 天津：天津科技翻译出版公司，1991.

[3] 张吉光，史自强，崔红社. 高层建筑和地下建筑通风与防排烟 [M]. 北京：中国建筑工业出版社，2005.

[4] 徐志胜，姜学鹏. 防排烟工程 [M]. 北京：机械工业出版社，2011.

[5] 吕建，赖艳萍，梁茵. 建筑防排烟工程 [M]. 天津：天津大学出版社，2012.

[6] 屈立军. 建筑防火 [M]. 北京：中国人民公安大学出版社，2006.

[7] 霍然，胡源，李元洲. 建筑火灾安全工程导论 [M]. 2版. 合肥：中国科技大学出版社，2009.

[8] 范维澄，王清安，姜冯辉，等. 火灾学简明教程 [M]. 合肥：中国科技大学出版社，1995.

[9] 李炎锋，李俊梅. 建筑火灾安全技术 [M]. 北京：中国建筑工业出版社，2009.

[10] 赵子新，李进，李引擎，等. 北京奥运工程性能化防火设计与消防安全管理 [M]. 北京：中国建筑工业出版社，2009.

[11] 杨玲，张靖岩，肖泽南. 建筑消防安全与性能化设计 [M]. 北京：化学工业出版社，2010.

[12] 李天荣，龙莉莉，陈金华. 建筑消防设备工程 [M]. 3版. 重庆：重庆大学出版社，2010.

[13] 李念慈，张明灿，万月明. 建筑消防工程技术 [M]. 北京：中国建材工业出版社，2006.

[14] 中国建筑标准设计研究院. 建筑防排烟系统设备和附件选用与安装 [M]. 北京：中国计划出版社，2008.

[15] 孙一坚. 工业通风 [M]. 3版. 北京：中国建筑工业出版社，1994.

[16] 龚毅，王晓璐. 泵与风机 [M]. 北京：海洋出版社，1999.

[17] 王汉青，姬长发，李向阳，等. 通风工程 [M]. 北京：机械工业出版社，2007.

[18] 龚延风，张九根，孙文全. 建筑消防技术 [M]. 2版. 北京：科学出版社，2009.

[19] 张培红，王增欣. 建筑消防 [M]. 北京：机械工业出版社，2008.

[20] 陆耀庆. 实用供热空调设计手册 [M]. 2版. 北京：中国建筑工业出版社，2008.

[21] 范存养. 大空间建筑空调设计及工程实录 [M]. 北京：中国建筑工业出版社，2001.

[22] 朱建明，王树理，张忠苗. 地下空间设计与实践 [M]. 北京：中国建材工业出版社，2007.

[23] 迟长春，黄民德，陈建辉. 建筑消防 [M]. 天津：天津大学出版社，2007.

[24] 谢东. 建筑消防技术与设备 [M]. 北京：中国电力出版社，2011.

[25] 谭炳华. 火灾自动报警及消防联动系统 [M]. 北京：机械工业出版社，2007.

[26] 郎禄平. 建筑自动消防工程 [M]. 北京：中国建材工业出版社，2006.

[27] 李东明. 自动消防系统设计安装手册 [M]. 北京：中国计划出版社，1996.
[28] 陈南. 智能建筑火灾监控系统设计 [M]. 北京：清华大学出版社，施普林格出版社，2001.
[29] 中华人民共和国公安部. GB 50045—1995 高层民用建筑设计防火规范（2005 年版）[S]. 北京：中国计划出版社，2005.
[30] 中华人民共和国公安部. GB 50016—2006 建筑设计防火规范 [S]. 北京：中国计划出版社，2006.
[31] 中华人民共和国公安部. GB 50067—1997 汽车库、修车库、停车场设计防火规范 [S]. 北京：中国计划出版社，1998.
[32] 国家人民防空办公室，中华人民共和国公安部. GB 50098—2009 人民防空工程设计防火规范 [S]. 北京：中国计划出版社，2009.
[33] 国家人民防空办公室. GB 50038—2005 人民防空地下室设计规范 [S]. 北京：中国计划出版社，2006.
[34] 中华人民共和国公安部. GB 15930—2007 建筑通风和排烟系统用防火阀门 [S]. 北京：中国计划出版社，2007.
[35] 中华人民共和国公安部. GA 533—2012 挡烟垂壁 [S]. 北京：中国计划出版社，2012.
[36] 北京城建设计研究总院. GB 50157—2003 地铁设计规范 [S]. 北京：中国计划出版社，2003.
[37] 中华人民共和国公安部. GA 503—2004 建筑消防设施检测技术规程 [S]. 北京：中国标准出版社，2004.
[38] 中华人民共和国公安部. GA 25201—2010 建筑消防设施的维护管理 [S]. 北京：中国标准出版社，2005.

后　记

经全国高等教育自学考试指导委员会同意，由全国高等教育自学考试指导委员会电子电工与信息类专业委员会负责消防工程专业教材的审定工作。

《防排烟工程》教材由中国人民武装警察部队学院消防指挥系灭火技术教研室主任杜红担任主编。其中杜红编写第四章、第六章、第七章、第八章；刘建民副教授编写第五章、第九章；徐晖博士编写第三章、第十二章；李思成副教授编写第二章；梁强讲师编写第十章、第十一章；杨志增讲师编写第一章。全书由杜红统稿。

全国高等教育自学考试指导委员会电子电工与信息类专业委员会组织了本教材的审稿工作。陕西省公安消防总队防火部马宏伟高级工程师担任主审，陕西省公安消防总队防火部魏东高级工程师、江苏省南京市公安消防局防火处夏之彬高级工程师参加审稿，并提出修改意见，谨向他们表示诚挚的谢意。

全国高等教育自学考试指导委员会电子电工与信息类专业委员会最后审定通过了本教材。

全国高等教育自学考试指导委员会
电子电工与信息类专业委员会
2013 年 6 月